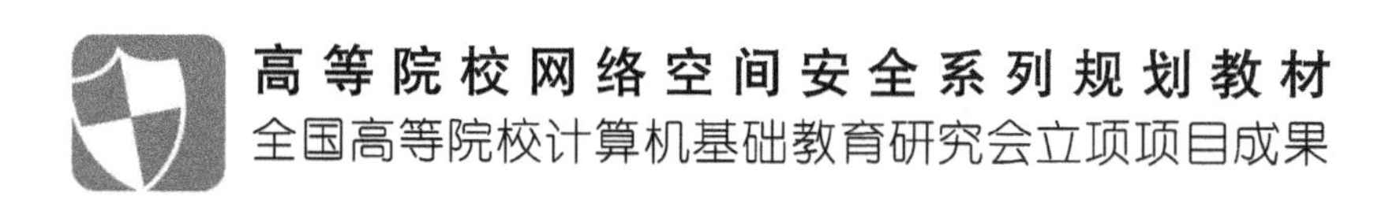

汇编语言程序设计

——基于 x86 与 MIPS 架构

何云华　肖　珂　曾凡锋　王　超　编著

北京邮电大学出版社
www.buptpress.com

内 容 简 介

本书主要从常见的 x86 指令系统和 MIPS 指令系统来讨论学习汇编语言。本书以 CISC 架构典型的 Intel 80x86 指令系统为主来学习汇编语言程序设计，同时，还对比学习 RISC 架构的 MIPS 指令系统和汇编语言程序设计。本书通过介绍 MASM32 和 MARS 的使用，使读者掌握汇编程序设计与调试，同时引入 OllyDbg 和 Ghidra 来介绍逆向工程。本书在 x86 和 MIPS 汇编程序基础的阐述上，力求条理清楚、层次分明，在 x86 和 MIPS 汇编程序设计的讲解上，提供了实例、习题，以便读者快速掌握和熟练使用所学的汇编语言。

本书可作为高等院校信息安全、计算机专业本科生的汇编语言教材及希望深入学习计算机科学的读者的自学教材，也可供使用汇编语言的工程技术人员参考。

图书在版编目(CIP)数据

汇编语言程序设计：基于 x86 与 MIPS 架构 / 何云华等编著. -- 北京：北京邮电大学出版社，2022.6(2023.11 重印)

ISBN 978-7-5635-6606-8

Ⅰ.①汇… Ⅱ.①何… Ⅲ.①汇编语言－程序设计 Ⅳ.①TP313

中国版本图书馆 CIP 数据核字(2022)第 026323 号

策划编辑：马晓仟　**责任编辑：**王晓丹　米文秋　**封面设计：**七星博纳

出版发行：北京邮电大学出版社
社　　址：北京市海淀区西土城路 10 号
邮政编码：100876
发 行 部：电话：010-62282185　传真：010-62283578
E-mail：publish@bupt.edu.cn
经　　销：各地新华书店
印　　刷：北京虎彩文化传播有限公司
开　　本：787 mm×1 092 mm　1/16
印　　张：15
字　　数：392 千字
版　　次：2022 年 6 月第 1 版
印　　次：2023 年 11 月第 2 次印刷

ISBN 978-7-5635-6606-8　定价：39.00 元

·如有印装质量问题，请与北京邮电大学出版社发行部联系·

前言

Foreword

随着人工智能、移动互联网、云计算的普及，计算机的应用已渗透到经济和社会的各个角落。各行各业的应用需求千差万别，要求未来的计算机性能更高、适应性更强、成本和功耗更低。因此计算机专业的培养目标不是培养程序员，而是让学生深入理解计算机系统，培养软硬件贯通、具有系统观的计算机专业人才。汇编语言是许多计算机类必修课程（如操作系统、计算机组成原理、数据结构等）的重要基础，同时，也是人和计算机最直接的沟通方式，它描述了机器最终所要执行的指令序列。简而言之，如果想要从事计算机相关工作的话，汇编语言的坚实基础是不可或缺的。

本书针对信息安全专业逆向工程的需求，讲解了 x86 汇编及逆向实例、MIPS 汇编及逆向实例，以满足信息安全专业学生对典型的精简指令集和复杂指令集的解读和逆向的需求。相对于现有教材，本教材增加了龙芯 MIPS 汇编基础知识介绍、x86 架构和 MIPS 架构的逆向工程等内容。

全书共分 7 章，第 1 章简要介绍了计算机系统的历史以及 x86 系统和 MIPS 系统；第 2 章详细介绍了 x86 汇编所需要的基础知识，通过一个 hello world 汇编程序介绍汇编语言的程序结构，以及宏汇编语言中的表达式，常用的机器指令语句、伪指令语句；第 3 章主要介绍了各种寻址方式的汇编格式、功能及使用方法，并重点阐述了它们之间的区别与联系；第 4 章系统地介绍了 C 语言的机器级表示，以及顺序、分支、循环的程序设计方法及技巧，并简要介绍了计算机逆向技术；第 5 章重点介绍了 MIPS 汇编所需要的基础知识、MIPS 寄存器和指令格式，以及 MIPS 汇编程序框架；第 6 章系统地介绍了 MIPS 汇编的顺序、分支、循环的程序设计方法及技巧，并简要介绍了 MIPS 逆向技术；第 7 章全面介绍了模块化程序设计思想、汇编子程序设计和多模块程序设计方法及技巧，以及 MIPS 下的子程序设计方法及技巧。

本书根据循序渐进的原则构造学习线索，以讲解重要指令和关键概念为重点。希望读者通过对本书的学习，能够深入理解计算机系统，全面掌握 CISC 架构的 8086 CPU 和 RISC 架构的 MIPS 指令系统及汇编语言程序设计，通过理解机器运行程序的机理来提升程序设计能力，为学习操作系统和计算机组成原理等课程打下坚实基础。为了帮助读者更好地掌握汇编语言程序设计的特点，书中结合应用安排了丰富的例题，希望读者用心地阅读这些例题，从中学习一些编程的基本规律。程序设计是一门实践性很强的学科，其过程既包含复杂的脑力劳动，又是一种极富创造性的活动。因此，读者在学习过程中应多阅读程序，多编写程序，多进行上机操作，只有这样才能真正掌握程序设计的方法与技巧。

本书由何云华、肖珂、曾凡锋和王超编著，何云华副教授完成了第1章、第3章、第4章、第6章的编著，肖珂教授完成了第5章的编著，曾凡锋副教授完成了第2章的编著，王超副教授完成了第7章的编著，肖珂教授对全书进行了审校。此外，感谢邬悦婷、蒋志斌、罗明顺、王爽等硕士研究生在书稿的整理过程中给予的大力支持和帮助。

由于作者水平有限，书中不妥或错误之处在所难免，殷切希望广大读者批评指正。同时也欢迎读者，尤其是使用本书的教师和学生，共同探讨相关的教学内容和教学方法等问题。

目录

Contents

第1章 计算机系统概述

1.1 计算机系统分类

1.1.1 历史背景

(1) 计算机基本组成简介

1946年，在J. Von Neumann的指导下，世界上出现了第一台电子数字计算机。随着时代科技的发展，计算机的硬件结构和软件系统都已发生了惊人的变化，但就目前的基本组成来看，仍然严格遵循冯·诺依曼计算机的设计思想。冯·诺依曼体系的计算机由五大部分组成，分别是运算器、控制器、存储器、输入设备和输出设备，如图1-1所示。

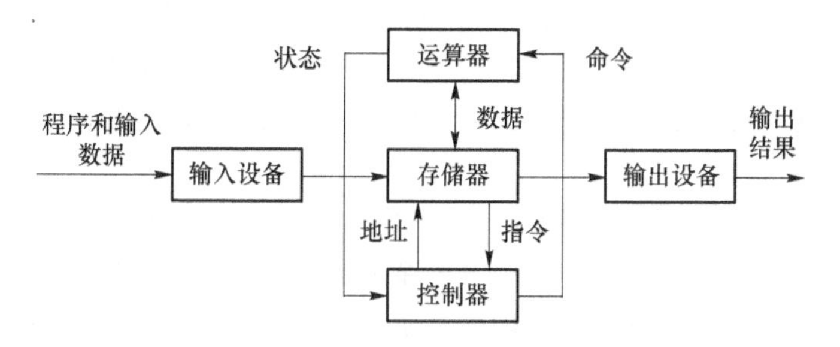

图1-1 计算机的基本组成结构

运算器实现算术、逻辑等各种运算；存储器用来存储计算程序及参与运算的各种数据；控制器实现对整个运算过程有规律的控制；输入设备实现计算程序和原始数据的输入；输出设备实现计算结果的输出。一般而言，我们常把输入设备、输出设备及外存储器等统称为外部设备，简称I/O设备。同时，我们把运算器、控制器和存储器统称为计算机的主机。从第一台计算机问世以来，人类先后设计了数百款机器，为了把这些机器的历史连接起来，基于当时的科技水平，我们可以引用计算机代的概念。下面将详细介绍四代计算机的基本构成。

(2) 计算机的发展

第一代计算机(1946—1957年)是电子管计算机时代。该时代计算机主要采用水银延迟线作内存储器，采用磁鼓作外存储器。世界上第一台计算机是ENIAC(The Electronic Numerical Integrator And Computer)，其体积十分庞大，速度非常慢，且价格昂贵。计算机最初只能使用二进制数表示的机器语言，到20世纪50年代中期以后才出现汇编语言。ENIAC如图1-2所示。

图 1-2 世界上第一台计算机 ENIAC

第二代计算机(1958—1964 年)是晶体管计算机时代。该时代计算机相较上一代有所进步,主要体现在体积小、速度快、性能更稳定。同时,这一时期的计算机诞生了一些高级语言,如 FORTRAN 等,应用领域也逐渐商业化,融入大学以及政府部门等。

第三代计算机(1965—1971 年)是中、小规模集成电路时代。虽然晶体管和电子管相比有了很大进步,但是在整体运算速度与体积上还是比较冗余。这一阶段实现了质的飞跃,随着硬件性能的提高,出现了多道程序设计的概念,存储器中同时存储多个程序,输入/输出设备独立性的概念应运而生,操作系统在这一时期由高级语言编写。

第四代计算机(1972 年至今)是超大、大规模集成电路时代。这一时期的计算机并没有任何特定的技术突破,而在制造流程和电路设计方面有显著改进。随着微处理器的研发,不同处理器模块的集成使体积变得非常小,同时,设计者开发了新的体系结构,如语言机器、多处理器和数据流等。操作系统具有网络通信能力,并且可以访问数据库和进行分布式计算。

(3) 操作系统的发展

纵观计算机的发展历史,操作系统与计算机硬件的发展息息相关。操作系统的本意原为提供简单的工作排序能力,后为辅助更新、更复杂的硬件设施而逐渐演化。从最早的批量模式开始,分时机制也随之出现,在多处理器时代来临时,操作系统也随之添加多处理器协调功能,甚至是分布式系统的协调功能。其他方面的演变也类似于此。另一方面,个人计算机的操作系统因袭大型机的成长之路,在硬件越来越复杂、强大时,逐步实现以往只有大型机才有的功能。

自 1946 年第一台电子计算机诞生以来,计算机的每一代进化都以减少成本、缩小体积、降低功耗、增大容量和提高性能为目标,计算机硬件的发展也加速了操作系统的形成和发展。

最初的计算机没有操作系统,人们通过各种按钮来控制计算机,后来出现了汇编语言,操作人员通过有孔的纸带将程序输入计算机进行编译。这些将语言内置的计算机只能由操作人员自己编写程序来运行,不利于程序、设备的共用。为了解决这种问题,就出现了操作系统,这样就很好地实现了程序的共用,以及对计算机硬件资源的管理。

随着计算技术和大规模集成电路的发展,微型计算机迅速发展起来。20 世纪 70 年代中期出现了计算机操作系统。1976 年,美国 DIGITAL RESEARCH 软件公司研制出了 8 位的 CP/M 操作系统。这个系统允许用户通过控制台的键盘对系统进行控制和管理,其主要功能是对文件信息进行管理,以实现其他设备文件或硬盘文件的自动存取。此后出现的一些 8 位操作系统多采用 CP/M 结构。

操作系统是管理计算机硬件与软件的计算机程序，是计算机系统的核心，是计算机系统中最基础和最重要的系统软件，从不同的用户角度能提供不同的服务和功能。操作系统根据其在用户界面的使用情况及功能特征的不同，可以有不同的分类，根据不同的角度，就能把操作系统分为不同的类型。下面将对操作系统进行大致的分类。

根据操作系统的功能及作业处理方式可以分为：批处理操作系统、分时操作系统、实时操作系统和网络操作系统。

① 批处理操作系统出现于 20 世纪 60 年代，能最大化地提高资源的利用率和系统的吞吐量。其处理方式是系统管理员将用户的作业组合成一批作业，输入计算机中形成一个连续的作业流，系统自动依次处理每个作业，再由管理员将作业结果交给对应的用户。

② 分时操作系统可以实现多个用户共用一台主机，在一定程度上节约了资源。借助于通信线路将多个终端连接起来，多个用户轮流占用主机上的一个时间片来处理作业。用户通过自己的终端向主机发送作业请求，系统在相应的时间片内响应请求并反馈响应结果，用户再根据反馈信息提出下一步请求，这样重复会话过程，直至完成作业。因为计算机处理的速度快，所以给用户的感觉是在独占计算机。

③ 实时操作系统是指计算机能实时响应外部事件的请求，在规定的时间内处理作业，并控制所有实时设备和实时任务协调一致工作的操作系统。实时操作系统追求的是在严格的时间控制范围内响应请求，具有高可靠性和完整性。

④ 网络操作系统是向网络计算机提供服务的一种特殊操作系统，借助于网络来达到传递数据与信息的目的，一般由服务端和客户端组成。服务端控制各种资源和网络设备，并加以管控。客户端接收服务端传送的信息来实现功能的运用。

根据操作系统能支持的用户数和任务数来进行分类，可分为：单用户单任务操作系统、单用户多任务操作系统、多用户多任务操作系统。这种分类下的操作系统特点很容易区分，是根据操作系统能被多少个用户使用及每次能运行多少程序来进行区分的。

计算机操作系统的分类还有其他的方法，如根据操作系统的体系结构进行划分等。但是不管怎么划分，操作系统都主要包含进程管理、存储管理、设备管理、文件管理、作业管理这些功能，以可视化的手段来调用设备提供的各种功能，降低计算机的使用难度。

1.1.2　三大主流芯片架构

指令集架构可分为复杂指令集计算机（CISC，Complex Instruction Set Computer）和精简指令集计算机（RISC，Reduced Instruction Set Computer）两种架构，代表架构分别是 x86、ARM 和 MIPS。

（1）x86

x86 采用 CISC 架构。与采用 RISC 不同的是，在 CISC 微处理器中，程序的各条指令是按顺序串行执行的，每条指令中的各个操作也是按顺序串行执行的。顺序执行的优点是控制简单，但计算机各部分的利用率不高，执行速度慢。

（2）ARM

ARM（高级精简指令集，Advanced RISC Machine）是一个 32 位的精简指令集架构，但也配备 16 位指令集，一般来讲比等价 32 位代码节省达 35%，却能保留 32 位系统的所有优势。ARM 处理器的主要特点如下：

- 体积小、低功耗、低成本、高性能。
- 支持 Thumb(16 位)/ARM(32 位)双指令集,能很好地兼容 8 位/16 位器件。
- 大量使用寄存器,指令执行速度更快。大多数数据操作都在寄存器中完成。
- 寻址方式灵活简单,执行效率高。指令长度固定。
- load_store 结构,在 RISC 中,所有的计算都要求在寄存器中完成。寄存器和内存的通信则由单独的指令来完成。而在 CISC 中,CPU 是可以直接对内存进行操作的。
- 采用流水线处理方式。

(3) MIPS

MIPS 架构是一种采用 RISC 的处理器架构,于 1981 年出现,由 MIPS 科技公司开发并授权,广泛用于电子产品、网络设备、个人娱乐装置与商业装置上。最早的 MIPS 架构是 32 位,最新的版本已经变成 64 位。它的基本特点是:包含大量的寄存器、指令数和字符以及可视的管道延时时隙。这些特性使 MIPS 架构能够提供最高的每平方毫米性能和当今 SoC 设计中最低的能耗。

三大主流芯片架构特点对比如表 1-1 所示。

表 1-1　三大主流芯片架构特点对比

	ARM	x86	MIPS
优点	体积小,低功耗,低成本,高性能。支持 Thumb(16 位)/ARM(32 位)双指令集,能很好地兼容 8 位/16 位器件。大量使用寄存器,指令执行速度更快。大多数数据操作都在寄存器中完成。寻址方式灵活简单,执行效率高。流水线处理方式。指令长度固定,大多是简单指令且都能在一个时钟周期内完成,易于设计超标率与流水线	速度快,单条指令功能强大,指令数相对较少。带宽需求低。采用 CISC,指令顺序执行,控制简单。产业规模更大,目前绝大多数的 CPU 厂商生产的就是这种处理器	MIPS 支持 64 位指令和操作,ARM 目前只到 32 位。有专门的除法器,可以执行除法指令。内核寄存器比 ARM 多一倍,所以同样的性能下 MIPS 功耗比 ARM 低,同样的功耗下 MIPS 性能比 ARM 更高。指令比 ARM 多,更灵活。MIPS 开放
缺点	性能差距稍大。ARM 要在性能上接近 x86,频率必须比 x86 处理器高很多,但频率越高能耗就越高,抵消了 ARM 的优点	寻址范围小。计算机各部分利用率不高,执行速度慢。遇到复杂的 x86 指令需要进行微解码,并把它分成若干条简单指令,速度较慢且很复杂	MIPS 在内存和 Cache 的支持方面都有限制

1.2　复杂指令集与精简指令集

1.2.1　复杂指令集

在 CISC 微处理器中,程序的各条指令是按顺序串行执行的,每条指令中的各个操作也是按顺序串行执行的。顺序执行的优点是控制简单,但计算机各部分的利用率不高,执行速度慢。其实 CISC 是 Intel 生产的 x86 系列(也就是 IA-32 架构)CPU 及其兼容 CPU,如 AMD、VIA 等,即使是现在兴起的 x86-64(也被称为 AMD64)也属于 CISC 的范畴。

CISC 早期的计算机部件比较昂贵,主频低,运算速度慢。为了提高运算速度,人们不得不将越来越多的复杂指令加入指令系统中，以提高计算机的处理效率，这就逐步形成了复杂指令集计算机体系。为了在有限的指令长度内实现更多的指令，人们又设计了操作码扩展。然后，为了达到操作码扩展的先决条件——减少地址码，设计师又发现了各种寻址方式，如基址寻址、相对寻址等，最大限度地压缩地址长度，为操作码留出空间。Intel公司的x86系列CPU是典型的CISC体系结构，从最初的8086到后来的Pentium系列，每出一代新的CPU，都会有自己的新指令，而为了兼容以前的CPU平台上的软件，旧的CPU指令集又必须保留，这就使得指令的解码系统越来越复杂。CISC可以有效地减少编译代码中指令的数目，使取指操作所需要的内存访问数量最小化。此外，CISC可以简化编译器结构，它在处理器指令集中包含了类似于程序设计语言结构的复杂指令，这些复杂指令减少了程序设计语言和机器语言之间的语义差别，而且简化了编译器的结构。

为了支持复杂指令集，CISC通常包括一个复杂的数据通路和一个微程序控制器。微程序控制器由一个微程序存储器、一个微程序计数器(MicroPC)和地址选择逻辑构成。微程序存储器中的每一个字都表示一个控制字，并且包含了一个时钟周期内所有数据通路控制信号的值。这就意味着控制字中的每一位表示一个数据通路控制线的值。例如，它可以用于加载寄存器或者选择算术逻辑单元(ALU)中的一个操作。此外，每个处理器指令都由一系列的控制字组成。当从内存中取出一条指令时，首先把它放在指令寄存器中，然后地址选择逻辑再根据它来确定微程序存储器中相应的控制字顺序起始地址。当把该起始地址放入MicroPC中后，就从微程序存储器中找到相应的控制字，并利用它在数据通路中把数据从一个寄存器传送到另一个寄存器。由于MicroPC中的地址并发递增来指向下一个控制字，因此序列中的每个控制器都会重复一遍这一步骤。最终，当执行完最后一个控制字时，就从内存中取出一条新的指令，整个过程会重复进行。

由此可见，控制字的数量及时钟周期的数目对于每一条指令都可以是不同的，因此在CISC中很难实现指令流水操作。另外，速度相对较慢的微程序存储器需要一个较长的时钟周期。由于指令流水和短的时钟周期都是快速执行程序的必要条件，因此CISC体系结构对于高效处理器而言是不太合适的。

1.2.2 精简指令集

精简指令集计算机是一种执行较少类型的计算机指令的微处理器，起源于20世纪80年代的MIPS主机(即RISC机)，RISC机中采用的微处理器统称RISC处理器。这样一来，它能够以更快的速度执行操作(每秒执行百万条指令，即MIPS)。因为计算机执行每个指令类型都需要额外的晶体管和电路元件，所以计算机指令集越大微处理器越复杂，执行操作也会越慢。纽约约克镇IBM研究中心的John Cocke证明，计算机中约20%的指令承担了80%的工作，他于1974年提出了RISC的概念。当前的许多微芯片都使用RISC概念。

精简指令集计算机是一种指令长度较短的计算机，其运行速度比CISC快。RISC的指令系统相对简单，它只要求硬件执行很有限且最常用的那部分指令，大部分复杂的操作则使用成熟的编译技术，由简单指令合成。目前在中高档服务器中普遍采用RISC指令系统的CPU，特别是高档服务器全都采用RISC指令系统的CPU。在中高档服务器中采用的RISC指令系统的CPU主要有Compaq(康柏，即新惠普)公司的Alpha、HP公司的PA-RISC、IBM公司的Power PC、MIPS公司的MIPS和SUN公司的Sparc。

RISC是相对于CISC而言的。复杂指令集计算机是依靠增加机器的硬件结构来满足对计算机日益增加的性能要求。计算机结构的发展一直被复杂性越来越高的处理机垄断着，为了减少计算机操作与高级语言的差别，改善机器的运行特性，机器指令越来越多，指令系统也越来越复杂。早期出现了较高速度的CPU和较慢速度的存储器间的矛盾，为了尽量减少存取数据的次数，提高机器的速度，大大发展了复杂指令集，但随着半导体工艺技术的发展，存储器的速度不断提高，特别是高速缓冲的使用，使计算机体系结构发生了根本性的变化，在硬件工艺技术提高的同时，软件方面也产生了同等重要的进展，出现了优化编译程序，使程序的执行时间尽可能减少，并使机器语言所占的内存减至最小。在具有先进的存储器技术和先进的编译程序的条件下，CISC体系结构不再适用，因而诞生了RISC体系结构，RISC技术的基本出发点就是通过精简机器指令系统来降低硬件设计的复杂程度，提高指令执行速度，在RISC中，计算机实际上在每一个机器周期里都执行指令，简单或复杂的操作均由简单指令的程序块完成，具有较强的仿真能力。

在RISC机器中，要求在单机器周期时间内执行所有的指令，而系统最根本的吞吐率限制是由程序运行中访存时间比例决定的，因此，只要CPU执行指令的时间与取指时间相同，即可获得最大的系统吞吐率(对于一个机器周期执行一条指令而言)。RISC机器中，采用硬件控制以实现快速的指令译码，并采用较少的指令和简单寻址模式，通过固定的指令格式来简化指令译码和硬线控制逻辑。另外，RISC设计是以复杂的设计优化来求取简单的硬件芯片环境，编译优化可以改善HLL程序的运行效率。

RISC设计消除了微码的例行程序，把机器低级控制交给软件处理，即用较快的RAM代替处理器中的微码ROM作为指令的缓存(Cache)，计算机的控制驻存在指令Cache中，从而使得计算机系统和编译器产生的指令流能使高级语言的需求和硬件性能密切配合。

计算机的性能可以用完成一特定任务所需的时间来衡量，这个时间等于$C \cdot T \cdot I$。

C=完成每条指令所需的周期数。

T=每个周期的时间。

I=每个任务的指令数。

RISC技术就是努力使C和T减至最小，C和T的减小可能导致I的增加，但优化编译技术和其他技术的采用可以弥补I的增加对机器性能的影响。RISC技术之所以很快由一种新见解发展成为前景广阔的计算机市场，主要有以下几方面的原因：一是RISC结构适应日新月异的超大规模集成电路(VLSI)技术发展；二是RISC简化了处理器结构，实现和调试较容易，因而设计代价低，开发周期短；三是RISC简化了结构，处理器占据较小的芯片面积，从而可在同一芯片上集成较大的寄存器文件，翻译后备缓冲器(TLB)、协处理器和快速乘除器等，使处理器获得更高的性能；四是RISC对HLL程序的支持优于以往的复杂指令系统计算机，可以使用户(程序员)很容易使用统一的指令集，很容易估算代码优化所起的作用，使程序员对硬件的正确性有了更多的信任感。

1.2.3 CISC与RISC的对比

从硬件角度来看，CISC处理的是不等长指令集，它必须对不等长指令进行分割，因此在执行单一指令的时候需要进行较多的处理工作。而RISC执行的是等长精简指令集，CPU在执行指令的时候速度较快且性能稳定。因此在并行处理方面RISC明显优于CISC，RISC可同时执行多条指令，它可将一条指令分割成若干个进程或线程，交由多个处理器同时执行。由于RISC执行的是精简指令集，所以它的制造工艺简单且成本低廉。

从软件角度来看,CISC运行的是我们所熟识的DOS、Windows操作系统,而且它拥有大量的应用程序。全世界65%以上的软件厂商代理为基于CISC体系结构的PC及其兼容机服务的,赫赫有名的Microsoft就是其中的一家。而RISC在此方面却显得有些势单力薄。虽然在RISC上也可运行DOS、Windows,但是需要一个翻译过程,所以运行速度要慢许多。CISC与RISC对比具体内容如表1-2所示。

表1-2 CISC与RISC对比

比较内容	CISC	RISC
指令系统	复杂庞大	简单精简
指令数目	一般大于200	一般小于100
指令格式	一般大于4	一般小于4
寻址方式	一般大于4	一般小于4
指令字长	不固定	等长
可访存指令	不加限制	只有取数/存数指令
各种指令的使用频率	相差很大	相差很大
各种指令的执行时间	相差很大	绝大多数在一个周期内完成
优化编译实现	很难	较容易
程序源代码长度	较短	较长
控制器实现方式	绝大多数为微程序控制	绝大多数为硬布线控制
软件系统开发时间	较短	较长

1.3 x86系统介绍

1.3.1 冯·诺依曼结构模型和工作机理

冯·诺依曼理论的要点是:计算机的数制采用二进制;计算机应该按照程序顺序执行。人们把冯·诺依曼的这个理论称为冯·诺依曼体系结构。

电子计算机的问世,奠基人是艾伦·麦席森·图灵和冯·诺依曼。图灵的贡献是建立了图灵机的理论模型,奠定了人工智能的基础,而冯·诺依曼则是首先提出了计算机体系结构的设想。

1946年,冯·诺依曼提出存储程序原理,把程序本身当作数据来对待,程序和该程序处理的数据用同样的方式存储,并确定了存储程序计算机的五大组成部分和基本工作方法。半个多世纪以来,计算机制造技术发生了巨大变化,但冯·诺依曼体系结构仍然沿用至今,人们把冯·诺依曼称为"计算机鼻祖"。

图1-3所示是计算机的基本工作过程。程序执行前,数据和指令事先存放在存储器中,每条指令和每个数据都有地址,指令按序存放,指令由OP(操作码,表示指令要干什么)、ADDR(地址)字段组成,程序起始地址放在CS:IP中(将要执行的下条指令的地址由代码段寄存器CS和指令指针寄存器IP确定)。开始执行程序,根据CS:IP(指令指针寄存器IP随指令累加)取指

令→指令译码→取操作数→指令执行→回写结果→修改 IP 的值→继续执行下一条指令。

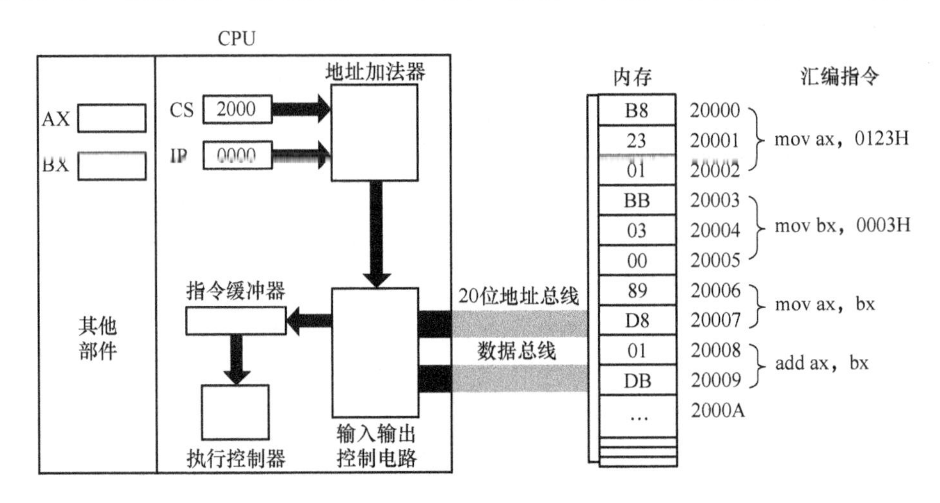

图 1-3　冯 · 诺依曼编程结构模型

冯 · 诺依曼编程结构的特点如下所述。

① 采用存储程序方式，指令和数据不加区别地混合存储在同一个存储器中，数据和程序在内存中是没有区别的，它们都是内存中的数据，EIP 指针指向哪个 CPU 就加载哪段内存中的数据，如果是不正确的指令格式，CPU 就会发生错误中断。在现在 CPU 的保护模式中，每个内存段都有其描述符，这个描述符记录着这个内存段的访问权限(可读、可写、可执行)，这就变相地指定了哪些内存中存储的是指令，哪些是数据。指令和数据都可以送到运算器进行运算，即由指令组成的程序是可以修改的。

② 存储器是按地址访问的、线性编址的一维结构，每个单元的位数是固定的。

③ 指令由操作码和地址码组成。操作码指明本指令的操作类型，地址码指明操作数和地址。操作数本身无数据类型的标志，它的数据类型由操作码确定。

④ 通过执行指令直接发出控制信号来控制计算机的操作。指令在存储器中按其执行顺序存放，由指令计数器指明要执行的指令所在的单元地址。指令计数器只有一个，一般按顺序递增，但执行顺序可根据运算结果或当时的外界条件而改变。

⑤ 以运算器为中心，I/O 设备与存储器间的数据传送都要经过运算器。

⑥ 数据以二进制表示。

1.3.2　CPU 寄存器结构及其用途

(1) CPU 内部结构

CPU 和内存是由许多晶体管组成的电子部件，通常称为 IC(Integrated Circuit，集成电路)。从功能方面来看，CPU 的内部由寄存器、控制器、运算器和时钟四部分构成，各部分之间由电流信号相互连通。CPU 是寄存器的集合体。

寄存器：可用来暂存指令、数据等处理对象，可以将其看作内存的一种。根据种类的不同，一个 CPU 内部会有 20～100 个寄存器。

控制器：负责把内存中的指令、数据等读入寄存器，并根据指令的执行结果来控制整个计算机。

运算器:负责运算从内存读入寄存器的数据。

时钟:负责发出 CPU 开始计时的时钟信号。不过,也有些计算机的时钟位于 CPU 的外部。

(2) 寄存器

使用高级语言编写的程序会在编译后转化成机器语言,然后通过 CPU 内部的寄存器来处理,如图 1-4 所示。不同类型的 CPU 内部寄存器的数量、种类以及寄存器存储的数值范围都是不同的。根据功能的不同,我们可以将寄存器大致划分为以下几类。

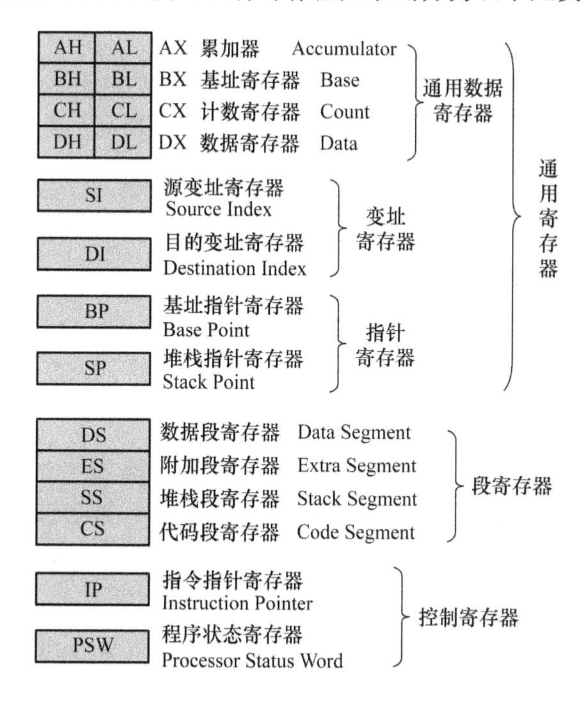

图 1-4　CPU 内部寄存器

① 通用寄存器

通用寄存器分为通用数据寄存器、变址寄存器、指针寄存器。

• 通用数据寄存器

通用数据寄存器共有 4 个,分别为 AX、BX、CX、DX,用来保存操作数或运算结果等信息。

AX 寄存器称为累加器,使用频度最高,用于算术、逻辑运算以及与外设传送信息等。

BX 寄存器称为基址寄存器,常用于存放存储器地址。

CX 寄存器称为计数寄存器,一般作为循环或串操作等指令中的隐含计数器。

DX 寄存器称为数据寄存器,常用来存放双字数据的高 16 位,或存放外设端口地址。

8086 CPU 所有的寄存器都是 16 位的,可以存放两个字节。但是 8086 上一代 CPU 中的寄存器都是 8 位的,为保证兼容性,AX、BX、CX、DX 都可以分为两个独立的 8 位寄存器使用。

图 1-5 所示是 AX 寄存器的逻辑结构。

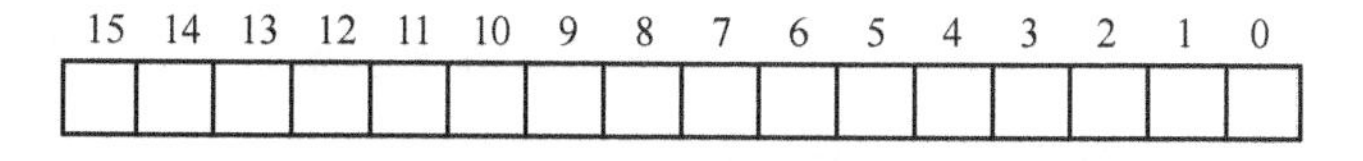

图 1-5　AX 寄存器的逻辑结构

• 变址和指针寄存器

变址和指针寄存器包括 SI、DI、SP、BP 4 个 16 位寄存器，主要用于存放某个存储单元的偏移地址。

SI 是源变址寄存器，DI 是目的变址寄存器，在字符串操作中，SI 和 DI 都具有自动增量或减量的功能。

SP 为堆栈指针寄存器，用于存放当前堆栈段中栈顶的偏移地址；BP 为基址指针寄存器，用于存放堆栈段中某一存储单元的偏移地址。

② 标志寄存器

8086 CPU 中有一个很重要的 16 位标志寄存器（又称为程序状态寄存器，PSW），如图 1-6 所示，它包含 9 个标志位，主要用于保存一条指令执行后 CPU 所处状态信息及运算结果的特征。

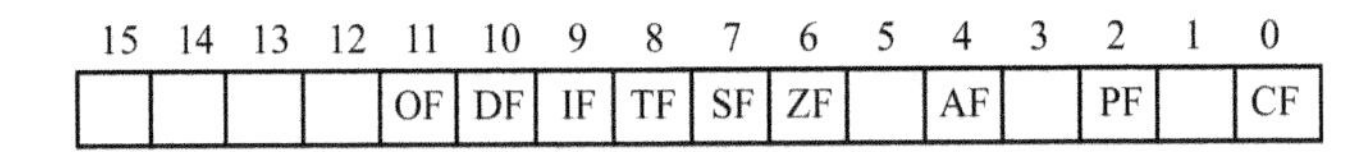

15	14	13	12	11	10	9	8	7	6	5	4	3	2	1	0
				OF	DF	IF	TF	SF	ZF		AF		PF		CF

图 1-6　标志寄存器的逻辑结构

其中标志又分为条件码标志和控制标志。

条件码标志如下。

ZF(Zero Flag)：零标志。若运算结果为 0，则 ZF=1，否则 ZF=0。

SF(Sign Flag)：符号标志。若运算结果为负数，则 SF=1，否则 SF=0。

CF(Carry Flag)：进位标志。若加法时结果最高位向前有进位或减法时最高位向前有借位，则 CF=1，否则 CF=0。

OF(Overflow Flag)：溢出标志。若带符号数的运算结果超出了补码表示的范围，则 OF=1，否则 OF=0。

AF(Auxiliary Carry Flag)：辅助进位标志。若加法时结果低 4 位向前有进位或减法时低 4 位向前有借位，则 AF=1，否则 AF=0。

PF(Parity Flag)：奇偶标志。若结果操作数中 1 的个数为偶数，则 PF=1，否则 PF=0。

控制标志是由程序根据需要用指令来设置的，以控制某些指令的执行方式，如下。

DF(Direction Flag)：方向标志。DF=1 表示减量。

IF(Interrupt Flag)：中断标志。IF=1 表示允许中断。

TF(Trace Flag)：跟踪标志。TF=1 表示每条指令执行后产生陷阱，由系统控制计算机。

③ 段寄存器

8086 CPU 的 4 个 16 位的段寄存器分别为代码段寄存器 CS、数据段寄存器 DS、堆栈段寄存器 SS、附加数据段寄存器 ES。段寄存器用来确定该段在内存中的起始地址。80386 起增加了 FS、GS 两个段寄存器。

段寄存器的作用：程序的不同部分放入相应段。代码段用来存放程序的指令序列。CS 存放代码段的段首址，指令指针寄存器 IP 指示代码段中指令的偏移地址。段超越：取指令时，段地址只能是 CS；堆栈操作时，段地址只能是 SS；读取数据时，默认的段寄存器为 DS，但也可以指定使用其他段寄存器。

1.3.3　存储器

（1）存储器概述

存储器是计算机的记忆部件，用于存储程序和被处理的数据以及运算结果。数据在存储器中都以二进制形式存在。

存储器的计量单位有两种，第一种是位(bit)，第二种是字节(Byte)，它们之间的换算是 1 字节＝8 位。常见的几种换算读者需要熟记在心，例如：1 KB＝1024 Byte，1 MB＝1024 KB，1 GB＝1024 MB，1 TB＝1024 GB。表 1-3 说明了存储器与寄存器的区别。

表 1-3　存储器与寄存器的区别

寄存器	存储器
在 CPU 内部	在 CPU 外部
访问速度快	访问速度慢
容量小，成本高	容量大，成本低
用名字表示	用地址表示
没有地址	地址可用各种方式形成

（2）存储单元的地址和内容

存储器以字节(8 bit)为编程单位，且每个字节单元都有唯一的地址编码。地址用无符号整数来表示(编程用十六进制表示)，一个字要占用相继的两个字节，其中低位字节存入低地址，高位字节存入高地址。字单元地址用它的低地址来表示，机器以偶地址访问(读/写)存储器。图 1-7 区分了存储器的逻辑地址与物理地址。

逻辑地址 段地址：偏移地址		物理地址
1000:0000H	10011111	10000H
1000:0001H	00100110	10001H
1000:0002H	01001000	10002H
1000:0003H	10000011	10003H
1000:0004H	01011100	10004H
1000:0005H	10100010	10005H

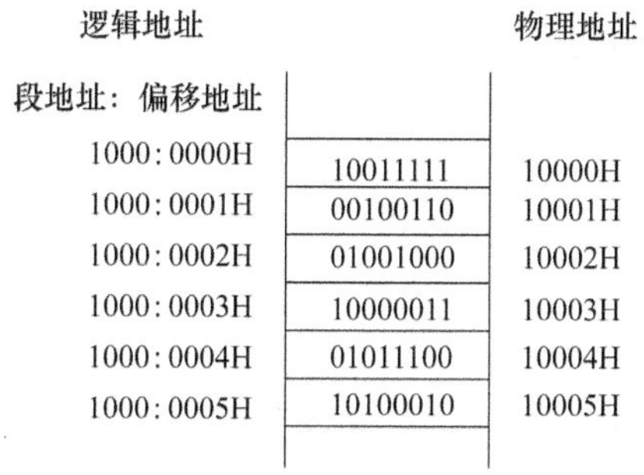

图 1-7　存储器的逻辑地址与物理地址

（3）存储器的分段

为何分段：8086 的地址总线宽度为 20 位，寻址范围为 2^{20}＝1 MB，但一个地址寄存器只有 16 位，无法直接形成 20 位地址，故把 1 MB 空间分成许多“段”，用一个寄存器表示某段在 1 MB空间内的起始地址(段地址)，用另一个寄存器表示段内某单元相对于本段起始地址的偏移地址，也叫作有效地址(EA)。

地址的表示方法是“段(基)地址：偏移地址”，为能用 16 位寄存器表示段的起始地址(××××H)，并不是任意一个单元的地址都能作段的起始地址，只有那些形式为××××0H 的地址才能作段的起始地址，该起始地址存入 16 位寄存器时，将 0 省略即可。偏移地址为 16 位，可直接放入 16 位寄存器。

不同工作模式下的存储器分段方式不同。8086 CPU 有 3 种工作模式，如下。

实模式：与 8086 兼容的工作模式，只有低 20 位地址线起作用，仅能寻址第一个 1 MB 的内存空间。MS DOS 运行在实模式下。

保护模式：32 位 8086 CPU 的主要工作模式，提供对程序和数据进行安全检查的保护机制。Windows 9x/NT/2000 运行在保护模式下。

虚拟 8086 模式：在 Windows 9x 下，若打开一个 MS DOS 窗口，运行一个 DOS 应用程序，那么该程序就运行在虚拟 8086 模式下。

① 实模式下存储器的分段（以 8086/8088 为例）

8086 采用分段内存管理机制，主要包括下列几种类型的段。

代码段：用来存放程序的指令序列。

数据段：用来存放程序的数据。

堆栈段：作为堆栈使用的内存区域，用来存放过程返回地址、过程参数等。

一个程序可以拥有多个代码段、多个数据段甚至多个堆栈段。

20 根地址线：地址范围 00000H～FFFFFH(1 MB)。

机器字长 16 位：仅能表示地址范围 0000H～FFFFH(64 KB)。

小段：0 字节开始，每 16 个字节为一小段，共有 64K 个小段。

00000 H ～ 0000F H
00010 H ～ 0001F H
… ～ …
FFFF0 H ～ FFFFF H

段起始地址：段不能起始于任意地址，必须从小段首地址开始。

段的大小：64K 范围内的任意字节。

实模式下的存储器寻址如图 1-8 所示，例如：(DS)＝2100H，(BX)＝0500H，(PA)＝21000H＋0500H＝21500H。

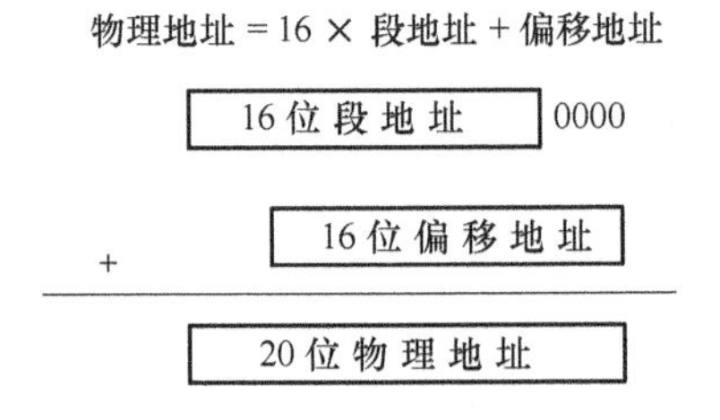

图 1-8　实模式下的存储器寻址

需要注意的是，段地址×16 必然是 16 的倍数，所以一个段的起始地址一定是 16 的倍数。偏移地址为 16 位，16 位地址的寻址能力为 64K，所以一个段的长度最大为 64K。

② 保护模式下存储器的分段

保护模式下的 8086 支持多任务处理功能，支持虚拟存储器特性。

描述符：描述段的大小、段在存储器中的位置及其控制和状态信息，由基地址、界限、访问权和附加字段组成。

图 1-9 所示为保护模式下的存储器寻址，为系统根据选择器的内容找到所选段对应的描述符，根据其给出的基地址和界限值确定所要找的存储单元所在的段，再加上逻辑地址中指定的偏移地址找到相应的存储单元。

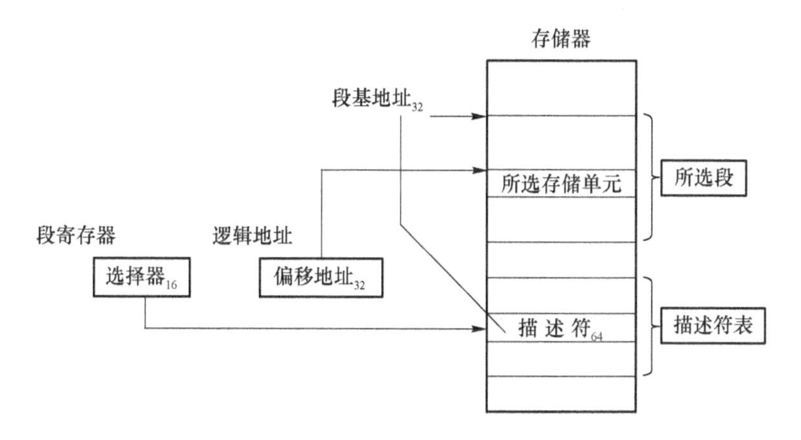

图 1-9　保护模式下的存储器寻址

(4) 存储器实现数组

图 1-10 所示是一个数组。图 1-11 中出现了基址寄存器和变址寄存器，通过这两个寄存器，我们可以对内存中特定的内存区域进行划分，从而实现类似于数组的操作。

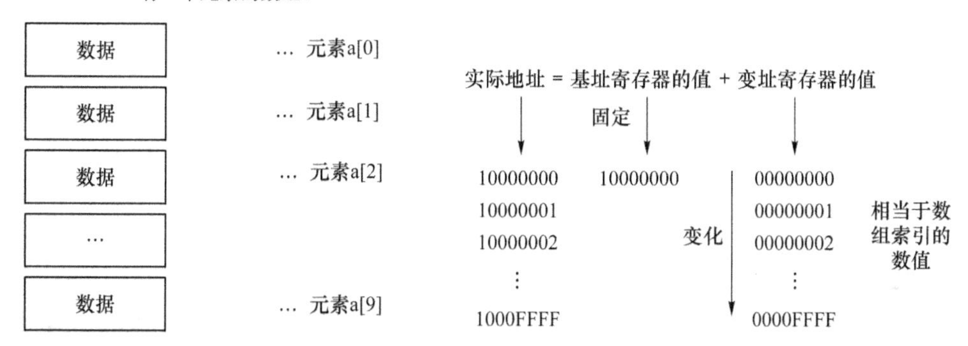

图 1-10　通过地址实现索引数组　　　　图 1-11　寄存器中实际地址

首先，用十六进制数将计算机内存中 00000000～FFFFFFFF 的地址分出来。那么，凡是该范围内的内存区域，只要有一个 32 位的寄存器，即可查看全部的内存地址。但如果想要像数组那样分割特定的内存区域以达到连续查看的目的，使用两个寄存器会更方便些。例如，查看 10000000～1000FFFF 地址时，可以将 10000000 存入基址寄存器，并使变址寄存器的值在 00000000～0000FFFF 之间变化。CPU 则会把基址寄存器＋变址寄存器的值解释为实际查看的内存地址。变址寄存器的值就相当于高级编程语言程序中数组的索引。

(5) 程序计数器 PC 与存储器在程序执行中的变化

图 1-12 所示是程序的流程和程序计数器数值的变化，地址 0100 是程序运行的开始位置。Windows 等操作系统把程序从硬盘复制到内存后，会将程序计数器(CPU 寄存器的一种)设定为 0100，然后程序开始运行。CPU 每执行一条指令，程序计数器的值就会自动加 1。例如，CPU 执行 0100 地址的指令后，程序计数器的值就变成 0101(当执行的指令占据多个内存地址时，增加与指令长度相对应的数值)。然后，CPU 的控制器就会参照程序计数器的数值，从内存中读取命令并执行。也就是说，程序计数器决定着程序的流程。

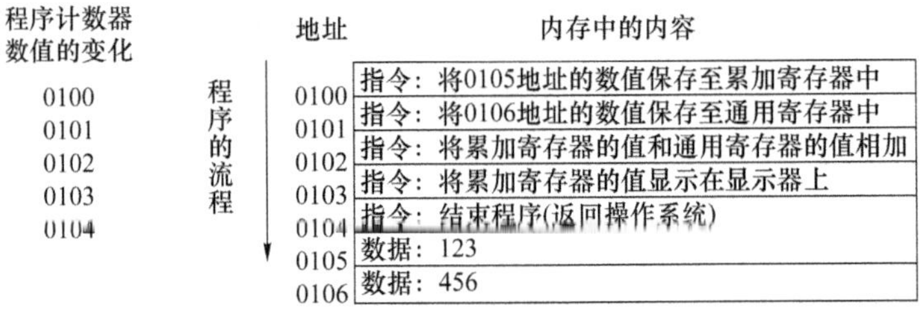

程序计数器数值的变化		地址	内存中的内容
0100	程序的流程 ↓	0100	指令：将0105地址的数值保存至累加寄存器中
0101		0101	指令：将0106地址的数值保存至通用寄存器中
0102		0102	指令：将累加寄存器的值和通用寄存器的值相加
0103		0103	指令：将累加寄存器的值显示在显示器上
0104		0104	指令：结束程序(返回操作系统)
		0105	数据：123
		0106	数据：456

图 1-12　程序的流程和程序计数器数值的变化

1.3.4　外部设备

外部设备与主机(CPU 和存储器)的通信是通过外设接口(Interface)进行的，每个接口包括一组寄存器。

数据寄存器：存放外设和主机间传送的数据。

状态寄存器：保存外设或接口的状态信息。

命令寄存器：保存 CPU 发给外设或接口的控制命令。

外设中每个寄存器有一个端口(Port)地址，构成一个独立于内存的 I/O 地址空间。

8086 端口地址范围：0000H～FFFFH (16 位)。

1.4　MIPS 系统简介

1.4.1　基本特点

MIPS 架构是一种简洁、优化、具有高度扩展性的 RISC 架构，包含大量的寄存器、指令数和字符、可视的管道延时时隙，这些特性使 MIPS 架构能够提供最高的每平方毫米性能和当今 SoC 设计中最低的能耗。

1.4.2　体系分类

(1) 32 位架构

MIPS32 架构基于一种固定长度的定期编码指令集，并采用导入/存储(load/store)数据模型。经改进，这种架构可支持高级语言的优化执行。其算术和逻辑运算采用 3 个操作数的形式，允许编译器优化复杂的表达式。此外，它还带有 32 个通用寄存器，让编译器能够通过保持对寄存器内数据的频繁存取进一步优化代码的生成性能。它的高性能缓存器及存储器管理方案的灵活性仍继续成为 MIPS 架构的一大优势。MIPS32 架构利用定义良好的缓存控制选项进一步扩展了这种优势。指令和数据缓存器的大小可以从 256 B 到 4 MB。数据缓存可采用回写或直写策略。无缓存也是可选配置。存储器管理机制可以采用 TLB 或块地址转换(BAT)策略。利用 TLB，MIPS32 架构可满足 Windows CE 和 Linux 的存储器管理要求。

(2) 64 位架构

MIPS64 架构兼具 32 位和 64 位寻址模式，同时采用 64 位数据工作。这样一来，无须额外的存储器进行 64 位寻址就能获得 64 位数据的优势。为了便于从 32 位系列移植，该架构还带有 32 位兼容模式，在这种模式中，所有寄存器和地址都是 32 位宽，MIPS32 架构中出现的所有指令都被执行。

(3) 微型架构

microMIPS 是一种在单个统一的指令集架构中集成了 16 位和 32 位优化指令的高性能代码压缩技术。它支持 MIPS32 和 MIPS64 Release 2 架构，整合了可变长度重新编码 MIPS 指令集和新增的代码量优化 16 位和 32 位指令，可提供高性能和高代码密度。

microMIPS 是一个完整的 ISA，既能单独工作，也能与原有的 MIPS32 兼容指令解码器共同工作，允许程序混合 16 位和 32 位代码，无须模式切换。microMIPS 的程序代码量较小，因此可获得更高的缓存利用率，从而有助于提升性能，降低功耗。

1.4.3　龙芯简介

龙芯是中国科学院计算所自主研发的通用 CPU，采用自主 LoongISA 指令系统，兼容 MIPS 指令。2002 年 8 月 10 日诞生的“龙芯一号”是我国首枚拥有自主知识产权的通用高性能微处理芯片。龙芯从 2001 年至今共开发了 1 号、2 号、3 号 3 个系列处理器和龙芯桥片系列，在政企、安全、金融、能源等应用场景得到了广泛的应用。龙芯 1 号系列为 32 位低功耗、低成本处理器，主要面向低端嵌入式和专用应用领域；龙芯 2 号系列为 64 位低功耗单核或双核系列处理器，主要面向工控和终端等领域；龙芯 3 号系列为 64 位多核系列处理器，主要面向桌面和服务器等领域。

龙芯指令系统 LoongISA 在 MIPS64 架构 500 多条指令的基础上，在基础指令、虚拟机指令、面向 x86 和 ARM 的二进制翻译指令、向量指令 4 个方面增加了近 1 400 条新指令。龙芯在获得 MIPS 永久授权的同时，自行扩展了 148 条 LoongEXT 指令，5 条 LoongVM 指令，213 条 LoongBT 指令，1 014 条 LoongSIMD 指令，将 MIPS 原本的 527 条指令扩展为 1 907 条，发展成为龙芯自己的 LoongISA，可以自主扩展指令集，在发展方向上可以自主选择。龙芯坚持源代码自己写，处理器核自己设计，优点是拥有自主发展权，但技术门槛也最高，因此是 Hard(困难)模式。

第 2 章 x86 汇编基础

2.1 汇编语言源程序

汇编语言源程序是用汇编语言编写的程序，简称汇编语言程序。汇编语言程序通过编辑程序在计算机中建立汇编语言源程序文件(asm 文件)。

同其他程序设计语言一样，汇编语言的翻译器(汇编程序)对源程序有严格的格式要求。这样，汇编程序才能确切翻译源程序，形成功能等价的机器指令(目标代码)，连接后能直接运行。汇编语言程序格式就是汇编语言必须遵循的语法规则。

2.1.1 汇编语言源程序的结构

一个基本的汇编语言程序框架如下：

```
DATA SEGMENT
        ;此处输入数据段代码
DATA ENDS
STACK SEGMENT
        ;此处输入堆栈段代码
STACK ENDS
CODE SEGMENT
        ASSUME CS:CODE,DS:DATA,SS:STACK
START:
        MOV AX,DATA
        MOV DS,AX
        ;此处输入代码段代码
        MOV AH,4CH
        INT 21H
CODE ENDS
END START
```

具体语句作用将在 2.1.2 节中以实例进行展示。

2.1.2 hello world 程序示例 (32 位)

汇编语言程序的一个实例：hello.asm。

```
DATA SEGMENT ;数据段
    string db 'Hello,World! $'
DATA ENDS
STACK SEGMENT PARA STACK  ;堆栈段定义开始
    dw 20h dup (0) ;为堆栈段分配空间
STACK ENDS
CODE SEGMENT ;代码段
    assume cs:code,ds:data
START:
    mov ax,data ;获取段基址
    mov ds,ax ;将段基址送入寄存器
    mov dx,offset string
    mov ah,9
    int 21h
    mov ah,4ch
    int 21h
CODE ENDS
END START
```

下面对该汇编语言程序的部分代码进行说明：

```
string db 'Hello,World! $'
```

定义一个名为 string 的字符串，string 是字符串的名称，db 是定义字节说明，字符串的内容需用单引号引起，其中 $ 是串的结束标志。

```
dw 20h dup (0)
```

为堆栈段分配空间。

```
assume cs:code,ds:data
```

这是一条汇编伪指令，含义是指定 code 段与 CS 寄存器关联，data 段与 DS 寄存器关联。

```
mov dx,offset string
```

获取 string 的偏移地址。

```
mov ah,9
int 21h
```

调用 9 号 DOS 功能(显示字符串)。

```
mov ah,4ch
int 21h
```

调用程序结束功能。

2.1.3 汇编语言语句格式

汇编语言源程序由语句组成，通常一个语句占一行(支持续行符“\”)，一个语句不超过 132 个字符、4 个部分。汇编语言中的语句有两种类型：执行性语句、说明性语句。

执行性语句用来表达处理器指令，实现功能。格式如下：

```
标号：硬指令助记符 操作数，操作数 ;注释
```

说明性语句用来表达伪指令，控制汇编方式。格式如下：

```
名字 伪指令助记符 参数，参数，… ;注释
```

(1) 标识符

标号与名字是用户定义的标识符。

标号在执行性语句中用冒号分隔,表示处理器指令在内存中的逻辑地址,指示分支、循环等程序的目的地址。

名字在说明性语句中用空格或制表符分隔,包括变量名、段名、子程序名等,反映变量、段和子程序等的逻辑地址。

标识符最多由31个字母、数字及规定的特殊符号组成,且不能以数字开头。一个源程序中,用户定义的每个标识符必须唯一,不能是保留字(Reserved Word)等关键字(Key Word)。保留字如下。

- 硬指令助记符:MOV。
- 伪指令助记符:BYTE。
- 操作符:OFFSET。
- 寄存器名:EAX。

取名原则类似于高级语言,但默认不区别大小写字母。

(2) 助记符

助记符是帮助记忆指令功能的符号。

硬指令助记符表示处理器指令,如传送指令 MOV。

伪指令助记符表示一个汇编命令,如字节变量定义助记符 BYTE(或 DB)。

(3) 操作数和参数

处理器指令的操作数用来表示参与操作的对象,操作数可以是:

- 具体的常量;
- 保存在寄存器中的数据;
- 保存在存储器中的变量。

逗号前常是目的操作数,逗号后常是源操作数。例如:

```
mov eax,offset msg
```

伪指令的参数可以是:常量、变量名、表达式等。可以有多个,参数之间用逗号分隔。例如:

```
msg byte 'Hello',13,10,0
```

(4) 注释

语句中分号后的内容是注释,对指令或程序进行说明,使用英文或中文均可,汇编程序不对它们做任何处理。注释有利于阅读,应养成书写注释的好习惯。注释可以用分号开头,占用一个语句行。例如:

```
;数据段的变量
msg byte 'Hello, Assembly ! ',13,10,0;定义字符串
;代码段的指令
mov eax,offset msg;EAX 获得 msg 的偏移地址
```

(5) 分隔符

语句的4个组成部分要用分隔符分开,分隔符都是英文标点,常用的有:

- 标号后的冒号;
- 注释前的分号;

- 操作数间和参数间的逗号；
- 分隔其他部分采用一个或多个空格或者制表符。

例如：

```
标号：硬指令助记符 操作数，操作数 ;注释
名字 伪指令助记符 参数，参数，… ;注释
```

2.1.4　伪指令

汇编语言的语句可以分为指令语句和伪指令语句，每一条指令语句在汇编时都要产生一条可供 CPU 执行的机器目标代码，它又叫作可执行语句。

伪指令不是 CPU 运行的指令，而是程序员给汇编程序下达的命令，是在汇编源程序期间由汇编程序执行的命令。伪指令用来对汇编程序进行控制，对程序中的数据进行存储空间分配，实现条件汇编、列表等处理，其格式和汇编指令一样，但不产生目标代码，即不直接命令 CPU 去执行操作。

MASM 设置了几十种伪指令，以下是常用的几种伪指令。

(1) 数据定义伪指令

数据定义伪指令也称为变量定义伪指令或存储单元分配伪指令。它用来定义变量、确定变量的类型、给变量赋初值、为变量分配存储空间等。

格式：

```
[变量名] 伪操作助记符 [操作数 1],[操作数 2],…
```

例如：

```
STR DB 'STRING'
NUM DW 0AAH,23H
LAB0 DQ 01A4578H
```

数据变量有 5 种定义命令，如下。

DB：定义变量为字节类型，其后的每个操作数都占一个字节。

DW：定义变量为字类型，其后的每个操作数都占两个字节。

DD：定义变量为双字类型，其后的每个操作数都占两个字，即四个字节。

DQ：定义变量为四个字类型，其后的每个操作数都占四个字，即八个字节。

DT：定义变量为十个字节类型，其后的每个操作数都占十个字节。

数据定义伪指令中的操作数也可以是问号(?)，它表示预留相应数量的存储单元，但不存入数据。如果操作数很多而且相同，可以使用重复数据操作符 DUP 定义变量。

(2) 符号定义伪指令

符号定义伪指令也称为赋值伪指令。在程序中有时会多次出现同一个数值或表达式，通常可以用赋值伪指令将其赋给一个符号，程序中凡是用到该数值或表达式的地方都用这个符号代替，这样既提高了程序的可读性又使程序易于修改。

有 2 条符号定义伪指令：EQU 和＝。

① EQU 伪指令

格式：

```
符号名 EQU 表达式
```

例如：

```
CONS EQU 10 ;常数赋给符号 CONS
ALPHA EQU 32 ;常数赋给符号 ALPHA
```

在同一个程序中，一个符号不能定义两次。

② =伪指令

功能与 EQU 一样，是给符号赋值，唯一的区别是可以对一个符号名重复定义。

例如：

```
NUM = 8
NUM = NUM + 6
```

这两条伪指令汇编之后，NUM=14，=伪指令一般用来定义数值常量。

(3) 设定段寄存器伪指令

格式：

```
ASSUME 段寄存器名:段名,段寄存器名:段名,…
```

ASSUME 伪指令说明段名和段基址寄存器之间的关系，但它不能给段寄存器赋值，段寄存器的值需要在代码段中由指令语句赋值。

例如：

```
ASSUME CS:CSEG, DS:DSEG, SS:SSEG, ES:EDSEG
```

说明：CSEG 段是代码段，DSEG 段是数据段，SSEG 段是堆栈段，EDSEG 段是附加数据段。

(4) 过程定义伪指令

在程序设计中，可将具有一定功能的程序段看作一个过程（相当于一个子程序），它可以被别的程序调用。

一个过程由伪指令 PROC 和 ENDP 来定义，其格式为：

```
过程名 PROC [类型]
        过程体
        RET
过程名 ENDP
```

PROC 和 ENDP 要成对出现。一个代码段中可以包含一个或多个过程。过程可以嵌套调用，可以递归调用，但不可以嵌套定义。

过程名是为过程所起的名称，不能省略。类型由 FAR（远过程，为段间调用）和 NEAR（近过程，为段内调用）来确定，如果缺省类型，则该过程默认为近过程。过程体内至少有一条 RET 指令。

例如：

```
MyProc PROC FAR
……
RET
MyProc ENDP
```

(5) 宏指令

在用汇编语言书写的源程序中，有的程序段要多次使用，为了简化书写，该程序段可以用一条特殊的指令来代替，这个特殊的指令就是宏指令。宏指令只是为了方便书写，当汇编程序汇编生成目标代码时，在引用宏指令处仍会产生原来程序段应生成的目标代码，引用一次生成一次。

宏指令定义格式：

```
宏指令名 MACRO <形参列表>
    汇编程序段(宏体)
ENDM
```

MACRO 与 ENDM 必须成对出现，先定义后引用，宏指令也可以接收参数。

例如：

```
SHIFT MACRO
MOV CL, 4
SAL AL, CL
ENDM
```

引用宏指令如下：

```
IN AL, 5FH
SHIFT
OUT 5FH, AL
```

（6）调整偏移量伪指令

格式：

```
ORG 表达式
```

功能：指定后面的指令或数据从表达式指出的地址（偏移地址）开始存放。

例如：

```
DATA SEGMENT
ORG 200H
STR DB 'STRING'
NUM DW 0AAH,23H
LAB0 DQ 01A4578H
DATA ENDS
```

（7）汇编结束伪指令

格式：

```
END 表达式
```

表达式为可执行程序运行的起始位置，一般是一个标号。汇编程序在汇编时遇到 END，便知源程序已经结束。

2.2　数据段定义及规范

2.2.1　数据段定义

定义一个数据段的基本格式：

```
段名 SEGMENT
  变量定义
段名 ENDS
```

在代码段内还须指明定义的各个段与段寄存器之间的关系，即指明各个段的段地址存放在哪个段寄存器中，格式为：

```
assume 段寄存器名:段名,段寄存器名:段名,…
```

上述关系的指明一般是在代码段段名与 start 之间，而且可以用微操作"assume nothing"取消前面由 assume 指定的段寄存器与段名间的关系。

指明关系后在代码段中还必须把定义的段地址装入段寄存器，格式如下：

```
MOV Reg32 ,segname
MOV SegReg,Reg32
```

实例：

```
MOV  AX,DATA_SEG
MOV  DS,AX
```

数据段定义语句各部分的作用如下。

(1) 段名

段名是由用户自己任意选定的、符合标识符定义规则的一个名称。最好选用与该逻辑段用途相关的名称，如第一个数据段为 DATA1，第二个数据段为 DATA2 等。一个段的开始与结尾用的段名必须一致。

(2) 定位类型

PARA：段起始地址必须从小段边界开始，即起始地址的最低十六进制数位必须为 0，这样段内起始偏移地址可以是 0(默认值)。

BYTE：段起始地址是任意值，这样段内起始偏移地址可能不为 0。

WORD：段起始地址必须是字边界，即起始地址必须为偶数。

DWORD：段起始地址必须是双字边界，即起始地址十六进制数最低位必须是 4 的倍数。

PAGE：段起始地址必须是页边界，即起始地址十六进制数最低 2 位必须是 0。

注意：定位类型为 PAGE 和 PARA 时，段起始地址与段基址相同。定位类型为 WORD 和 BYTE 时，段起始地址与段基址可能不同。

(3) 组合类型

PRIVATE：该段为私有段，连接时不与其他模块的同名段合并(默认值)。

PUBLIC：该段为公有段，连接时与其他模块的同名段合并成一个段，其合并的连接次序由连接命令指定，而且每一分段都从最小边界开始，各分段之间可能存在 16 B 的间隙。

COMMON：连接时各模块的同名段重叠而形成一个段，该段长度为原有各分段长度最大者，重叠部分的内容取决于排列在最后一段的内容。

AT expression：使段地址为表达式计算出的值(不能用来指定代码段)。

STACK：连接时各模块的同名堆栈段组合而形成一个堆栈段，该段长度等于各分段长度之和，中间无间隙，栈顶自动指向连接后形成的大堆栈段栈顶(一般用于定义堆栈段)。用户程序中应至少有一个段用 STACK 说明，否则需要用户程序自己初始化 SS 和 SP。

MEMORY：表示本段在存储器中应定位在所有其他段之后的最高地址上。如果有多个用 MEMORY 说明的段，则只处理第一个用 MEMORY 说明的段，其余的被视为 COMMON。

(4) 使用类型

Use 16：段长不超过 64 KB，地址形式是"16 位段地址"和"16 位偏移"。

Use 32：段长不超过 4 GB，地址形式是"16 位段地址"和"32 位偏移"。

（5）类别名

类别名为某一个段或几个相同类型段设定的类型名称。系统在进行连接处理时，把类别名相同的段存放在相邻的存储区，但段的划分与使用仍按原来的设定。类别名必须用单引号引起来。所用字符串可任意选定，但不能使用程序中的标号、变量名或其他定义的符号。

在定义一个段时，段名是必须有的项，而定位类型、组合类型和类别名 3 个参数是可选项。各个参数之间用空格分隔。各参数之间的顺序不能改变。

下面是一个分段结构的源程序框架。

```
STACK1 SEGMENT PARA STACK 'STACK0'
  ……
STACK1 ENDS
DATA1 SEGMENT PARA 'DATA'
  ……
DATA1 ENDS
STACK2 SEGMENT PARA 'STACK0'
  ……
STACK2 ENDS
CODE SEGMENT PARA MEMORY
    ASSUME CS:CODE,DS:DATA1,SS:STACK1
MAIN: ……
  ……
CODE ENDS
DATA2 SEGMENT BYTE 'DATA'
  ……
DATA2 ENDS
    END MAIN
```

上述源程序经 LINK 程序进行连接处理后，程序被装入内存的情况如图 2-1 所示。如果在段定义中选用了 PARA 定位类型说明，则在一个段的结尾与另一个段的开始之间可能存在一些空白，图 2-1 中以浅色框表示。CODE 段的组合类型为 MEMORY，因此被装入其他段之后。

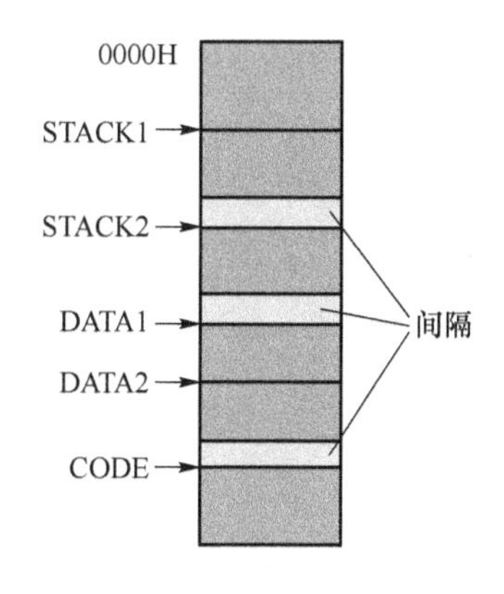

图 2-1　程序被装入内存的情况

下面为一些实例。

例 2-1　显示字符串。

```
DATA    SEGMENT
HELLO   DB'Hello, world! ', ODH, OAH, '$'
DATA    ENDS
CODE    SEGMENT
        ASSUME CS: CODE, DS: DATA
START:   MOV  AX, DATA
         MOV  DS, AX
         LEA  DX, HELLO;取字符串首地址
         MOV  AH, 9
         INT  21H;显示字符串
         MOV  AH, 4CH
         INT  21H;退回 DOS
CODE     ENDS
         END START
```

例 2-2 数据段定义。

```
DATA SEGMENT
  A1  DB  12,18,'ABC'
  A2  DW  8,13,100
  A3  DD  1234H
  STR DB  '0123456789 $'
DATA ENDS
CODE SEGMENT
  ASSUME CS:CODE,DS:DATA
START:MOV DX,DATA
      MOV DS,DX
      MOV AH,9
      MOV DX,OFFSET STR
      INT 21H
      MOV AH,4CH
      INT 21H
CODE ENDS
     END START
```

例 2-3 字符串输入。

```
DATA SEGMENT
   BUF DB 11,?,11 DUP(0)
DATA ENDS
CODE SEGMENT
   ASSUME CS:CODE,DS:DATA
START: MOV DX,DATA
       MOV DS,DX
       MOV AH,10
       MOV DX,OFFSET BUF
       INT 21H
       MOV AH,4CH
```

```
    INT 21H
CODE ENDS
  END START
```

2.2.2　存储器单位相关概念

字节:最基本的存储单位叫作字节(Byte),简写为 B。

字:两个连续字节的存储空间叫作字(Word),简写为 W。

双字:两个连续的字(4 个连续的字节)的存储空间叫作双字(Double Word),简写为 DW。

例如:

```
DATA_B    DB    10,5, 10H
DATA_W    DW    100H, - 4
DATA_D    DD    0FFFBH
```

汇编后的内存分配情况如图 2-2 所示。

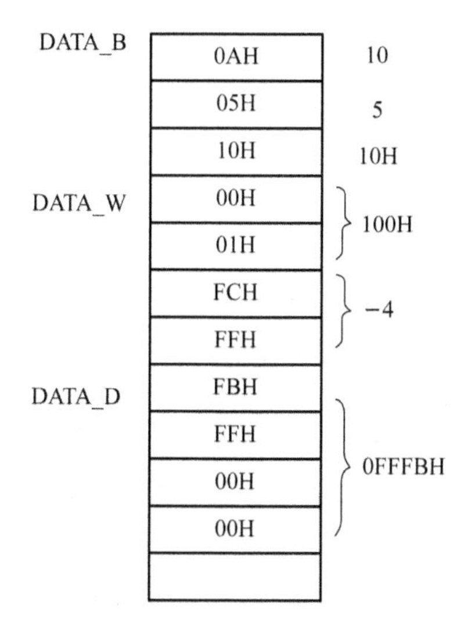

图 2-2　汇编后的内存分配情况

2.2.3　复制操作符 DUP 的使用

dup 是一个复制操作符,在汇编语言中同 db、dw、dd 等一样,也是由编译器识别处理的符号。它是和 db、dw、dd 等数据定义伪指令配合使用的,用来进行数据的重复,如下所示。

```
db 3 dup (0)
```

定义了 3 个字节,它们的值都是 0,相当于 db 0,0,0。

```
db 3 dup (0,1,2)
```

定义了 9 个字节,它们是 0、1、2、0、1、2、0、1、2,相当于 db 0,1,2,0,1,2,0,1,2。

```
db 3 dup('abc','ABC')
```

定义了 18 个字节,它们是'abcABCabcABCabcABC',相当于 db 'abcABCabcABCabcABC'。

可见,dup 的使用格式如下:

```
db 重复的次数 dup(重复的字节型数据)
dw 重复的次数 dup(重复的字型数据)
dd 重复的次数 dup(重复的双字型数据)
```

dup 是一个十分有用的操作符，例如，要定义一个容量为 200 字节的栈段，如果不用 dup，则必须：

```
stack segment
 dw 0,0,0,0,0,0,0,0,0,0, 0,0,0,0,0, 0,0,0,0,0
 dw 0,0,0,0,0,0,0,0,0,0, 0,0,0,0,0, 0,0,0,0,0
 dw 0,0,0,0,0,0,0,0,0,0, 0,0,0,0,0, 0,0,0,0,0
 dw 0,0,0,0,0,0,0,0,0,0, 0,0,0,0,0, 0,0,0,0,0
 dw 0,0,0,0,0,0,0,0,0,0, 0,0,0,0,0, 0,0,0,0,0
stack ends
```

当然，可以用 dd 使程序变得简短一些，但是如果要求定义一个容量为 1 000 字节或10 000 字节的栈段呢？如果没有 dup，定义部分的程序就变得太长了，有了 dup 就可以轻松解决，如下：

```
stack segment
  db 200 dup (0)
stack ends
```

2.2.4 地址计数器与对准伪操作

汇编程序在汇编源程序时，每遇到一个逻辑段，就要为其设置一个位置计数器，它用来记录该逻辑段中定义的每一个数据或每一条指令在逻辑段中的相对位置。在源程序中，使用符号 $ 来表示位置计数器的当前值，因此，$ 被称为当前地址计数器，它位于不同的位置具有不同的值。

① 当前地址计数器 $：保存当前正在汇编的指令的地址。

汇编开始时或每一段编译开始时地址计数器 $ 初始化为 0，以后每汇编一条指令，则 $ 增加该汇编指令所需要的字节数。

$ 用于参数字段则表示地址计数器的当前值，其值随位置不同而各异。

例如：

```
ARRAY   DW   1, 2 , $ +4 , 3 , 4 , $ +4
```

$ 用于指令中则代表该指令的首地址。

例如：

```
JNE   $ +6 ;条件满足时转向的地址是 JNE 的首地址 +6
JMP   $ +2 ;JMP 只占 2 B,所以无条件转向下一条指令
```

② 对准伪操作 ORG：设置当前地址计数器 $ 的值。

汇编地址计数器的值可以用伪指令 ORG 设置，其格式是：

```
ORG 数值表达式
```

功能是将汇编地址计数器设置成数值表达式的值。其中数值表达式的值应为 0000H～FFFFH 之间的整数(对于 16 位实模式)。

例如：

```
DATA  SEGMENT  USE16
ORG 10;          ;设置 $ 为 10,此段目标代码从偏移地址 10 开始
```

```
BUF DB 'ABCD'          ;BUF 的偏移地址为 10
ORG $ +5               ;$ 增加 5,即在 ABCD 之后空出 5 B
NUM DW 50              ;NUM 的偏移地址为 19
DATA  ENDS
```

③ 对准伪操作 EVEN：使下一个变量或指令起始于偶数字节地址。

④ 对准伪操作 ALIGN boundary：使下一个变量或指令起始于 boundary 的倍数字节地址，$boundary=2^k$。

对准伪操作 ORG、EVEN 和 ALIGN 举例如下：

```
SEG1  SEGMENT
      ORG   3;段前空 3 B
      VAR1  DB  'good morning! ';VAR1 的偏移为 0003H
      EVEN; 空 1 B
      VAR2  DW  5678H;VAR2 的偏移为 0012H
      ORG   30;空(30 - 18) B = 12 B
      VAR3  DW  5678H;VAR3 的偏移为 001EH
      ORG   $ +5; $ 增加 5,即在 5678H 之后空出 5 B
      ALIGN 4;空 3 B
      VAR4  DW  1357H;VAR4 的偏移为 0028H
      BUFFER_1  LABEL BYTE;BUFFER_1 的偏移为 002AH
      ORG   $ +18;空 18 B
      BUFFER_2  DB  8 DUP (?);BUFFER_2 的偏移为 003CH
      ORG   100H; $ = 0100H
SEG1  ENDS
      ……
START:……
```

2.2.5　变量

变量即内存中的存储单元或数据区。变量名是存储单元(数据区)的符号地址或名字。变量有以下 3 个属性。

段地址——变量所在段的段地址。

偏移量——变量单元地址与段首地址之间的位移量。

类型——有 BYTE、WORD 和 DWORD 3 种。

在变量的定义语句中，给变量赋初值的表达式可以使用下面 3 种形式。

(1) 数值表达式

例如：

```
DATA1 DB 32,30H
```

DATA1 单元的内容为 32(20H)，DATA1+1 单元的内容为 30H。

(2) ? 表达式

不带引号的问号表示可以预置任意内容。

例如：

```
DA-BYTE DB ?,?,?
```

(3) 字符串表达式

对于 DB 伪指令,字符串用引号引起来,不超过 255 个字符。给每一个字符分配一个字节单元。字符串按从左到右,将字符的 ASCII 编码值以地址递增的排列顺序依次存放。

例如:

```
STRING1 DB 'ABCDEF'
```

内存分配图如图 2-3 所示。

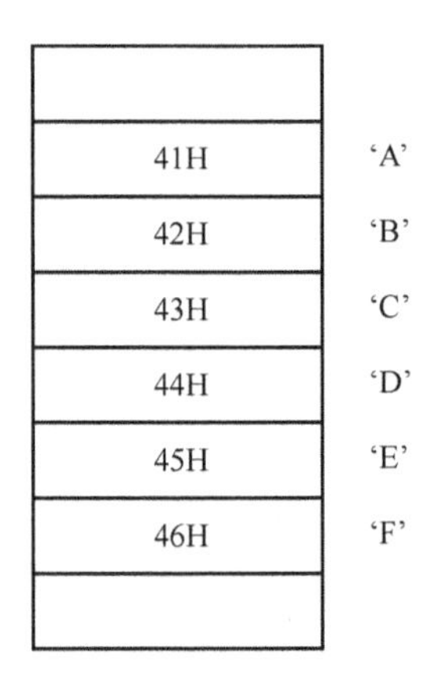

图 2-3 内存分配图(一)

对于 DW 伪指令,可以给两个字符组成的字符串分配两个字节存储单元。

注意:两个字符的存放顺序是前一个字符放在高地址单元,后一个字符放在低地址单元。

例如:

```
STRING2 DW 'AB','CD','EF'
```

内存分配图如图 2-4 所示。

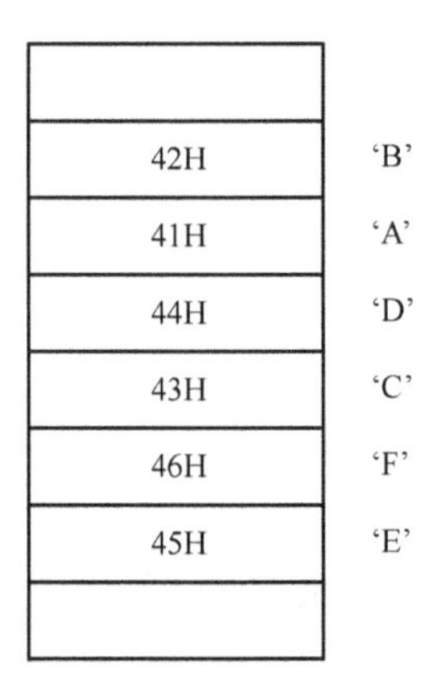

图 2-4 内存分配图(二)

对于 DD 伪指令,只能给两个字符组成的字符串分配 4 个字节单元。

两个字符存放在较低地址的两个字节单元中,存放顺序与 DW 伪指令相同,而较高地址的两个字节单元存放 0。

例如:

```
STRING3 DD 'AB','CD'
```

内存分配图如图 2-5 所示。

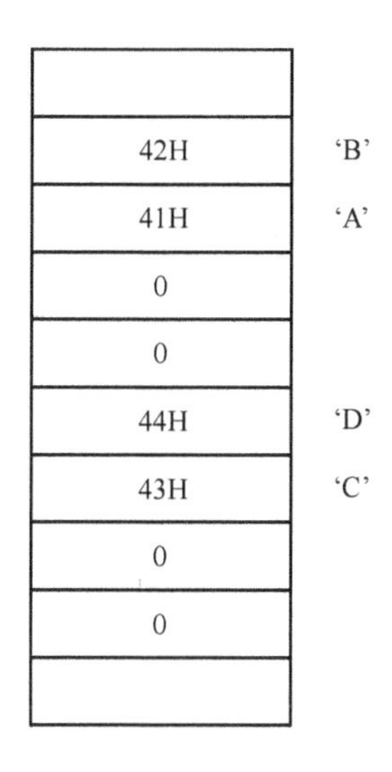

图 2-5　内存分配图(三)

注意:DW 和 DD 伪指令不能用两个以上字符构成的字符串赋初值,否则将出错。

2.2.6　段寻址伪指令

段寻址伪指令 ASSUME 的作用是告诉汇编程序,在处理源程序时,定义的段与哪个寄存器关联。ASSUME 并不设置各个段寄存器的具体内容,段寄存器的值是在程序运行时设定的。一般格式如下:

```
ASSUME 段寄存器名:段名,段寄存器名:段名,…
```

其中,段寄存器名为 CS、DS、ES 或 SS,段名是用 SEGMENT/ENDS 伪指令定义的段名。例如:

```
DATA1 SEGMENT
VAR1 DB 12H
DATA1 ENDS
DATA2 SEGMENT
VAR2 DB 34H
DATA2 ENDS
CODE SEGMENT
VAR3 DB 56H
    ASSUME CS:CODE,DS:DATA1,ES:DATA2
START:
    ……
    INC VAR1
    INC VAR2
    INC VAR3
    ……
CODE ENDS
    END START
```

该指令汇编时,VAR1 使用的是 DS,VAR2 使用的是 ES,即指令编码中有段前缀 ES,VAR3 使用的是 CS,即指令编码中有段前缀 CS。

在一个代码段中可以有几条 ASSUME 伪指令，对于前面的设置，可以用 ASSUME 改变原来的设置。一条 ASSUME 语句不一定设置全部段寄存器，可以选择一个或几个段寄存器。可以使用关键字 NOTHING 将前面的设置删除。例如：

```
ASSUME ES:NOTHING ;删除前面对 ES 与某个定义段的关联
ASSUME NOTHING ;删除全部段寄存器的设置
```

2.3 代码段定义及规范

2.3.1 代码段定义指令

下面是一个代码段定义的框架：

```
CODE SEGMENT
    ASSUME CS:CODE,DS:DATA1,SS:STACK1
START: ……
    ……
CODE ENDS
```

下面是一个实例：

```
CODE SEGMENT
    ASSUME CS: COSEG
    ASSUME DS: DATA
    ASSUME SS: STACK133
START: MOV AX,DATA
    MOV DS,AX
    MOV DX,VARX ;DX X
    ADD DX,VARY ;DX X+Y
    MOV CL,3
    SAL DX,CL ;DX (X+Y) * 8
    SUB DX,VARX ;DX (X+Y) * 8-X
    SAR DX,1 ;DX ( (X+Y) * 8-X )/2
    MOV RESULT,DX
    MOV AH,4CH ;系统功能调用,返回操作系统
    INT 21H
CODE ENDS
```

2.3.2 算术、逻辑与关系运算符

(1) 算术运算符

算术运算符包括：+、-、*、/、MOD、SHL、SHR、[ ]。

① 运算符“+”和“-”也可作单目运算符，表示数的正负。

② 使用“+”“-”“*”“/”运算符时，参加运算的数和运算结果都是整数。

③ “/”运算取商的整数部分，而“MOD”运算取除法运算的余数。

④ “SHR”和“SHL”为逻辑移位运算符。“SHR”为右移，左边移出来的空位用 0 补入。

"SHL"为左移,右边移出来的空位用 0 补入。移位运算符与移位指令的区别是:移位运算符的操作对象是某一具体的数(常数),在汇编时完成移位操作,而移位指令是对一个寄存器或存储单元的内容在程序运行时执行移位操作。

例如:

```
MOV AX, NUM SHL 1
```

⑤ 下标运算符"[]"具有相加的作用。

一般使用格式为:

```
表达式 1[表达式 2]
```

作用:将表达式 1 与表达式 2 的值相加后形成一个存储器操作数的地址。

例如:

```
MOV AX, DA_WORD[20H]
```

(2) 逻辑运算符

逻辑运算符有 NOT、AND、OR 和 XOR 4 个,它们执行的都是按位逻辑运算。

例如:

```
MOV AX,NOT 0F0H  => MOV AX,0FF0FH
MOV AL,NOT 0F0H  => MOV AL,0FH
MOV BL,55H AND 0F0H  => MOV BL,50H
MOV BH,55H OR 0F0H  => MOV BH,0F5H
MOV CL,55H XOR 0F0H  => MOV CL,0A5H
```

(3) 关系运算符

关系运算符包括:EQ(等于)、NE(不等于)、LT(小于)、LE(小于等于)、GT(大于)、GE(大于等于)。关系运算符用来比较两个表达式的大小。关系运算符比较的两个表达式必须同为常数或同一逻辑段中的变量。如果是常量的比较,则按无符号数进行比较;如果是变量的比较,则比较它们的偏移量的大小。关系运算的结果只能是"真"(全 1)或"假"(全 0)。

例如:

```
MOV AX,0FH EQ 1111B  => MOV AX,0FFFFH
MOV BX,0FH NE 1111B  => MOV BX,0
```

另外,"VAR DW NUM LT 0ABH"语句在汇编时,根据符号常量 NUM 的大小来决定 VAR 存储单元的值,当 NUM<0ABH 时,变量 VAR 的内容为 0FFFFH,否则 VAR 的内容为 0。

2.3.3　数值返回运算符

该类运算符有 5 个,它们将变量或标号的某些特征值或存储单元地址的一部分提取出来。

(1) SEG 运算符

该运算符的作用是取变量或标号所在段的段基址。

例如:

```
DATA SEGMENT
    K DW 1, 2
    ......
MOV AX,SEG K
```

设 DATA 逻辑段的段基址为 1FFEH,则两条传送指令将被汇编为:

```
MOV AX,1FFEH
```

(2) OFFSET 运算符

该运算符的作用是取变量或标号在段内的偏移量。

例如：

```
DATA SEGMENT
VAR1 DB 20H DUP(0)
VAR2 DW 5A49H
ADDR DW VAR2 ;将 VAR2 的偏移量 20H 存入 ADDR 中
    ……
MOV BX,VAR2; (BX) = 5A49H
MOV SI,OFFSET VAR2 ;(SI) = 20H
MOV DI,ADDR ;DI 的内容与 SI 相同
MOV BP,OFFSET ADDR ;(BP) = 22H
```

(3) TYPE 运算符

该运算符的作用是取变量或标号的类型属性，并用数字形式表示，对变量来说就是取它的字节长度。图 2-6 所示是常见的 TYPE 运算符的运算结果。

变量	BYTE	1	标号	NEAR	−1
	WORD	2		FAR	−2
	DWORD	4			
	QWORD	8			
	TWORD	10			

图 2-6　TYPE 运算符的运算结果

例如：

```
V1 DB 'ABCDE'
V2 DW 1234H, 5678H
V3 DD V2
        ……
        MOV AL,TYPE V1
        MOV CL,TYPE V2
        MOV CH,TYPE V3
```

经汇编后的等效指令序列如下：

```
MOV AL, 01H
MOV CL, 02H
MOV CH, 04H
```

(4) LENGTH 运算符

该运算符用于取变量的长度。如果变量是用复制操作符 DUP 说明的，则 LENGTH 运算取外层 DUP 给定的值。如果没有用 DUP 说明，则 LENGTH 运算返回值总是 1。

例如：

```
K1 DB 10H DUP(0)
K2 DB 10H, 20H, 30H, 40H
K3 DW 20H DUP(0,1,2 DUP(0))
K4 DB 'ABCDEFGH'
……
```

```
MOV AL,LENGTH K1 ; (AL) = 10H
MOV BL,LENGTH K2 ; (BL) = 1
MOV CX,LENGTH K3 ; (CX) = 20H
MOV DX,LENGTH K4 ; (DX) = 1
```

(5) SIZE 运算符

该运算符只能作用于变量，SIZE 取值等于 LENGTH 和 TYPE 这两个运算符返回值的乘积。

例如，对于上面的例子，加上以下指令：

```
MOV AL, SIZE K1 ;(AL) = 10H
MOV BL, SIZE K2 ;(BL) = 1
MOV CL, SIZE K3 ;(CL) = 20H * 2 = 40H
MOV DL, SIZE K4 ;(DL) = 1
```

2.3.4 属性修改运算符

这一类运算符用来对变量、标号或存储器操作数的类型属性进行修改或指定。

(1) PTR 运算符

该运算符的作用是将地址表达式所指定的标号、变量或用其他形式表示的存储器地址的类型属性修改为“类型”所指的值。

格式：

```
类型  PTR  地址表达式
```

类型可以是 BYTE、WORD、DWORD、NEAR 和 FAR。这种修改是临时的，只在含有该运算符的语句内有效。

例如：

```
DA_BYTE DB 20H DUP(0)
DA_WORD DW 30H DUP(0)
……
MOV AX, WORD PTR DA_BYTE[10]
ADD BYTE PTR DA_WORD[20], BL
INC BYTE PTR [BX]
SUB WORD PTR [SI], 100
JMP FAR PTR SUB1;指明 SUB1 不是本段中的地址
```

(2) HIGH/LOW 运算符

这两个运算符用来将表达式的值分离出高字节和低字节。

格式：

```
HIGH 表达式
LOW 表达式
```

如果表达式为一个常量，则将其分离成高 8 位和低 8 位；如果表达式是一个地址(段基址或偏移量)，则分离出它的高字节和低字节。HIGH/LOW 运算符不能用来分离一个变量、寄存器或存储器单元的高字节与低字节。

例如：

```
DATA SEGMENT
CONST EQU 0ABCDH
```

```
DA1 DB 10H DUP(0)
DA2 DW 20H DUP(0)
DATA ENDS
……
MOV AH,HIGH CONST
MOV AL,LOW CONST
MOV BH,HIGH (OFFSET DA1)
MOV BL,LOW (OFFSET DA2)
MOV CH,HIGH (SEG DA1)
MOV CL,LOW (SEG DA2)
```

设 DATA 段的段基址是 0926H,则上述指令序列汇编后的等效指令为：

```
MOV AH,0ABH
MOV AL,0CDH
MOV BH,00H
MOV BL,10H
MOV CH,09H
MOV CL,26H
```

(3) THIS 运算符

THIS 运算符一般与等值运算符 EQU 连用,用来定义一个变量或标号的类型属性。所定义的变量或标号的段基址和偏移量与紧跟其后的变量或标号的相同。

例如：

```
LFAR EQU THIS FAR
LNEAR:MOV AX,B
```

标号 LFAR 与 LNEAR 具有相同的逻辑地址值,但类型不同。LNEAR 只能被本段中的指令调用,而 LFAR 可以被其他段的指令调用。

2.3.5 运算符的优先级

在一个表达式中如果存在多个运算符,在计算时就有先后顺序问题。不同的运算符具有不同的运算优先级。表 2-1 所示是常用运算符的优先级。最高优先级为 1,最低优先级为 9。

表 2-1 常用运算符的优先级

优先级	运算符
1	LENGTH,SIZE,圆括号
2	PTR,OFFSET,SEG,TYPE,THIS
3	HIGH,LOW
4	*,/,MOD,SHR,SHL
5	+,-
6	EQ,NE,LT,LE,GT,GE
7	NOT
8	AND
9	OR,XOR

汇编程序在计算表达式时,按以下规则进行运算:

- 先执行优先级别高的运算,再执行较低级别的运算。
- 对于相同优先级别的操作,按照在表达式中的顺序,从左到右进行。
- 可以用圆括号改变运算的顺序。

例如:

```
K1 =  10 OR 5 AND 1;结果为 K1 = 11
K2 = (10 OR 5) AND 1 ;结果为 K2 = 1
```

2.3.6　书写规范

(1) 排版规范

程序块要采用缩进风格进行编写,缩进的空格以统一的开发工具为准。函数或过程的开始、结构的定义及循环、判断等语句中的代码都要采用缩进风格。

较长的语句(大于 100 字符)要分成多行书写,长表达式要在低优先级操作符处划分新行,操作符放在新行之首,划分出的新行要进行适当的缩进,使排版整齐,语句可读。

不允许把多个短语句写在一行中,即一行只写一条语句。

示例:如下例子不符合规范。

```
rng.Font.Size = 10;rng.Font.Name = "宋体";
```

应按如下格式书写:

```
rng.Font.Size = 11;
rng.Font.Name = "宋体";
```

汇编语言不直接支持结构化程序设计,为了清晰地表达语句以及整个源程序,建议:标号和名字从首列开始书写,通过制表符对齐指令助记符和注释部分,助记符与操作数和参数之间用空格或者制表符分隔。

(2) 注释规范

语句中分号后的内容是注释,对指令或程序进行说明,使用英文或中文均可,汇编程序不对它们做任何处理。注释有利于阅读,应养成书写注释的好习惯。注释可以用分号开头,占用一个语句行。

hello.asm 中代码段的注释如下:

```
mov eax,offset msg ;EAX 获得 msg 的偏移地址
```

(3) 标识符命名规范

标识符最多由 31 个字母、数字及规定的特殊符号组成,且不能以数字开头。一个源程序中,用户定义的每个标识符必须唯一。标识符不能是保留字等关键字,如硬指令助记符 MOV、伪指令助记符 BYTE、操作符 OFFSET、寄存器名 EAX 等。需要注意的是,标识符取名原则类似于高级语言,但默认不区别大小写字母。

2.4　简化段定义

较新版本的汇编程序除支持完整段定义伪指令外,还提供了一种新的简单易用的存储模型和简化的段定义伪指令,使用简化段定义的框架如下:

```
        include io32.inc ;包含 32 位输入输出文件
        .data ;定义数据段
        …… ;数据定义(数据待填)
        .code ;定义代码段
start:         ;程序执行起始位置
        …… ;主程序(指令待填)
        exit 0 ;程序正常执行终止
        …… ;子程序(指令待填)
        end start ;汇编结束
```

使用简化段定义的 hello.asm 如下：

```
        include io32.inc
        .data           ;数据段
msg     byte 'Hello,world',13,10,0
        .code           ;代码段
start:                  ;程序执行起始位置
        mov eax,offset msg
        call dispmsg
        exit 0          ;程序正常执行终止
        end start       ;汇编结束
```

2.4.1 包含伪指令 INCLUDE

用于声明常用的常量定义、过程说明、共享的子程序库等，相当于 C 和 C++语言中包含头文件的作用。

下面是 IO32.INC 包含文件的前 3 个语句：

```
.686                    ;32 位指令
.model flat,stdcall     ;选择平展模型,标准调用规范
option casemap:none     ;告知 masm 区分用户定义标识符的大小写
```

2.4.2 段的简化定义

MASM 支持段的简化定义。

数据段定义伪指令：.DATA。

代码段定义伪指令：.CODE。

堆栈段定义伪指令：.STACK(Windows 自动维护堆栈段，用户不必设置)。

下面是段的定义格式：

```
include io32.inc
.data
……        ;数据定义
.code
……        ;程序指令
```

2.4.3 程序的开始和结束

程序开始执行的位置：使用一个标号(如 START)作为汇编结束 END 伪指令的参数。

应用程序执行终止：语句“EXIT 0”终止程序执行，返回操作系统，并提供一个返回代码(0)。注意执行终止≠汇编结束。

源程序汇编结束：使用 END 伪指令语句。

下面是程序的开始和结束格式：

```
    .code
start:……
    exit 0
    ……
    end start
```

2.4.4 信息显示

在数据段中给出字符串形式的信息，如 hello.asm 中的语句：

```
msg byte 'Hello,world',13,10,0
```

其中，'Hello,world'是要显示的字符串，“13,10”相当于 C 语言中的“\n”，0 是字符串结尾字符。因此上述语句即“Hello,world \n”。

在代码段中编写显示字符串的程序，如 hello.asm 中的语句：

```
mov eax,offset msg ;指定字符串的偏移地址
call dispmsg ;调用 I/O 子程序显示信息
```

因此上述语句即“printf()”。

2.4.5 输入输出子程序库

汇编程序通常不提供任何函数或程序库，须利用操作系统的编程资源。键盘输入和显示器输出的 I/O 子程序含 IO32.INC 和 IO32.LIB，需要包含文件声明。

子程序调用方法：

```
MOV EAX,入口参数
CALL 子程序名
```

hello.asm 中使用的子程序是 DISPMSG，入口参数 EAX＝字符串地址，功能是显示字符串(以 0 结尾)。

表 2-2 所示是汇编语言中常用输入子程序的功能说明。

表 2-2　常用输入子程序

C 语言格式符	子程序名	功能说明
scanf("%s",&a)	READMSG	输入一个字符串(回车结束)
scanf("%c",&a)	READC	输入一个字符(回显)
scanf("%X",&a)	READHD	输入 8 位十六进制数据
scanf("%u",&a)	READUID	输入无符号十进制整数($\leqslant 2^{32}-1$)
scanf("%d",&a)	READSID	输入有符号十进制整数($-2^{31} \sim 2^{31}-1$)

表 2-3 所示是常用输出子程序的功能说明。

表 2-3 常用输出子程序

C 语言格式符	子程序名	功能说明
printf("%s",a)	DISPMSG	显示字符串(以 0 结尾)
printf("%c",a)	DISPC	显示一个字符
printf("\n")	DISPCRLF	光标回车换行,到下行首列
	DISPRD	显示 8 个 32 位通用寄存器内容
	DISPRF	显示 6 个状态标志的状态
printf("%X",a)	DISPHD	以十六进制形式显示 8 位数据
printf("%u",a)	DISPUID	显示无符号十进制整数
printf("%d",a)	DISPSID	显示有符号十进制整数

2.5 基于 MASM32 的汇编开发过程演示

2.5.1 汇编程序的开发流程

利用机器语言编写程序十分烦琐,在这样的背景下,汇编语言诞生了。汇编语言的主题是汇编指令集合,它和机器语言的差别主要在于指令的表示方法。汇编语言相较于机器语言更加便利且高效。例如:现在想表示把寄存器 BX 的内容发送到寄存器 AX 中,如果采用机器语言则是 1000100111011000,而如果采用汇编语言,只需写成 mov ax, bx。这样的写法不但简便,而且可读性更强,在查找错误时也十分方便。寄存器是 CPU 中用来存储数据的器件。图 2-7 描述了汇编语言的开发工作过程。

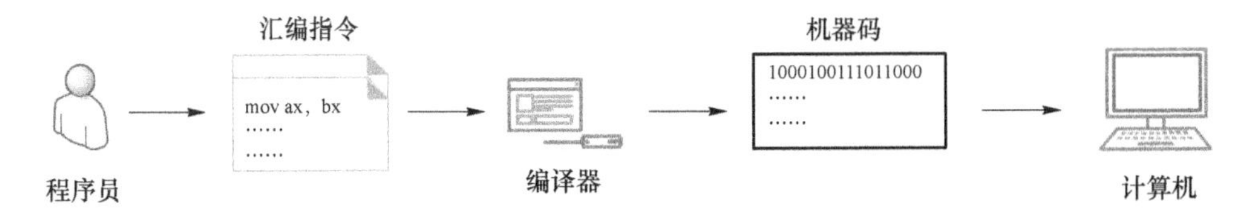

图 2-7 汇编语言的开发工作过程

首先看看汇编程序的编译和链接流程,如图 2-8 所示。

双击 MASM32 安装包即可安装,它属于多组织或者个人开发的一个集合开发环境,所以里面有许多协议或者规定,弹出对话框的时候一直单击“确定”即可安装成功(里面的盘符选择选为 C 盘比较好,以后调用系统的 DLL 或者加载速度比较快),安装的最后阶段会有 DOS 的一个长时间刷屏过程,这是程序与 Windows 的匹配调用过程,这时候等待一会儿即可。安装成功后的启动方法:找到 C:\masm32\qeditor, 双击即可。打开的界面如图 2-9 所示。

基本的界面和 Windows 的许多编辑界面基本一样,标题栏有:文件、编辑、选择、工程、工具、代码、符号转化、脚本、窗口、帮助。下面逐个进行讲解。

文件菜单中包含:保存、另存为、新建、打印等各种和 Word 中一样的选项。如图 2-10 所示。

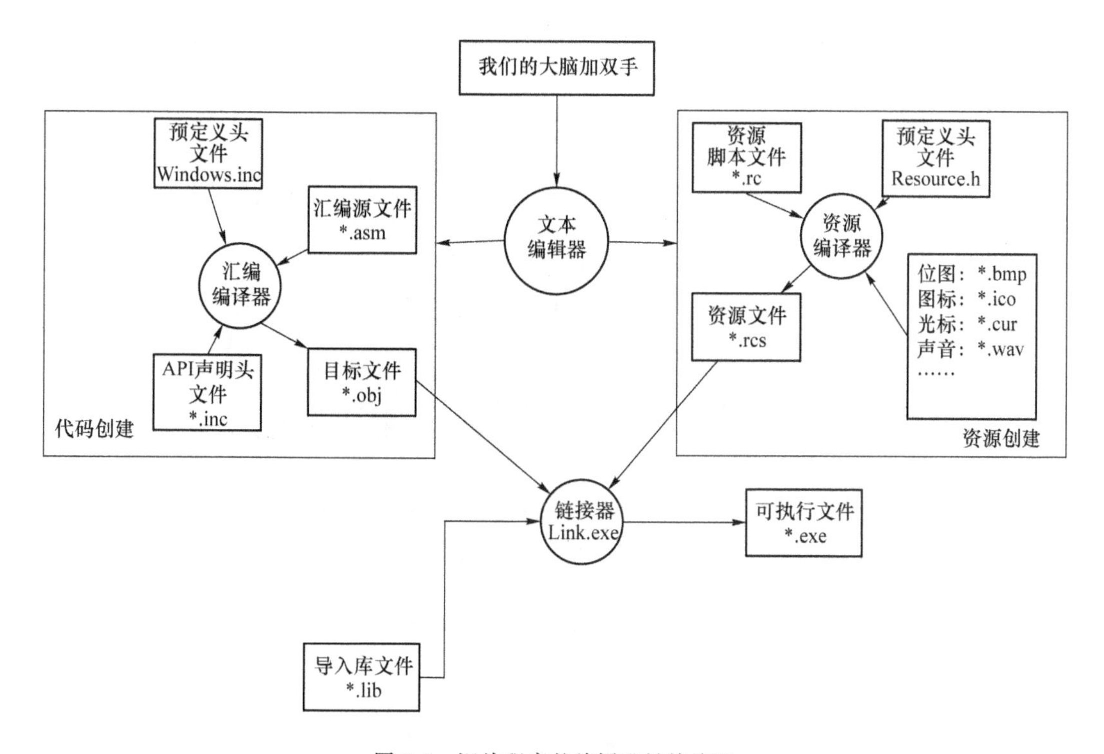

图 2-8　汇编程序的编译和链接流程

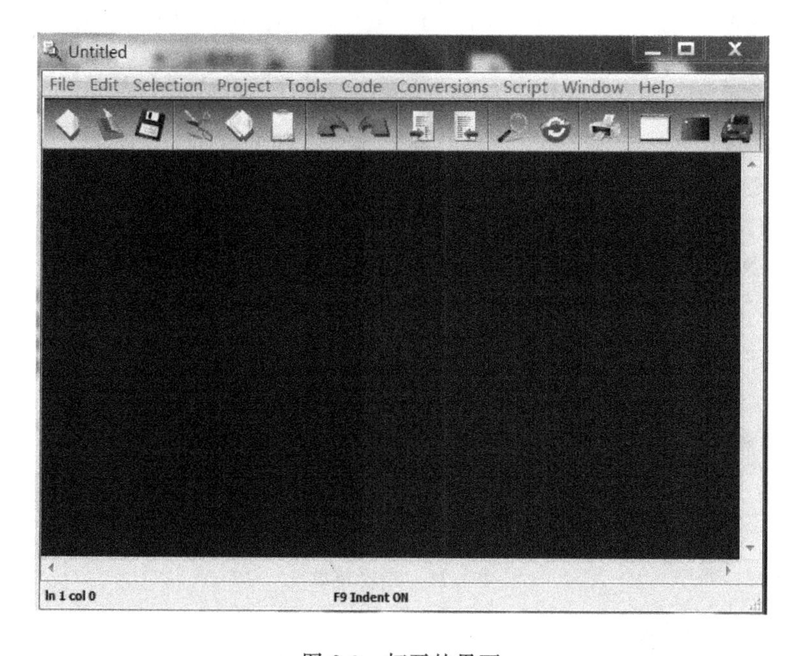

图 2-9　打开的界面

基本上每一个选项都有一个快捷键，最常用的是 New、Open 和 Open in New Window，分别代表新建、打开和在新的窗口中打开。

编辑菜单中包含：撤销(Undo)、反撤销(Redo)、复制、粘贴、剪切。如图 2-11 所示。

选择菜单中有很多操作，如图 2-12 所示，下作说明。

Upper Case：转化为大写字母。当选中一段文档的时候，单击该选项可以将选中区域中的

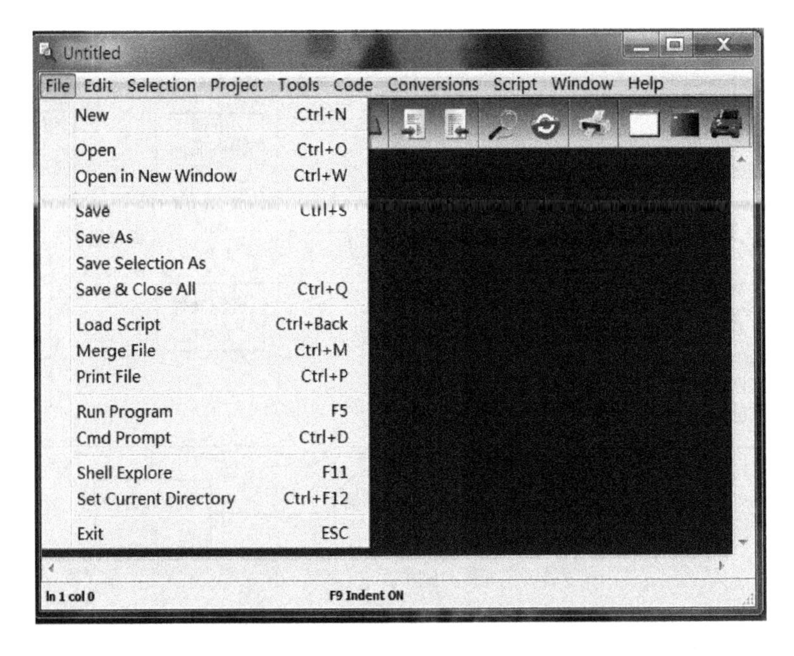

图 2-10　文件菜单

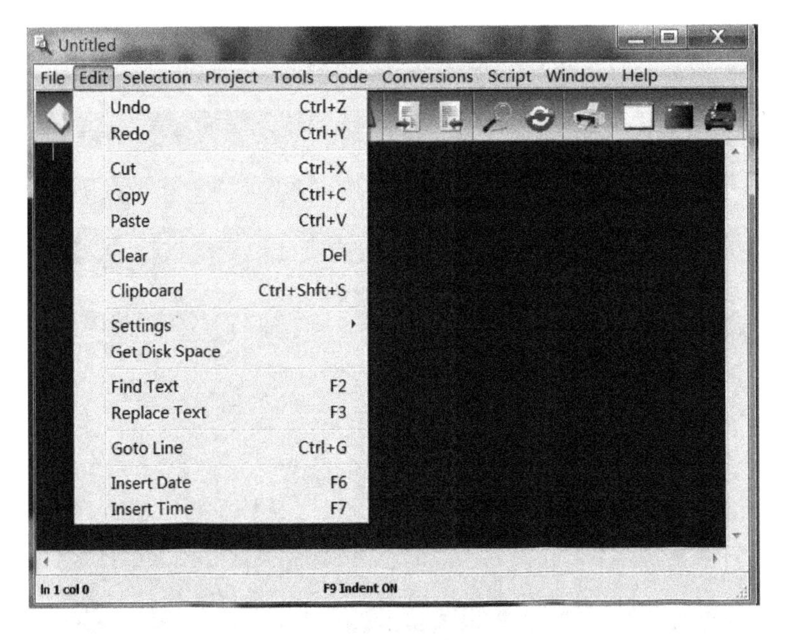

图 2-11　编辑菜单

小写字母转化为大写字母。

Lower Case：转化为小写字母。与上一个操作相反，是将选中区域中的大写字母全部转化为小写字母。

Reverse Text：撤销以上两种对文档的操作。

More Indent：使选中区域和前面区域之间的距离变大，在文档整理阶段比较好用，便于程序的阅读。

Less Indent：和上一个操作恰恰相反，将区域之间的距离缩小。

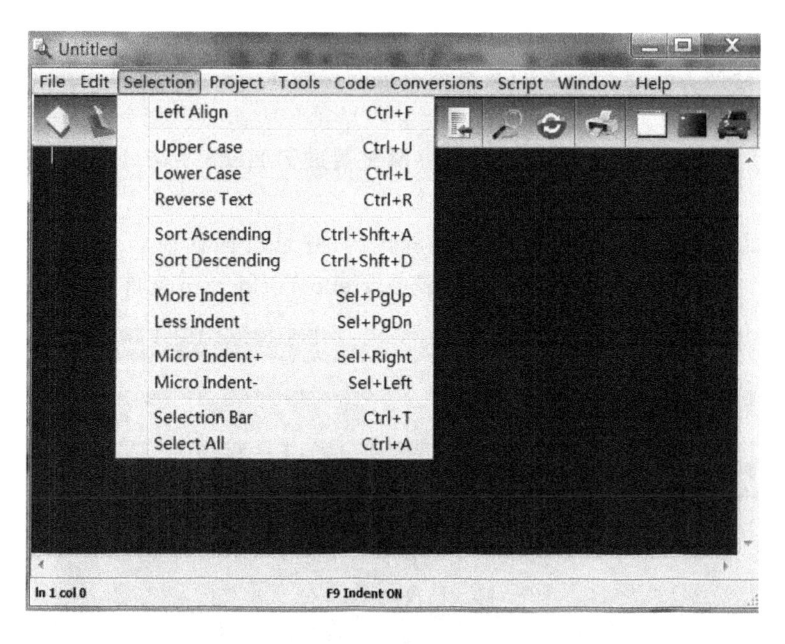

图 2-12　选择菜单

Micro Indent＋：微软系统即此编译器提供的标准的大距离间距。

Micro Indent－：微软系统即此编译器提供的标准的小距离间距。

Select All：全选。

工程菜单中包括很多操作，而且是特别常用的，如编译资源文件、编译汇编源代码、链接文件、运行程序等，如图 2-13 所示。

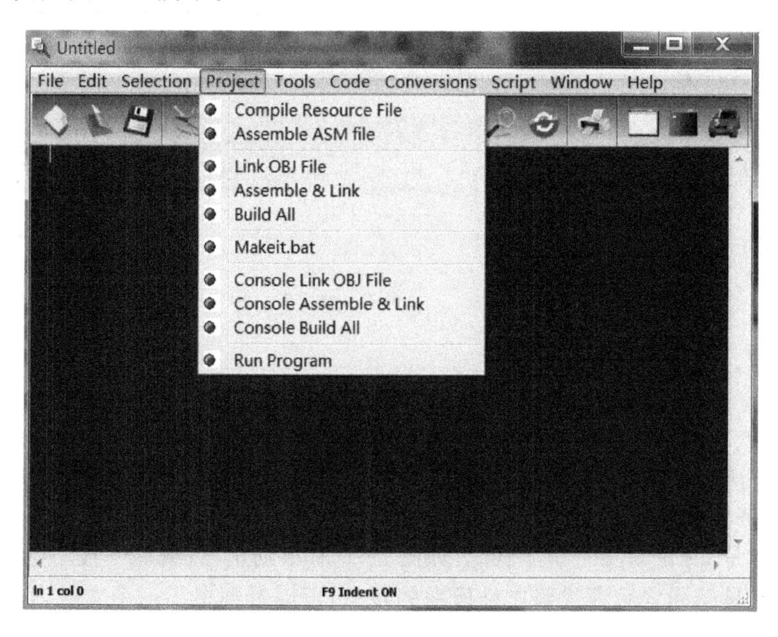

图 2-13　工程菜单

Compile Resource File：编译资源文件。这个操作会去调用 MASM32 里面的资源文件生成器，将资源文件 *.rc 生成为 *.rcs 文件，便于下一步和其他目标文件一起生成可执行文件。

Assemble ASM file:这个是我们最熟悉不过的操作了,用来调用编译器去编译汇编源代码 *.asm,将其生成为 *.obj 文件。

对每一位程序初学者来说,最经典的程序测试莫过于 Hello World 程序,我们用来看看上述操作的效果。

图 2-14 所示是已经编辑好的一段汇编源代码,并且已保存在 C:\masm32\myproject\first 文件夹中。文件夹里面只有一个文件,就是 HelloWorld.asm 文件,如图 2-15 所示。

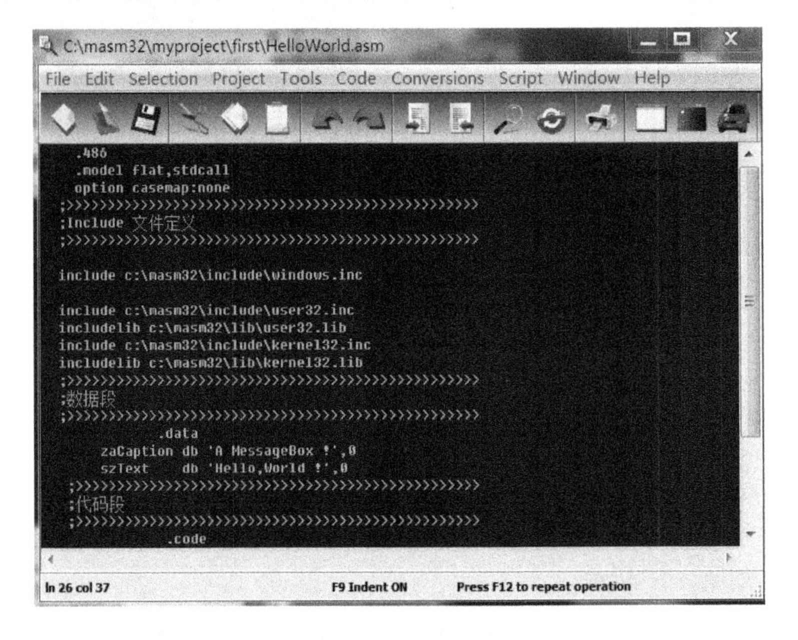

图 2-14　编辑器

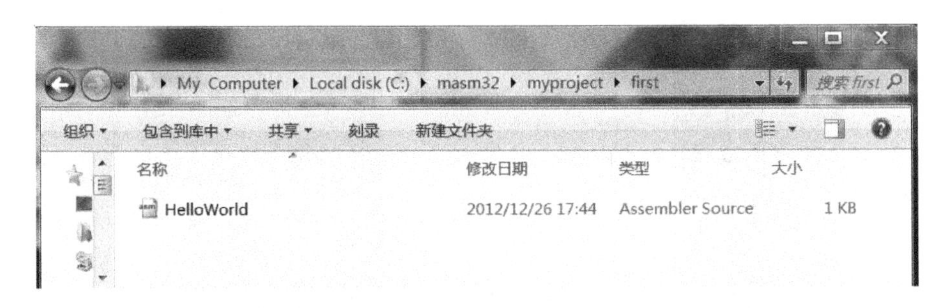

图 2-15　文件夹

单击"Assemble ASM file"后,我们会看到弹出了两个窗口,一个黑屏的窗口,一个白屏的窗口,上面是一些信息的显示,如图 2-16 所示。

黑屏显示的是.asm 文件的编译状况,如图 2-16 所示则正确(编译一般不会出错)。

白屏显示的是编译之后源代码文件所在的目录,可以看到多了一个文件,名字与源代码的名字相同,只是后缀名不一样,为.obj 文件,这就是目标文件,可以说是一个中间的文件。

我们可以去文件夹中进行查看,以检验显示的正确性,如图 2-17 所示。

Link OBJ File:链接目标文件。就是链接上述编译好的目标文件,单击此选项也会弹出一个黑屏和一个白屏,如图 2-18 所示。

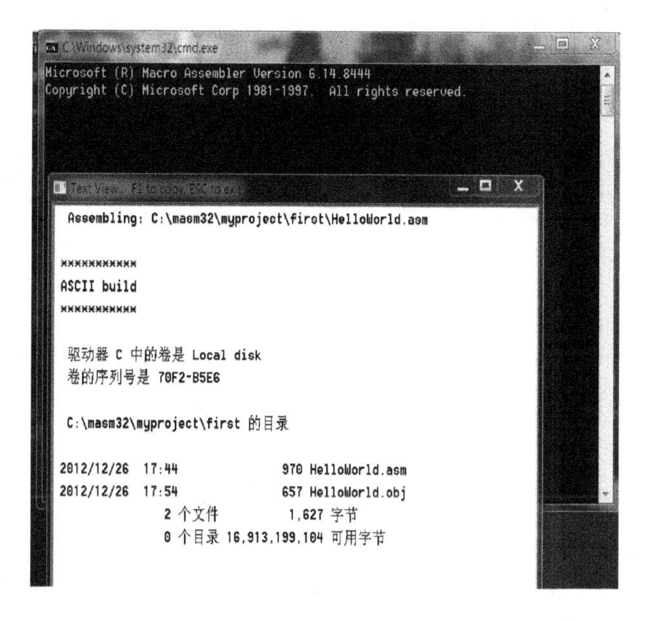

图 2-16　信息显示(一)

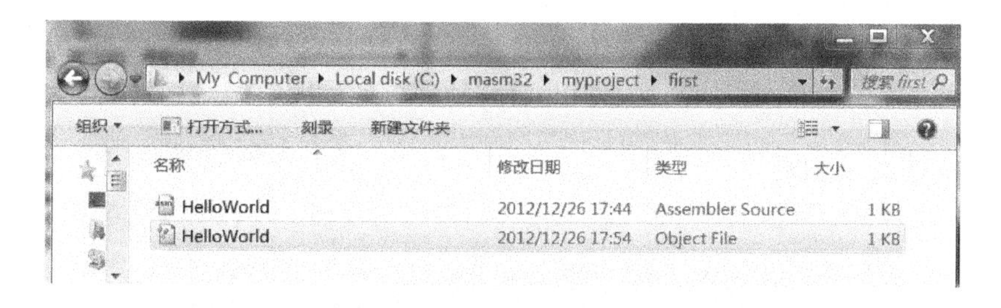

图 2-17　目标文件

图 2-18　信息显示(二)

图 2-18 显示的信息比较多，但是细细一看，两个窗口显示的信息基本相同(这是编译、链接都正确的结果)，会看到源代码文件夹里面多了一个.exe 文件，这是一个可执行文件，就是 Windows 下的应用程序。如图 2-19 所示，文件夹里面的确多了一个可执行文件。

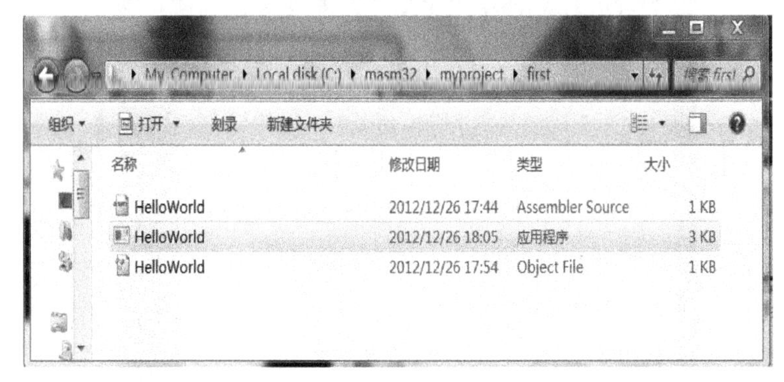

图 2-19 文件夹信息

如果感觉这些过程太麻烦了，可以用一个组合选项“Assemble & Link”来快速完成上述工作。下面介绍最后一个选项“Run Program”，这个选项可以用来运行程序，但是在现在的 Windows 操作系统中，都通过双击可执行文件来完成运行。后面的几个菜单里面只有几个快捷方式用得比较多，特别是在复杂的大型程序中。

快捷方式如图 2-20 所示，从左至右依次表示新建、打开、保存、剪切、复制、粘贴、撤销、反撤销、向右缩进、向左缩进、查找、替换、打印、打开新的编译环境、打开模拟 DOS 环境和运行。

图 2-20 快捷方式

2.5.2 实例

现在举几个例子来模拟上述功能。

例 2-4 Hello World 程序的实现。

源代码：

```
.data
msg:
    .ascii "Hello world! \n"
    len = . - msg
.text
.global _start
        _start:
    movl    $ len, % edx        #显示的字符数
    movl    $ msg, % ecx        #缓冲区指针
    movl    $ 1, % ebx          #文件描述符
    movl    $ 4, % eax          #系统调用号,write
    int     $ 0x80              #系统调用
    movl    $ 0, % ebx          #传给_exit 的参数
    movl    $ 1, % eax          #系统调用号,_exit
    int     $ 0x80              #系统调用
```

然后汇编链接再执行。这段汇编后相当于：

```
#include <unistd.h>
char msg[14] = "Hello world! \n";
#define len 14
int main(void)
{
        write(1, msg, len);
        _exit(0);
}
```

.data 段有一个标号 msg，代表字符串“Hello，world！ \n”的首地址，相当于 C 程序的一个全局变量。在汇编指示.ascii 定义的字符串末尾没有隐含的\0。汇编程序中的 len 代表一个常量，它的值由当前地址减去符号 msg 所代表的地址得到，也就是字符串“Hello，world！ \n”的长度，现在解释一下这行代码中的“.”，汇编器总是从前到后把汇编代码转换成目标文件，在这个过程中维护一个地址计数器，当处理到每个段的开头时把地址计数器置 0，然后每处理一条汇编指示或指令就使地址计数器增加相应的字节数，在汇编程序中用“.”可以取出当前地址计数器的值，是一个常量。

在_start 中有两个系统调用，第一个是 write 系统调用，第二个是_exit 系统调用。在进行 write 系统调用时，eax 寄存器保存着 write 的系统调用号 4，ebx、ecx、edx 寄存器分别保存着 write 系统调用需要的 3 个参数。ebx 保存着文件描述符，进程中每个打开的文件都用一个编号来标识，称为文件描述符，文件描述符 1 表示标准输出，对应 C 标准 I/O 库的 stdout。ecx 保存着输出缓冲区的首地址。edx 保存着输出的字节数。write 系统调用把从 msg 开始的 len 个字节写到标准输出。

C 代码中的 write 函数是系统调用的包装函数，其内部实现就是把传进来的 3 个参数分别赋给 ebx、ecx、edx 寄存器，然后执行“movl ＄4，%eax”和“int ＄0x80”指令。这个函数不可能完全用 C 代码编写，因为任何 C 代码都不会编译生成 int 指令，所以这个函数有可能是完全用汇编写的，也有可能是 C 用内联汇编写的，甚至有可能是一个宏定义。_exit 函数也是如此。

这是一个窗口程序，用到了系统提供的 API 函数 MessageBox，它有 4 个参数，分别是窗口标题栏内容、窗口内容、系统自设的退出按钮、确定按钮。

例 2-5　建立一个 VC 的控制台类型的空工程。

① 从 VS 菜单中选择“文件”→“新建”→“项目”，如图 2-21 所示。

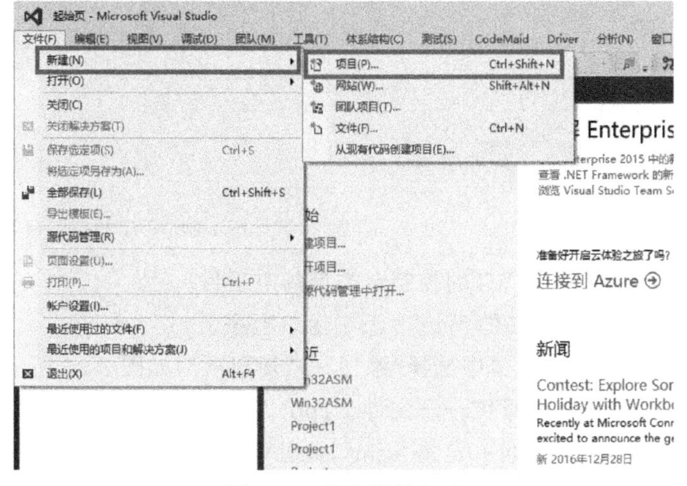

图 2-21　操作指导(一)

② 在新建项目对话框中选择“Visual C++”→“Win32”→“Win32 控制台应用程序”，随后输入工程名称，随后单击“确定”按钮，如图 2-22 所示。

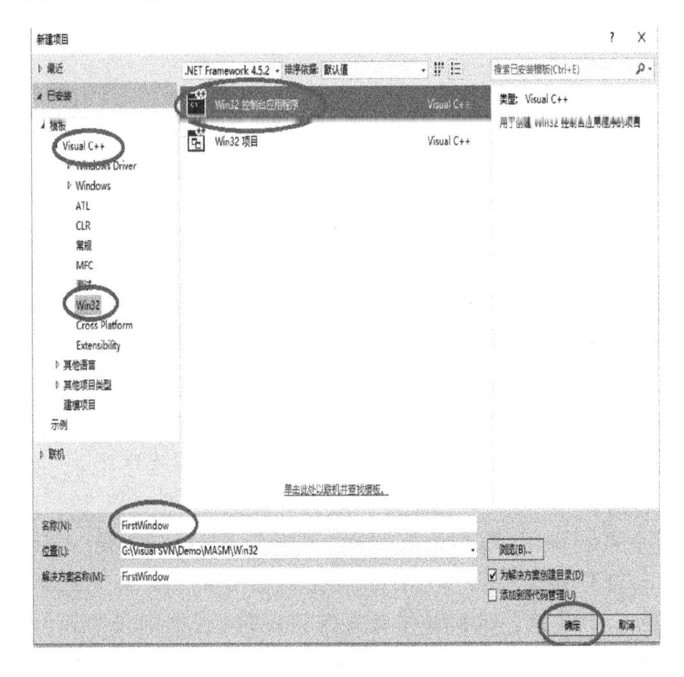

图 2-22　操作指导(二)

③ 随后单击“下一步”按钮，如图 2-23 所示。

④ 随后选择“控制台应用程序”→“空项目”，随后单击“完成”按钮，如图 2-24 所示。

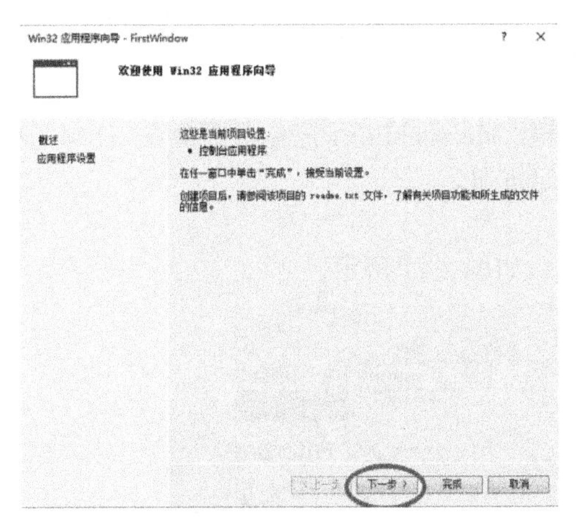

图 2-23　操作指导(三)

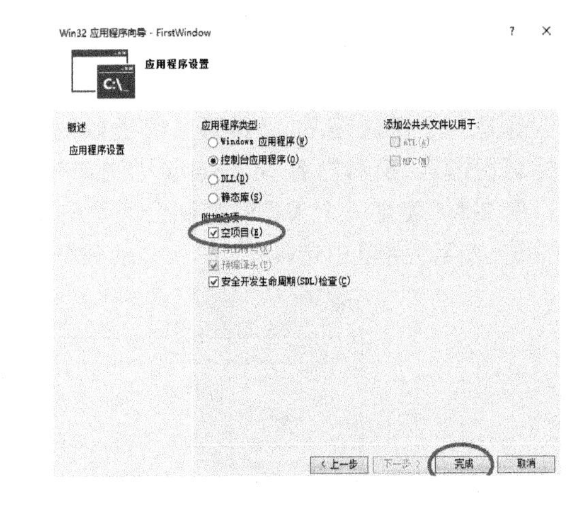

图 2-24　VC 的控制台类型的空项目

到这里，我们就创建了一个 VC 的控制台类型的空项目。

例 2-6　编写第一个 MASM 的 Win32 汇编窗口程序。

① 右击工程名称，随后在菜单中选择“添加”→“新建项”，如图 2-25 所示。

② 在添加新项对话框中选择“C++文件(.cpp)”，随后在下面的文件名称输入框中输入想要的文件名，注意文件的扩展名一定是“asm”，此处使用的文件名称是“FirstWindow.asm”，随后单击“添加”按钮，如图 2-26 所示。

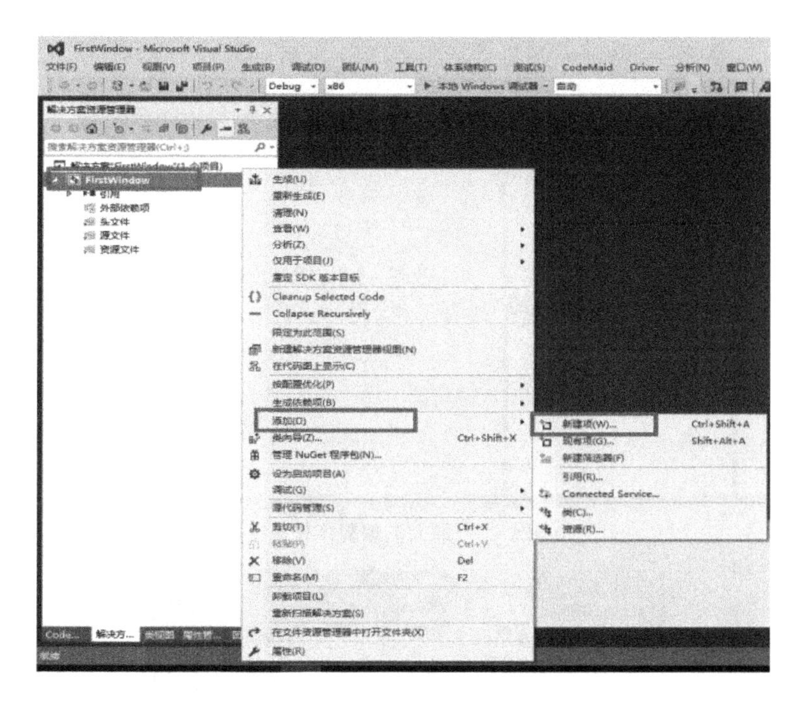

图 2-25　操作指导(四)

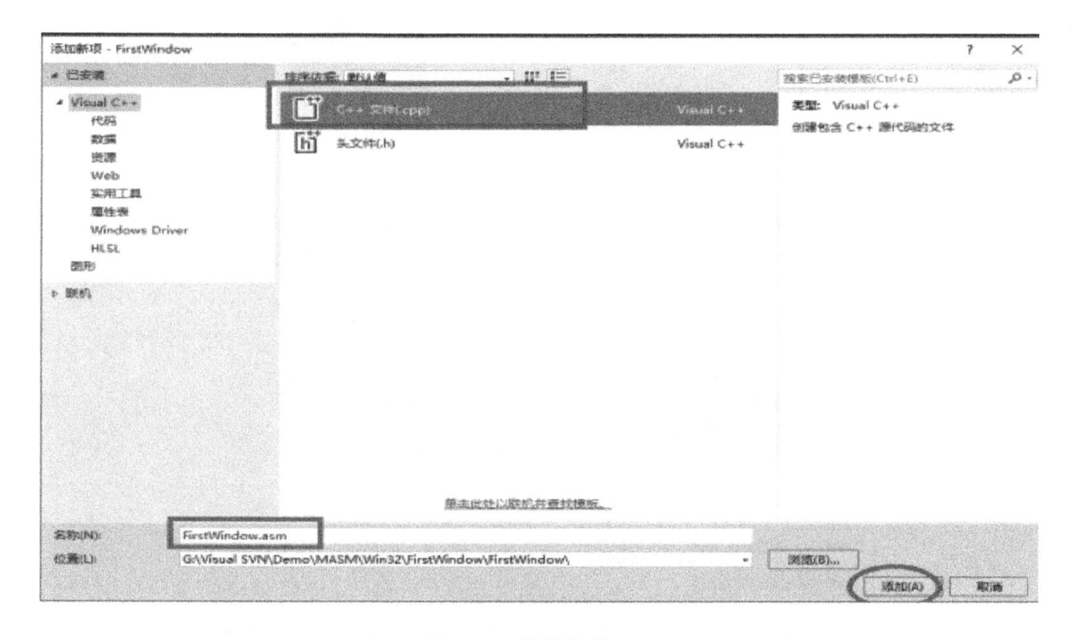

图 2-26　操作指导(五)

③ 图 2-27 所示是创建汇编程序的界面,可以看到已经创建了一个空白的汇编程序,需要在这里加入汇编程序代码。

例 2-7　对 Win32 汇编工程进行设置,编写汇编程序,并编译这个汇编程序。

① 设置工程的依赖性。

a. 右击工程名称,在菜单中选择“生成依赖项”→“生成自定义”,如图 2-28 所示。

b. 随后选中“masm”,单击“确定”按钮,如图 2-29 所示。

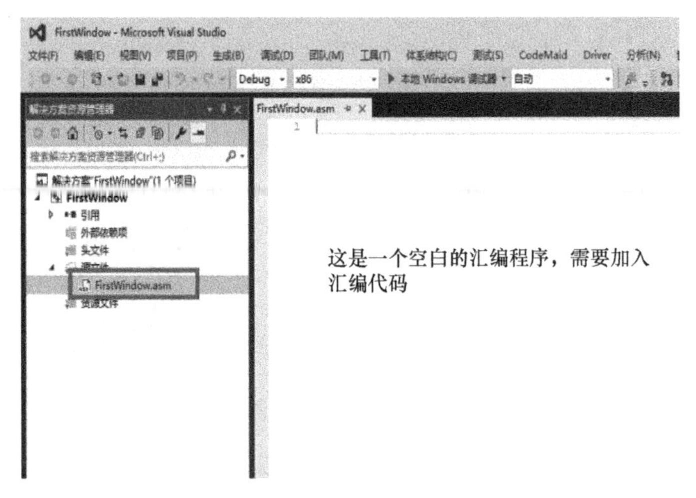

图 2-27　加入汇编程序代码

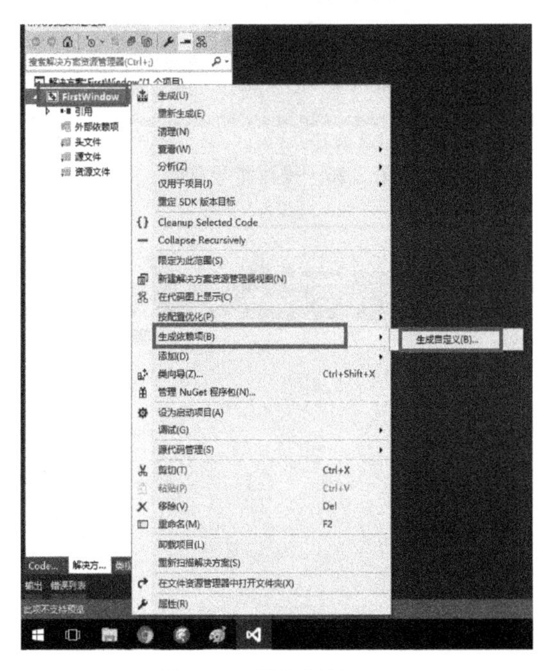

图 2-28　操作指导(六)

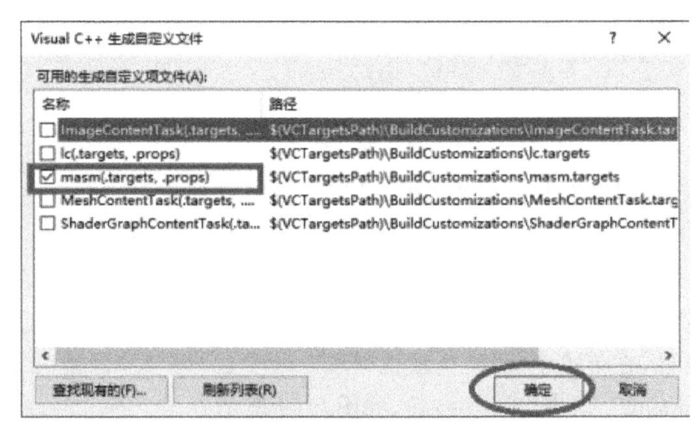

图 2-29　操作指导(七)

② 添加汇编程序文件，编写汇编程序。

a. 右击工程名称，在菜单中选择“添加”→“新建项”，如图 2-30 所示。

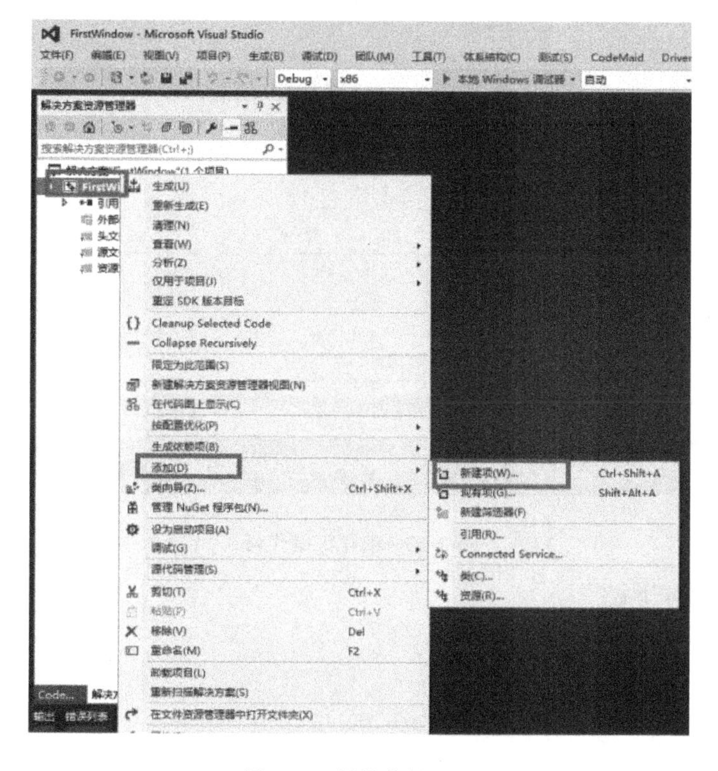

图 2-30　操作指导(八)

b. 选择“C＋＋文件(. cpp)”，随后在下面的名称输入框中输入要使用的程序文件名称，注意这个文件的扩展名必须是“asm”，此处使用的文件名是“FirstWindow. asm”，随后单击“添加”按钮，如图 2-31 所示。

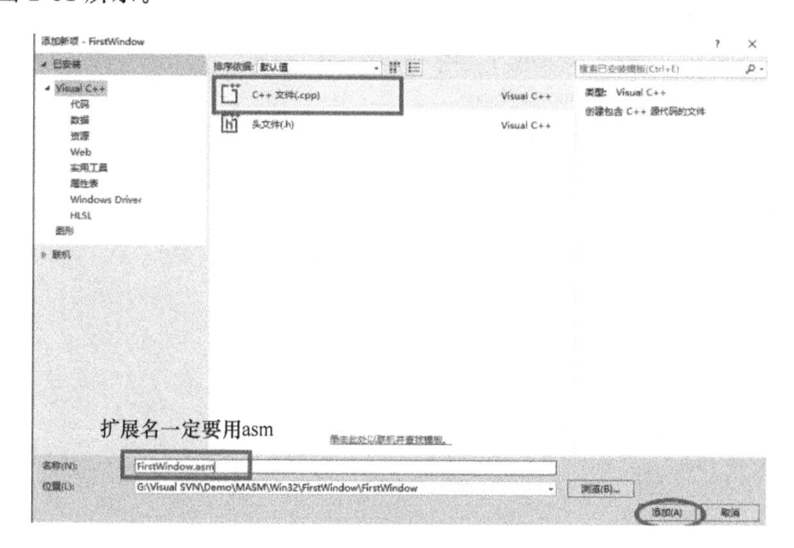

图 2-31　操作指导(九)

c. 编写汇编代码，如图 2-32 所示。

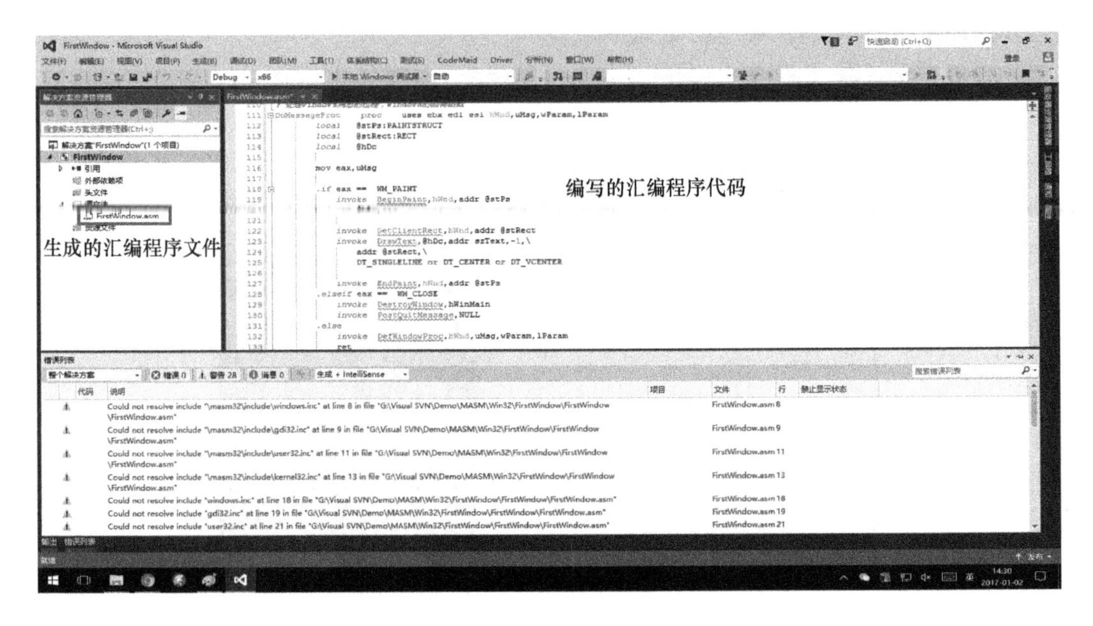

图 2-32　编写汇编代码

全部汇编源码如下：

```
.386
.model flat,stdcall
option casemap:none;
; include 文件定义
comment * 多行注释
include     \masm32\include\windows.inc
include     \masm32\include\gdi32.inc
includelib \masm32\includelib\gdi32.lib
include     \masm32\include\user32.inc
includelib \masm32\includelib\user32.lib
include     \masm32\include\kernel32.inc
includelib \masm32\includelib\kernel32.lib
 *
;当前正在引入的 inc 和 lib
include     windows.inc
include     gdi32.inc
includelib gdi32.lib
include     user32.inc
includelib user32.lib
include     kernel32.inc
includelib kernel32.lib
;数据段(未初始化的变量)
.data?
hInstance dd ?
hWinMain dd ?
```

```
bResult dd ? ;运行结果
.const
    szClassName db 'MyClass',0
    szCaptionMain db 'My first Window ! ',0
    szText db 'Win32 Assembly, Simple and powerful ! ',0
    szRegisterSuccess db '注册窗口成功! ',0 ;操作成功的提示信息
    szAppName db 'FirstMASM',0
;代码段
.code
;
;Windows 窗口程序的入口函数
WinMainProc proc
            local   @stWndClass:WNDCLASSEX
            local   @stMsg:MSG
            ;得到当前程序的句柄
            invoke  GetModuleHandle,NULL
            mov hInstance,eax
            ;给当前操作分配内存
            invoke  RtlZeroMemory,addr @stWndClass,sizeof @stWndClass
            ;得到光标
            invoke  LoadCursor,0,IDC_ARROW
            mov @stWndClass.hCursor,eax  ;从 eax 中取出光标句柄,并设置到窗口类中
            push    hInstance
            pop @stWndClass.hInstance
            mov @stWndClass.cbSize,sizeof WNDCLASSEX
            mov @stWndClass.style,CS_HREDRAW or CS_VREDRAW
            mov @stWndClass.lpfnWndProc,offset DoMessageProc
            mov @stWndClass.hbrBackground,COLOR_WINDOW + 1
            mov @stWndClass.lpszClassName,offset szClassName
            invoke  RegisterClassEx,addr @stWndClass ;注册窗口类
            mov bResult,eax ;得到注册窗口类结果
            ;对注册窗口类结果进行判断
            .if bResult == 0
                invoke ExitProcess,NULL ;注册窗口类失败,直接退出当前程序
            .else
                invoke MessageBox,NULL,offset szRegisterSuccess,offset szAppName,MB_OK
            .endif
;
70          ;建立并显示窗口
            invoke  CreateWindowEx,WS_EX_CLIENTEDGE,offset szClassName,offset szCaptionMain,\
                WS_OVERLAPPEDWINDOW,\
                100,100,600,400,\
                NULL,NULL,hInstance,NULL
            mov hWinMain,eax
            invoke  ShowWindow,hWinMain,SW_SHOWNORMAL
```

```
            invoke  UpdateWindow,hWinMain
            ;消息循环
            .while  TRUE
                invoke  GetMessage,addr @stMsg,NULL,0,0
                .if eax == 0
                  .break
                .endif
                invoke  TranslateMessage,addr @stMsg
                invoke  DispatchMessage,addr @stMsg
            .endw
             ret
WinMainProc endp
;处理 Windows 消息的过程,Windows 的回调函数
DoMessageProc proc uses ebx edi esi hWnd,uMsg,wParam,lParam
            local   @stPs:PAINTSTRUCT
            local   @stRect:RECT
            local   @hDc
            mov eax,uMsg
            .if eax ==   WM_PAINT
                invoke  BeginPaint,hWnd,addr @stPs
                mov @hDc,eax
                invoke  GetClientRect,hWnd,addr @stRect
                invoke  DrawText,@hDc,addr szText,-1,\
                    addr @stRect,\
                    DT_SINGLELINE or DT_CENTER or DT_VCENTER
                invoke  EndPaint,hWnd,addr @stPs
          .elseif eax ==   WM_CLOSE
                invoke  DestroyWindow,hWinMain
                invoke  PostQuitMessage,NULL
          .else
                invoke  DefWindowProc,hWnd,uMsg,wParam,lParam
                ret
           .endif
           xor eax,eax
           ret
DoMessageProc endp;
;程序入口点,启动 WinMainProc 函数
start:
       call WinMainProc
       invoke ExitProcess,NULL
end start
```

到这里,我们建立了一个汇编工程,并且编写了汇编程序代码,但还是不能编译,需要进一步对工程进行设置。

③ 对“Microsoft Macro Assembler”的设置。

本章习题

1. 寻址指令 MOV CX,[BX+DI+20]使用的是哪一种寻址方式？（　　）

A. 寄存器寻址　　B. 相对基址变址寻址

C. 变址寻址　　D. 基址变址寻址

2. 下列哪个寄存器属于指针寄存器？（　　）

A. SI　　B. DX　　C. SP　　D. ES

3. 下列指令中正确的有哪些？（　　）

A. MOV [100H],[BX]　　B. MOV DS,ES

C. ADD V[BX],CX　　D. MOV AX,34H

4. 表示过程定义结束的伪指令是（　　）。

A. ENDP　　B. ENDS　　C. END　　D. ENDM

5. 有如下程序：

```
BUF1 DB 3 DUP(0,2 DUP(1,2),3)
COUNT EQU $ - BUF1
```

符号 COUNT 等价于（　　）。

A. 6　　B. 18　　C. 16　　D. 9

6. 分别指出下列指令中的源操作数和目的操作数的寻址方式。

(1) MOV SI，200

(2) MOV CX，DATA[SI]

(3) ADD AX，[BX][DI]

(4) AND AX，BX

(5) PUSHF

7. 指出指令 MOV AX，2010H 和 MOV AX,DS:[2010H]的区别。

8. 写出以下指令中内存操作数的所在地址。

(1) MOV AL，[BX+5]

(2) MOV [BP+5]

(3) INC BYTE PTR[SI+3]

(4) MOV DL，ES:[BX+DI]

(5) MOV BX，[BX+SI+2]

9. 判断下列指令书写是否正确。

(1) MOV DS，0100H

(2) MOV AL，BX

(3) MOV BL，F5H

(4) MOV DX，2000H

(5) INC [BX]

(6) MOV 5，AL

(7) MOV [BX], [SI]

(8) PUSH CS

(9) POP CS

10. 若 SP＝2000H, AX＝3355H, BX＝4466H,试指出执行下列指令后有关寄存器的值:

(1) PUSH AX;执行后 AX=? SP=?

(2) PUSH AX PUSH BX POP DX;执行后 AX=? DX=? SP=?

11. 有如下程序,当 AL 某位为何值时,可将程序转至 AGIN2 语句?

```
AGIN1: MOV AL, [DI]
INC DI
TEST AL, 04H
JE AGIN1
……
AGIN2: ……
```

第 3 章

80x86 指令系统和寻址方式

3.1 80x86 数据寻址方式(32 位)

在存储器中,操作数或指令字写入或读出的方式有地址指定方式、相联存储方式和堆栈存取方式。当采用地址指定方式时,形成操作数或指令地址的方式称为寻址方式。寻址方式分为两类,即指令寻址方式和数据寻址方式,本节主要讨论数据寻址方式。

绝大多数情况下,指令的地址码字段都不代表操作数的真实地址,而是形式地址。若要将形式地址转化为真实地址,就要采取各种各样的寻址方式,设置多种寻址方式完全是为了满足各种不同程序的需要。

在接触寻址方式之前,我们要先了解一下操作数的概念,根据操作数存放方式的不同,我们可以将操作数分成以下三类。

① 立即操作数(立即数):操作数包含在本条指令中。

② 寄存器操作数:操作数存放在 CPU 的某个寄存器中。

③ 存储器(内存)操作数:操作数存放在存储器中。

因此数据寻址方式可以分为以下三类。

① 立即寻址。

② 寄存器寻址。

③ 存储器寻址。存储器寻址又可分为直接寻址、寄存器间接寻址、寄存器相对寻址、基址变址寻址、相对基址变址寻址。

下面详细对每种数据寻址方式进行介绍。

3.1.1 立即寻址

在立即寻址方式中,指令的地址字段指出的不是操作数的地址,而是操作数本身,操作数作为指令机器码的一部分,在取出指令的同时就取出了操作数,如图 3-1 所示。

例如:

```
MOV EAX,86974321H
```

立即数的类型取决于另一个操作数的类型,不需要 dword、ptr 等参数。对于指令 MOV AL,12H,指令中的 8 位寄存器 AL 决定执行指令时将传送 8 位数据。

立即寻址主要有两个用途:一是当需要传送一个循环次数时,可以使用立即寻址直接将循环次数作为立即数引入;二是将某程序的首地址放入程序计数器时,可以把该首地址看成一个

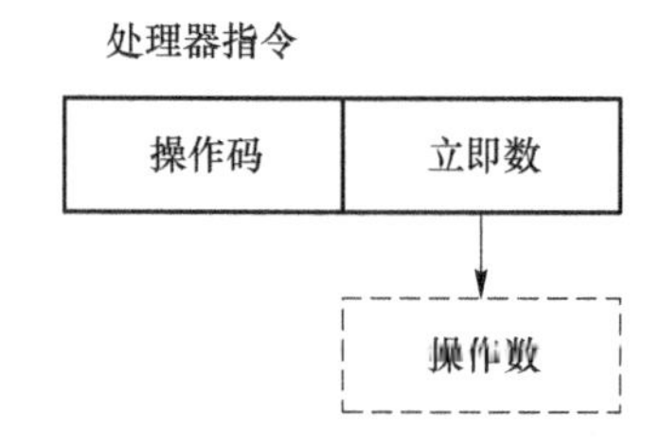

图 3-1　立即寻址

操作数，可以使用立即寻址方式将此程序的首地址作为立即数送入。

3.1.2　寄存器寻址

寄存器寻址是在指令中直接给出操作数所在寄存器名，操作数存放在寄存器中。指令适用 32 位寄存器 EAX，EBX，ECX，EDX，ESI，EDI，EBP，ESP，也支持其 16 位形式 AX，BX，CX，DX，BP，SI，DI，SP 以及 8 位寄存器 AL，AH，BL，BH，CL，CH，DL，DH。

例如：

```
ADD EAX,EBX
```

在寄存器寻址中，寄存器既可以作为源操作数，也可以作为目的操作数，但需注意在指令中操作数类型要一致。例如：MOV EAX，BX 为一条错误指令，因为操作数的类型不一致，EAX 是一个 32 位寄存器，而 BX 为 16 位寄存器，在 8086 CPU 中，这是一条非法指令。

对于寄存器寻址方式，由于操作数存放在 CPU 内部的寄存器中，不需要访问存储器来取得操作数，因此执行速度较快，在编程中，应尽量应用这种数据寻址方式。

3.1.3　存储器寻址

虽然寄存器寻址速度较快，但 CPU 中的寄存器数目毕竟有限，不可能把所有参加运算的数据都存放在寄存器中。因此，在大多数情况下，操作数需要存放在存储器中，即使用存储器寻址。存储器寻址是给出存储单元偏移的寻址方式，即在某个段内，给出存储单元的偏移即可找到存储单元。

在存储器寻址中，用[…]表示一个内存单元，括号中的数表示偏移地址。我们用有效地址来表示要访问的存储单元的段内偏移，采用 32 位的存储器寻址方式，能够给出 32 位的偏移。存储器寻址包含多种方式，下面将详细介绍。

(1) 直接寻址

直接寻址是在指令中直接给出操作数的有效地址（偏移地址），该地址指向存放在存储器中的操作数，如图 3-2 所示。由于操作数的地址是直接给出的而不需要经过某种变换，所以称这种寻址方式为直接寻址方式。

例如：

```
MOV   ECX, [95480H]          ;源操作数采用直接寻址
MOV   [9547CH], DX           ;目的操作数采用直接寻址
ADD   BL, [95478H]           ;源操作数采用直接寻址
```

立即寻址和直接寻址的区别在于：直接寻址中十六进制数表示地址，要到此地址取出操作数，立即寻址中十六进制数表示操作数；此外，直接寻址的地址要写在方括号中。

直接寻址的优点是简单，指令在执行阶段仅访问一次内存，不需要专门计算操作数的地

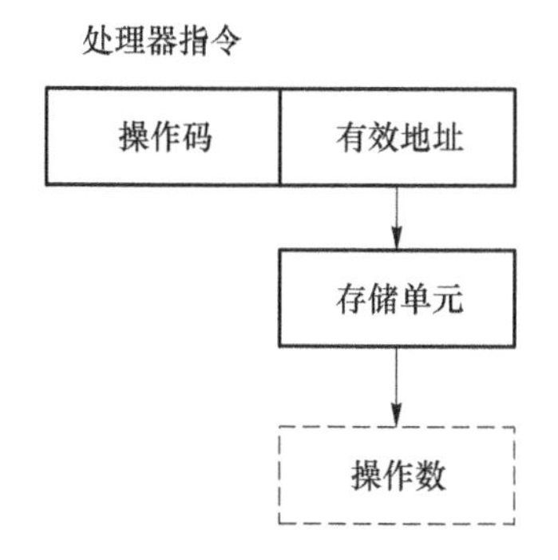

图 3-2　直接寻址

址，但地址字段的位数决定了该指令操作数的寻址范围，而且操作数的地址不易修改。

(2) 寄存器间接寻址

寄存器间接寻址是指在寄存器中给出的不是一个操作数，而是操作数所在内存单元的地址，即操作数的地址在寄存器中，如图 3-3 所示。寄存器间接寻址本质上还是从计算机的存储器中取数据，寻址特点是速度快，但其缺点是指令的执行阶段需要访问一次内存。寄存器间接寻址便于编制循环程序。

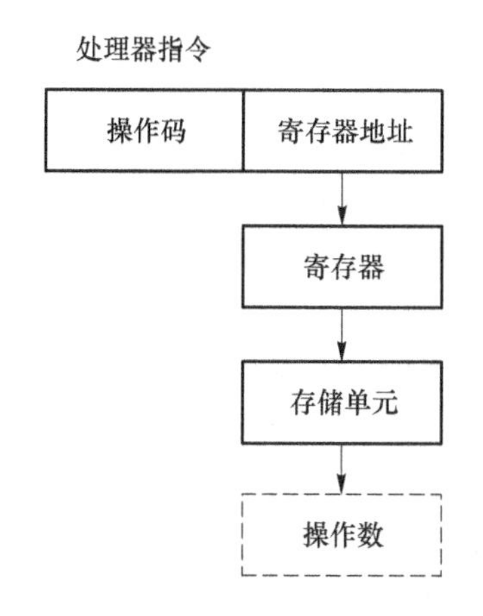

图 3-3　寄存器间接寻址

在寄存器间接寻址中，8 个 32 位通用寄存器都可以作为间接寻址的寄存器，主要使用 EBX、ESI、EDI，在访问堆栈时使用 EBP。寄存器的内容是偏移地址，相当于地址指针。

例如：

```
MOV   EAX, [ESI]     ;源操作数采用寄存器间接寻址,ESI 给出有效地址
MOV   [EDI], CL      ;目的操作数采用寄存器间接寻址,EDI 给出有效地址
SUB   DX, [EBX]      ;源操作数采用寄存器间接寻址,EBX 给出有效地址
```

寄存器间接寻址和寄存器寻址的区别在于：寄存器间接寻址的 Reg 名称出现在方括号中，寄存器间接寻址的 Reg 中存储的是操作数所在地址；寄存器寻址的 Reg 中存储的是操作数。

利用寄存器间接寻址，可以方便对数组进行操作，将数组的首地址赋值给通用寄存器，利用寄存器间接寻址就可以访问到数组的第一个元素，再根据数组元素的类型，就可以访问到其

他数组元素。

(3) 寄存器相对寻址

寄存器相对寻址是指操作数的有效地址是寄存器内容与指令中给定的一个位移量之和，如图 3-4 所示。

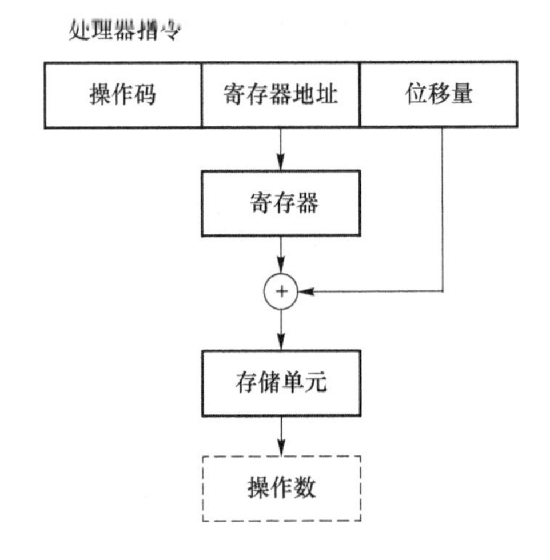

图 3-4 寄存器相对寻址

例如：

```
MOV   EAX, [EBX + 12H]        ;源操作数有效地址是 EBX 值加上 12H
MOV   [ESI - 4], AL           ;目的操作数有效地址是 ESI 值减去 4
ADD   DX, [ECX + 5328H]       ;源操作数有效地址是 ECX 值加上 5328H
```

(4) 基址变址寻址

操作数在存储器中，其有效地址是一个基址寄存器的内容和一个变址寄存器的内容之和，这种寻址方式称为基址变址寻址。

例如：

```
MOV   EAX, [EBX + ESI]        ;源操作数有效地址是 EBX 值加上 ESI 值
SUB   [ECX + EDI], AL         ;目的操作数有效地址是 ECX 值加上 EDI 值
XCHG  [EBX + ESI], DX         ;目的操作数有效地址是 EBX 值加上 ESI 值
```

这种寻址方式用于二维数组或表格处理。用基址寄存器存放数组首地址，而用变址寄存器来定位数组中的各元素，或反之。由于两个寄存器都可改变，所以能更加灵活地访问数组或表格中的元素。

(5) 相对基址变址寻址

相对基址变址寻址方式中，操作数在存储器中，操作数的有效地址由一个基址寄存器的内容与一个变址寄存器的内容及指令中给定的位移量(IDATA)相加得到。

例如：

```
MOV EAX,[EBX + EDX + 1234H]   ;EAX = DS:[EBX + EDX + 1234H]
```

相对基址变址寻址方式的表示方法多种多样，以下 3 种表示是等价的：

```
MOV EAX,[EBX + EDX + 1234H]
MOV EAX,1234H[EBX][EDX]
MOV EAX,1234H[EBX + EDX]
```

下面对几种寻址方式进行总结，如表3-1所示。

表3-1　寻址方式总结

寻址方式名称	寻址方式常用格式	有效地址计算方式	用途及特点
立即寻址			通常用于给寄存器赋初值
寄存器寻址			操作数在寄存器中，不需要访问存储器来取得操作数，执行速度较快
直接寻址	[IDATA]	EA=IDATA	指令在执行阶段仅访问一次内存，不需要专门计算操作数的地址
寄存器间接寻址	[EBX]	EA=(EBX)	本质上是从计算机的存储器中取数据，速度更快
寄存器相对寻址	[EBX+IDATA]	EA=(EBX)+IDATA	可以对数组进行处理，更方便
基址变址寻址	[EBX+ESI]	EA=(EBX)+(ESI)	用于数组或表格处理，两个寄存器都可改变，可以更加灵活地访问数组或表格中的元素
相对基址变址寻址	[EBX+ESI+IDATA]	EA=(EBX)+(ESI)+IDATA	用于处理数组或表格的数组项

3.1.4　练习题

1. 语句MOV AL,12H中采用立即寻址的部分是(　　)。

A. MOV　　B. AL　　C. ,　　D. 12H

2. 语句MOV EAX,OFFSET DVAR(DVAR是一个变量)中采用立即寻址的部分是(　　)。

A. EAX　　B. OFFSET　　C. OFFSET DVAR　D. DVAR

3. 立即数是指从指令的机器代码中直接取得的操作数。(　　)

A. 对　　B. 错

4. 立即寻址方式只用于目的操作数。(　　)

A. 对　　B. 错

5. 语句MOV EDX,TYPE DVAR(DVAR是一个双字变量)中源操作数采用立即寻址。(　　)

A. 对　　B. 错

3.2　数据传送类指令

数据传送类指令的作用就是把数据从一个位置传送到另一个位置，数据传送是计算机中最基本的操作，因此这类指令也是程序设计中最常用的指令。本节介绍的数据传送类指令包括：通用数据传送指令（包含传送指令MOV、交换指令XCHG、堆栈操作指令PUSH和POP）以及地址传送指令LEA。这些指令在学习的过程中会经常用到，读者需要理解掌握。

3.2.1　通用数据传送指令

(1) MOV指令

在汇编语言中，MOV指令是数据传送指令，也是最基本的编程指令，其功能为将源操作数(字节、字、双字)传送给目的操作数,其特点是不破坏源地址单元的内容。

MOV 指令有以下几种形式:

```
MOV reg/mem,imm
MOV reg/mem/seg,reg
MOV reg/seg,mem
MOV r16/m16,seg
```

IA-32 指令支持以下 3 种数据长度。

- 8 位(字节)数据,byte 类型:

```
MOV al,200
```

- 16 位(字)数据,word 类型:

```
MOV ax,[ebx]
```

- 32 位(双字)数据,dword 类型:

```
MOV eax,dvar
```

MOV 指令容易出现的语法错误包括:在源操作数和目的操作数中出现拼写错误、多余的空格、不正确的标点以及太过复杂的常量或表达式。这些都会导致 MOV 指令在编译过程中出现报错。

操作数类型不匹配也是 MOV 指令的常见错误之一,MOV 指令要求双操作数必须类型一致,并且操作数必须有明确的类型,在汇编语言中,寄存器和变量有类型,立即数和间接寻址没有明确类型,所以在使用立即数以及间接寻址时,一定要规定其类型。另外,MOV 指令要求双操作数不都是内存单元,内存之间是不能使用 MOV 指令移动的。

(2) XCHG 指令

XCHG 指令的功能是将源操作数和目的操作数的内容交换,是两个寄存器、寄存器和内存变量之间内容的交换指令,两个操作数的数据类型要相同,可以是一个字节,也可以是一个字,还可以是双字,指令格式如下:

```
XCHG reg,reg/mem   例:XCHG BL,BH,XCHG SI,[EDI]
XCHG reg/mem,reg   例:XCHG SI,DI,XCHG [EDI],SI
```

XCHG 指令的功能和 MOV 指令的功能不同,后者是一个操作数的内容被修改,而前者是两个操作数都会发生改变。

XCHG 指令不允许的情况有以下 4 种:

- 不能同时为内存操作数;
- 任何一个操作数都不能为段寄存器;
- 任何一个操作数都不能为立即数;
- 两个操作数的长度不能不相等。

NOP 指令是 XCHG 指令的一种特殊情况,其含义是自己和自己交换,不做实际操作,等价于 XCHG EAX,EAX。NOP 经常用于实现短时间的延时,临时占用代码空间。

(3) PUSH 指令和 POP 指令

在介绍 PUSH 和 POP 指令之前,先介绍栈的概念。

在计算机领域,堆栈(Stack)是一个不容忽视的概念。堆栈是一种数据项按序排列的数据结构,只能在一端对数据项进行插入和删除操作。在单片机应用中,堆栈是个特殊的存储区,主要功能是暂时存放数据和地址,通常用来保护断点和现场。

堆栈遵循“先进后出(FILO)”的存取原则，位于中间的元素，必须在其栈上部(后进栈者)各元素逐个移出后才能取出。在内存储器(随机存储器)中开辟一个区域作为堆栈叫作软件堆栈；用寄存器构成的堆栈叫作硬件堆栈。

处理器的堆栈建立在内存中，SS段寄存器用来存放段基地址，寄存器ESP存放栈顶的偏移地址。入栈和出栈是堆栈的两种基本操作，对应指令PUSH和POP，PUSH AX表示将寄存器AX中的数据送入栈中，POP AX表示从栈顶取出数据送入AX，PUSH指令和POP指令只能对字或双字进行操作，不能对字节进行入栈或出栈操作。

PUSH和POP指令的格式如下：

```
PUSH r16/m16/i16/seg
PUSH r32/m32/i32
POP r16/m16/i16/seg
POP r32/m32/i32
```

PUSH和POP指令的执行过程中，我们将高地址区域看作栈底，将低地址区域看作栈顶，随着数据入栈，ESP逐渐减小。

PUSH指令：先将ESP减小作为当前栈顶，再将源操作数传送到当前栈顶。压入一个字的数据，则ESP＝ESP－2，压入双字数据，则ESP＝ESP－4。

例如：指令PUSH EAX相当于执行①SUB ESP，4，②MOV [ESP]，EAX，如图3-5所示。

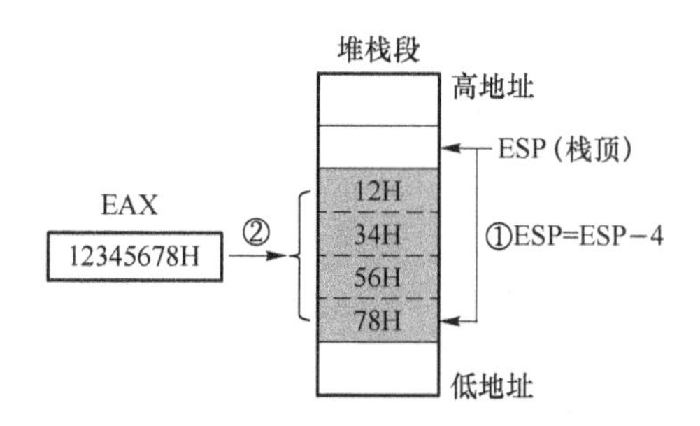

图3-5　PUSH指令执行

POP指令：先将栈顶数据传送到目的操作数，再将ESP增加作为当前栈顶。弹出一个字的数据，则ESP＝ESP＋2，弹出双字数据，则ESP＝ESP＋4。

例如：指令POP EAX相当于执行①MOV EAX，[ESP]，②ADD ESP，4，如图3-6所示。

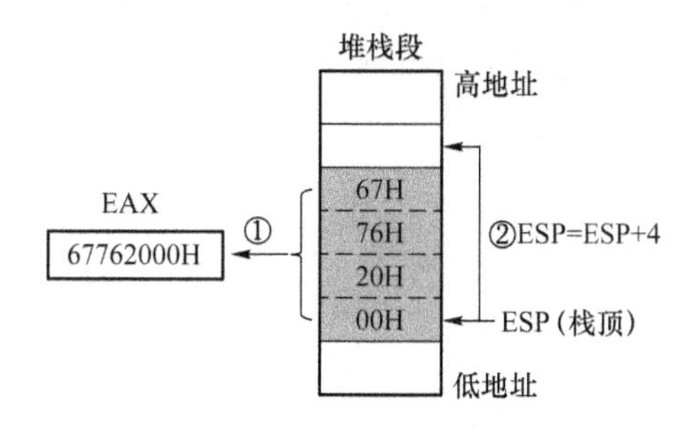

图3-6　POP指令执行

堆栈的范围由ESP的初值(即栈底)确定。随着数据入栈，ESP依次减小，随着数据出栈，ESP依次增大。随着ESP的增大，弹出的就可能为不属于当前堆栈空间的数据，此时执行出栈操作，再执行入栈操作，入栈的数据则会覆盖弹出的数据，占用该存储空间，造成堆栈溢出。

这是十分危险的，栈以外的空间可能存放了其他用途的数据、代码等，这些数据可能是其他正在运行的程序中的，一旦被改写，可能会引发一连串的错误，甚至威胁计算机系统安全。

3.2.2 地址传送指令

有效地址传送指令 LEA 可以获取存储器操作数的地址，把操作数 OPRD 的有效地址传送到 REG，即取偏移地址。其指令格式为：

```
LEA reg16/32,mem
```

功能：取源操作数地址的偏移量，并把它传送到目的操作数所在的单元。

LEA 指令要求源操作数必须是存储单元，而且目的操作数必须是一个除段寄存器之外的 16 位或 32 位寄存器。当目的操作数是 16 位通用寄存器时，只装入有效地址的低 16 位。使用时要注意它与 MOV 指令的区别，MOV 指令传送的一般是源操作数中的内容而不是地址。

有时 LEA 指令也可用取偏移地址的 MOV 指令代替，例如：

```
LEA BX,TABLE
MOV BX,OFFSET TABLE
```

上面两条指令是等价的，都是取 TABLE 的偏移地址，并送入 BX 中。

但某些指令必须使用 LEA 指令实现，不能使用 MOV，如指令 LEA EBX,[ESI+EDI+1234H]，在汇编时无法知道执行指令时 ESI 和 EDI 中的内容是什么，因此不能使用 MOV 指令。

OFFSET 运算符是由编译器处理的符号，其作用是返回数据标号的偏移量。这个偏移量按字节计算，表示的是该数据标号距数据段起始地址的距离，例如：

```
ASSUME CS:CODESG
CODESG SEGMENT
  START:MOV AX,OFFSET START
      S:MOV AX,OFFSET S
CODESG ENDS
END START
```

读者要严格区分 OFFSET 与 LEA 的相同点和不同点，两者作用相同，但 LEA 在指令执行阶段计算得出偏移地址，OFFSET 在汇编阶段就取得偏移地址，而且前者计算地址时可以进行加和移位操作，后者则不能实现加和移位操作。所以对存储器的直接寻址建议使用 OFFSET，对存储器的其他寻址使用 LEA，对于在汇编阶段无法确定的偏移地址，只能用 LEA 指令。

3.2.3 练习题

1. 如下指令中错误的是(　　)。

A. PUSH EBX　　　　B. PUSH [EBX]

C. POP ECX　　　　D. POP DWORD PTR [ECX]

2. 执行指令 PUSH EAX 后，接着执行指令 POP EDX，功能与指令(　　)相同。

A. MOV EAX, EDX　　　　B. MOV EDX, EAX

C. XCHG EAX, EDX　　　　D. XCHG EDX, EAX

3. IA-32 处理器指令 PUSH EAX 执行后，寄存器 EAX 的内容被传送到当前栈顶。(　　)

A. 对　　　　B. 错

4. 堆栈操作指令也属于传送类指令,而指令 POP ECX 中,寄存器 ECX 是源操作数。(　　)

A. 对　　　　B. 错

5. 指令 PUSH EDI 执行后,寄存器 ESP 加 4。(　　)

A. 对　　　　B. 错

3.3 算术运算类指令

算术运算类指令用来执行算术运算,对数据进行加减乘除操作,除了得到运算结果,运算过程中还会产生进位、溢出等,涉及对相应标志位的修改,因此状态标志也作为结果的一部分。本节先简要介绍汇编语言中一些常用的状态标志,包括进位标志 CF、溢出标志 OF、零标志 ZF、符号标志 SF 和奇偶标志 PF,再介绍加法指令 ADD、减法指令 SUB、求补指令 NEG、乘法指令 MUL 和除法指令 DIV,以及指令在执行时对标志位的影响。

3.3.1 标志位

状态标志是处理器最基本的标志,一方面作为加减运算和逻辑运算的辅助结果,另一方面构成各种条件,实现程序分支。图 3-7 所示是 8086 的状态标志。

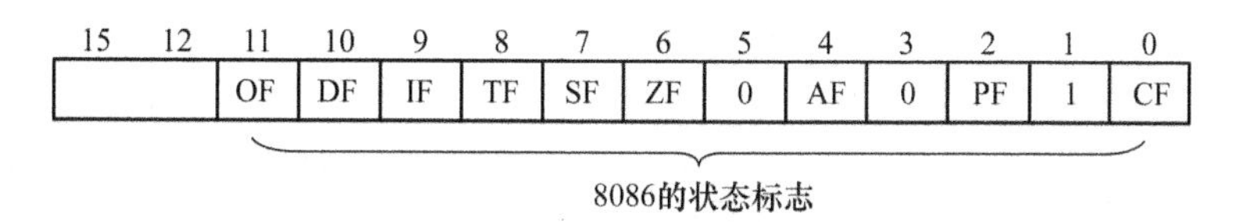

图 3-7　8086 的状态标志

(1) 进位标志 CF 和溢出标志 OF

进位标志 CF 主要用来反映运算是否产生进位或借位。如果运算结果的最高位产生了一个进位或借位,则其值为 1,否则其值为 0。

当两个数据相加的时候,有可能产生从最高有效位向更高位的进位,例如,两个 8 位数据相加:98H+98H,将产生进位,但由于进位值在 8 位数中无法保存,CPU 在运算的时候使用 CF 位来记录这个进位值,如下:

```
MOV AL,98H
ADD AL,AL      ;执行后,(AL) = 30H,CF = 1
ADD AL,AL      ;执行后,(AL) = 60H,CF = 0
```

当两个数据做减法的时候,有可能向更高位借位,例如,97H－98H 将产生借位,借位后相当于计算 197H－98H,CF 位用来记录借位值,如下:

```
MOV AL,97H
SUB AL,98H     ;执行后,(AL) = FFH,CF = 1,记录向更高位的借位值
SUB AL,AL      ;执行后,(AL) = 0,CF = 0
```

在介绍溢出标志之前,我们先来介绍一下溢出的定义及其判断方法。

对一个 N 位二进制补码,其可以表达的范围是 $-2^N \sim 2^N-1$,如果超出这个范围就称为溢出。若两个补码相加的结果比范围的最小值还要小,则称为负溢出。同理,如果结果比最大值还要大,则称为正溢出。在进行有符号运算时发生溢出,运算结果就不正确。CPU 需记录指

令执行后是否发生溢出。

溢出标志 OF 用于反映有符号数加减运算所得结果是否超过表达范围,如果运算结果超过当前运算位数所能表示的范围,则称为溢出,OF 的值被置为 1,否则,OF 的值被清为 0。

CF 和 OF 的区别在于 CF 对无符号数运算有意义,OF 对有符号数运算有意义,它们之间没有任何关系。例如:

```
MOV AL,98
ADD AL,99
```

上述指令执行后,CF=0,OF=1。我们注意到,CPU 在执行 ADD 指令时有两种情况:无符号运算和有符号运算。对于无符号运算,用 CF 标志位记录是否产生进位,由于 98+99 没有产生进位,则 CF=0;对于有符号运算,使用 OF 标志位记录,同时要使用符号标志位 SF 记录结果的符号,则计算 98+99 发生溢出,OF=1。

(2) 零标志 ZF、符号标志 SF 和奇偶标志 PF

零标志 ZF 用来反映指令执行后结果是否为 0,如果运算结果为 0,则其值为 1,否则其值为 0。

ZF 记录计算结果是否为 0,若为 0,ZF 需要记录下“是 0”这样的肯定信息,我们知道,在计算机中 1 表示真,所以当结果为 0 时,ZF=1;同理,我们就可以理解当结果不为 0 时,ZF=0 的情况了。

符号标志 SF 用来反映运算结果的符号位,它与运算结果的最高位相同。在微机系统中,有符号数采用补码表示法,所以,SF 就是反映运算结果的正负号。运算结果为正数时,SF 的值为 0,否则其值为 1。

奇偶标志 PF 用于反映运算结果中“1”的个数的奇偶性。如果“1”的个数为偶数,则 PF 的值为 1,否则其值为 0。利用 PF 可进行奇偶校验检查,或产生奇偶校验位。在数据传送过程中,为了提高传送的可靠性,如果采用奇偶校验的方法,就可使用该标志位。

3.3.2 加法运算指令和调正指令

(1) 不带进位的加法运算指令 ADD

ADD 指令完成两个操作数相加,并将结果保存在目的操作数中。

指令格式:

```
ADD OPRD1, OPRD2
```

功能:操作数 OPRD1 与 OPRD2 相加,结果保存在 OPRD1 中。

说明:操作数 OPRD1 可以是累加器 AL 或 AX,也可以是其他通用寄存器或存储器操作数,OPRD2 可以是累加器、其他通用寄存器或存储器操作数,还可以是立即数。OPRD1 和 OPRD2 不能同时为存储器操作数,不能为段寄存器。ADD 指令的执行对全部 6 个状态标志位产生影响。

例如:

```
ADD AL, BL                  ;AL + BL,结果存回 AL 中
ADD AX, SI                  ;AX + SI,结果存回 AX 中
ADD BX, 3DFH                ;BX + 03DFH,结果存回 BX 中
ADD DX, DATA[BP + SI]       ;DX 与内存单元相加,结果存回 DX 中
ADD BYTE PTR[DI], 30H       ;内存单元与 30H 相加,结果存回内存单元中
ADD [BX], AX                ;内存单元[BX]与 AX 相加,结果存回[BX]中
ADD [BX + SI], AL           ;内存单元与 AL 相加,结果存回内存单元中
```

例 3-1　ADD 指令执行。

```
ADD EAX,88000000H;32 位加法
```

加法之前 EAX:AAFFB36EH

32 位加法:　　+88000000H

加法之后 EAX:32FFB36EH

↓

0011 0010 1111 1111 1011 0011 0110 1110

↓

OF=1,SF=0,ZF=0,PF=0,CF=1

(2) 带进位的加法运算指令 ADC

ADC 指令完成两个操作数相加之后,再加上 Flags 的进位标志 CF。CF 的值可能为 1 或 0。

指令格式:

```
ADC OPRD1, OPRD2
```

功能:操作数 OPRD1 与 OPRD2 相加后,再加上 CF 的值,结果保存在 OPRD1 中。

说明:对操作数的要求与 ADD 指令一样。

例如:

```
ADC AL, BL
ADC AX, BX
ADC [DI], 30H
```

ADC 指令主要用于多字节数的加法运算,以保证低位向高位的进位被正确接收。

例 3-2　求 3AD9FH 与 25BC6EH 的和,结果存放在 DX:AX 中。

```
MOV AX, 0AD9FH          ;AX = AD9FH
MOV BX, 0BC6EH          ;BX = BC6EH
ADD AX, BX              ;AX = 6A0DH,CF = 1
MOV DX, 03H             ;DX = 3
ADC DX, 25H             ;DX = 29H
```

结果:DX:AX=296A0DH。

在多字节数的加法运算中,首先进行低位字节相加,再进行高位字节相加。低位相加用 ADD 指令,是因为不需要加进位 CF,CF 的值是 1 还是 0 都不影响加法操作。ADD 指令执行后标志位受影响,如果其中的 CF=1,则说明刚才的加法运算有进位,这个进位必须送到高字节中,否则运算将出错,所以第二次加法采用 ADC 指令。

(3) 加 1 指令 INC

加 1 指令又称增量指令,不影响 CF 标志位。

指令格式:

```
INC OPRD
```

功能:OPRD 加 1 后送回 OPRD。

说明:操作数 OPRD 可以是寄存器或存储器操作数,指令可以完成字节或字的加 1 操作。

例如:

```
INC AL
INC AX
INC BYTE PTR[SI]
INC WORD PTR[BX + DI]
```

(4) 十进制数加法调正指令 AAA、DAA

ADD 和 ADC 指令允许 BCD 数作为操作数进行加法运算,我们得以按照十进制数的方式完成加法运算。但是 CPU 在完成运算时依然按照二进制数进行,所以在 ADD 或 ADC 指令之后,应进行十进制的调正。

AAA 指令格式:

```
AAA
```

功能:将 AL 中的数进行十进制调正,结果保存在 AX 中。

说明:之前的加法指令必须是两个非压缩 BCD 码相加,结果在 AL 中。AAA 指令隐含操作数 AL 和 AH。指令执行时:

① 若 AL 的低 4 位值大于 9 或辅助进位 AF=1,则将 AL 加 6,将 AH 加 1,并将 AF 和 CF 标志位均置 1。

② AL 高 4 位清 0。

DAA 指令格式:

```
DAA
```

功能:将 AL 中的数进行十进制调正,结果保存在 AX 中。

说明:之前的加法指令必须是两个压缩 BCD 码相加,结果在 AL 中。DAA 指令隐含操作数 AL 和 AH。指令执行时:

① 若 AL 的低 4 位值大于 9 或辅助进位 AF=1,则将 AL 加 6,AF 置 1。

② 若 AL 的值大于 9FH 或进位标志 CF=1,则将 AL 加 60H,CF 置 1。

3.3.3 减法运算指令

(1) 不带借位的减法指令 SUB

指令格式:

```
SUB OPRD1, OPRD2
```

功能:操作数 OPRD1 减去 OPRD2,结果保存在 OPRD1 中。

说明:操作数 OPRD1 可以是累加器 AL 或 AX,也可以是其他通用寄存器或存储器操作数,OPRD2 可以是累加器、其他通用寄存器或存储器操作数,还可以是立即数。OPRD1 和 OPRD2 不能同时为存储器操作数,不能为段寄存器。SUB 指令的执行对全部 6 个状态标志位产生影响。

例 3-3 SUB 指令执行。

```
SUB EAX,0BB000000H;32 位减法,最高位是 D31
```

减法之前 EAX: AAFF3322H

32 位减法:　　−BB000000H

减法之后 EAX: EFFF3322H

↓

1110 1111 1111 1111 0011 0011 0010 0010

↓

OF=0,SF=1,ZF=0,PF=1,CF=1

(2) 带借位的减法指令 SBB

指令格式：

```
SBB OPRD1, OPRD2
```

功能：操作数 OPRD1 减去 OPRD2 再减去 CF 的值，结果保存在 OPRD1 中。

说明：对操作数的要求与 SUB 指令相同。常用于多字节数减法。对全部 6 个状态标志位产生影响。

例如：

```
SBB AL, 30H        ;AL-30H-CF,结果存回 AL
SBB AX, BX         ;AX-BX-CF,结果存回 AX
SBB [DI], AH       ;[DI]内存单元的数减去 AH 再减去 CF,结果存回内存单元[DI]中
```

(3) 减 1 指令 DEC

DEC 指令又称减量指令，不影响 CF 标志位，对其他 5 个状态标志位产生影响。

指令格式：

```
DEC OPRD
```

功能：操作数 OPRD 减 1 后送回 OPRD。

说明：操作数 OPRD 可以是寄存器或存储器操作数，指令可以完成字节或字的减 1 操作。

例如：

```
DEC CX
DEC CL
DEC BYTE PTR [ARRAY+SI]
```

(4) 操作数求补指令 NEG

指令格式：

```
NEG OPRD
```

功能：0－OPRD 结果送 OPRD，即对 OPRD 包括符号位在内逐位取反后加 1，结果送回 OPRD。

说明：OPRD 可以是寄存器或存储器操作数。如果操作数非 0，指令的执行使 CF=1，否则 CF=0。对全部 6 个状态标志位产生影响。

例 3-4　已知－100 的 32 位补码，求其绝对值(即 100)。

```
MOV EAX,0FFFFFF9CH        ;EAX = FFFFFF9CH = -100
NEG EAX                   ;EAX = 0 - FFFFFF9CH = 64H = 100
```

OF=0,SF=0,ZF=0,PF=0,CF=1。

(5) 比较指令 CMP

指令格式：

```
CMP OPRD1, OPRD2
```

功能：OPRD1 减去 OPRD2，结果并不送回 OPRD1。指令影响全部 6 个状态标志位。

说明：指令的执行不影响两个操作数，操作数不变，但影响 6 个状态标志位。这条指令后面常跟有条件转移指令，利用 CMP 指令对 Flags 标志位的影响，设定程序的执行方向。OPRD1 可以是寄存器或存储器操作数，OPRD2 可以是立即数、寄存器或存储器操作数。

例如：

```
CMP AL, AH
CMP AX, BX
CMP [SI + DATA], AX
CMP CL, 8
CMP POINTER[BX], 100H
```

例 3-5 从键盘输入数据并判断。

```
MOV AH, 1
INT 21H          ;等待从键盘输入一个字符,并存于 AL 中
CMP AL,'0'       ;AL 与 0 做比较
JZ ZERO          ;是 0 则转移到 ZERO 处继续执行
CMP AL,'1'       ;如果不是 0,则将 AL 与 1 做比较
JZ GOON          ;是 1 则转移到 GOON 处执行
```

3.3.4 乘法运算指令

乘法运算指令包括无符号数乘法指令 MUL、有符号数乘法指令 IMUL 和乘法的十进制调正指令 AAM。8088/8086 CPU 乘法指令能实现字节乘法和字的乘法。字节乘法的乘积为 16 位,存放在 AX 中,字的乘法的乘积为 32 位,存放在 DX:AX 中。指令的目的操作数采用隐含寻址方式。

(1) 无符号数乘法指令 MUL

指令格式：

```
MUL src
```

功能:如果 src 为字节类型,则累加器 AL 与 src 相乘,结果存在 AX 中;如果 src 为字类型,则累加器 AX 与 src 相乘,结果存在 DX:AX 中。

说明:两个乘数的数据类型要相同,指令影响标志位 CF、OF。

例如:MUL BL 的执行如下。

指令执行前:AL=00000011B,BL=00000010B。

指令执行后:AH=00000000B,AL=00000110B,OF=CF=0。

(2) 有符号数乘法指令 IMUL

指令格式：

```
IMUL src
```

功能:指令的功能和用法与 MUL 指令相同,只是操作数为有符号数,结果也是有符号数。

说明:指令影响标志位 CF、OF。如果标志位 CF=OF=0,表明乘积的高位部分是低位的符号扩展,可以忽略。如果标志位 CF=OF=1,表明 DX 含有乘积的高位,不能忽略。

(3) 乘法的十进制调正指令 AAM

AAM 指令完成 AL 中数的调正。使用 AAM 的前提是两个非压缩 BCD 码相乘,乘积在 AL 中,AH=0。

指令格式：

```
AAM
```

功能:把 AL 寄存器的内容除以 0AH,商存在 AH 中,余数存在 AL 中。

例如：

```
MOV AL, 8
MOV BL, 7
MUL BL
AAM        ;AH = 5,AL = 6
```

3.3.5 除法运算指令

除法运算指令包括无符号数除法指令 DIV 和有符号数除法指令 IDIV。这两条指令都隐含了被除数 AX 或 DX:AX,除数可以是寄存器或存储器操作数,但不能是立即数。被除数的字长要求是除数字长的两倍,如果除数是字节类型,被除数必须是字类型,而且要预置在 AX 中;如果除数为字类型,被除数必须是双字类型,而且要预置在 DX:AX 中。

(1) 无符号数除法指令 DIV

指令格式:

```
DIV OPRD
```

功能:如果 OPRD 是字节类型,被除数 AX 除以 OPRD,结果的商存到 AL 中,余数存到 AH 中;如果 OPRD 是字类型,被除数 DX:AX 除以 OPRD,结果的商存到 AX 中,余数存到 DX 中。

说明:在指令执行前,必须检查被除数的长度,如果不符合要求,则要用位扩展指令来转换。

例如:

```
DIV BL
DIV BX
DIV BYTE PTR[SI]
DIV WORD PTR[DI]
```

如果字节操作的结果大于 FFH 则溢出,如果字操作的结果大于 FFFFH 则溢出,溢出将产生除法错中断。

(2) 有符号数除法指令 IDIV

IDIV 指令与 DIV 指令相似,只是参加运算的是有符号数,结果也是有符号数,符号与被除数一致。如果是字节除法,操作结果超出－127～＋127 的范围,则产生除法错中断;如果是字除法,操作结果超出－32767～＋32767 的范围,则产生除法错中断。在指令执行前,必须检查被除数的长度,如果不符合要求,则要用位扩展指令来转换。

指令格式:

```
IDIV OPRD
```

例如:

```
MOV AL, 98H
MOV BL, 13H
CBW              ;将 AL 中的数据扩展为 16 位
IDIV BL
```

结果 AX＝F7FBH,AL 中的 FBH 为商,是负数,AH 中的 F7H 为余数。

(3) 符号扩展指令 CBW 和 CWD

除法指令对操作数的长度严格要求,如果长度不符合要求,可以使用符号扩展指令对数据类型进行调整。指令不影响标志位。

CBW 指令格式：

```
CBW
```

功能：字节转换为字。如果 AL＜80H，则 AH 置 0；如果 AL≥80H，则将 FFH 赋给 AH。

说明：将 AL 中的数的符号位扩展至 16 位，扩展的符号部分存入 AH 中，即由 AL 扩展为 AX，值保持不变。

例如：

```
MOV AL, 3EH            ;AL = 0011 1110B
CBW                    ;AX = 0000 0000 0011 1110B
MOV AL, 93H
CBW                    ;AX = 1111 1111 1001 0011B
```

CWD 指令格式：

```
CWD
```

功能：字转换为双字。如果 AX＜8000H，则 DX 置 0；如果 AX≥8000H，则将 FFFFH 赋给 DX。

说明：将 AX 中的数的符号位扩展至 32 位，扩展的符号部分存入 DX 中，即由 DX:AX 代替 AX，值保持不变。

例如：

```
MOV AX, 0C539H         ;AX = 1100 0101 0011 1001B
CWD                    ;DX = FFFFH,AX = C539H
```

(4) 除法调正指令 AAD

AAD 指令进行除法调正的使用范围有限，它只能用于两位非压缩 BCD 码的除法操作，也就是不超过 99 的十进制数的除法操作。AAD 指令与其他调正指令不同，它用在除法指令之前，即在除法执行之前首先用 AAD 指令将 AX 中的两位非压缩 BCD 码调正为二进制数，然后再进行二进制除法。

指令格式：

```
AAD
```

功能：AH×0AH＋AL 送入 AL，AH＝0。

例如：

```
MOV AX, 0908H          ;AX = 0908H,AX 存有非压缩 BCD 码 98
MOV BL, 8
AAD                    ;AX = 09 × 0AH + 08 = 92H
DIV BL                 ;AH = 2,AL = 0CH
```

3.3.6 练习题

1. 下列哪个不是 IA-32 处理器的状态标志？(　　)

A. OF　　B. CF　　C. ZF　　D. TF

2. 两个整数相减等于 0，则标志正确的是(　　)。

A. ZF＝0,PF＝0,SF＝0　　B. ZF＝1,PF＝1,SF＝1

C. ZF＝0,PF＝1,SF＝0　　D. ZF＝1,PF＝1,SF＝0

3. 若 EAX＝12345678H，则 ADD AL,27H 执行后的结果为(　　)。

A. EAX=39345678H　　　　B. EAX=12345705H

C. EAX=12345705　　　　D. EAX=1234569FH

4. 若 EAX=12345678H,则 SUB AL,27H 执行后的结果为(　　)。

A. EAX=12345678　　　　B. EAX=12345678H

C. EAX=12345651　　　　D. EAX=12345651H

5. 假设 EDX=6,执行如下哪条指令后 EDX=5?(　　)

A. INC EDX　　B. DEC EDX　　C. NEG EDX　　D. NOT EDX

6. 对 EAX 中的整数进行求补运算的指令是(　　)。

A. SUB 0, EAX　　B. DEC EAX　　C. INC EAX　　D. NEG EAX

3.4　位操作类指令

8088/8086 CPU 提供了丰富的逻辑运算和移位指令。逻辑运算指令包括与、或、非、异或和测试指令,与、或、非、异或等指令的功能与第1章中介绍的基本逻辑门的功能相同,这些指令使我们可以用软件的方法实现逻辑运算。移位指令包括左移、右移、循环左移和循环右移指令。指令可以对8位或16位操作数进行操作。除逻辑非指令外,其他指令的执行都会使标志位 CF=OF=0,AF 值不定,对 SF、PF 和 ZF 产生影响。

3.4.1　逻辑运算指令

(1) 逻辑与指令 AND

指令格式:

```
AND OPRD1, OPRD2
```

功能:OPRD1 与 OPRD2 按位进行与操作,结果回送 OPRD1 中。

说明:OPRD1 可以是寄存器或存储器操作数。OPRD2 可以是寄存器或存储器操作数,还可以是立即数。与操作可以对特定位清0。

例如:

```
AND AL, 0FH           ;取 AL 的低 4 位,屏蔽高 4 位
AND AX, BX
AND [SI], AL          ;内存单元[SI]与 AL 进行与操作,结果存回内存单元
AND DX, [BX + SI]
```

AX 与 BX 进行与操作:

```
MOV AX, 7E6DH
MOV BX, 0D563H
AND AX, BX
```

结果:AX=5461H, BX=0D563H。

将 AL 中的低4位取出:

```
MOV AL, 35H
AND AL, 0FH
```

结果:AL=5。

与指令常用来屏蔽某些位(使其为 0),其余位保持不变。例如,想知道 AL 中的第 5 位的值,可以安排如下一条指令,使 AL 中的其他位都置为 0,而只保留第 5 位的值:

```
AND AL, 0010 0000B
```

用与指令设置标志位 CF=OF=0:

```
AND AX, AX            ;AX 不变,CF = OF = 0
```

(2) 逻辑或指令 OR

指令格式:

```
OR OPRD1, OPRD2
```

功能:OPRD1 与 OPRD2 按位进行或操作,结果回送 OPRD1 中。

说明:OPRD1 可以是寄存器或存储器操作数。OPRD2 可以是寄存器或存储器操作数,还可以是立即数。或操作可以对特定位置 1。

例如:

```
OR AX, CX
OR [DI], AL
OR AL, 0FH          ;AL 的低 4 位置 1,高 4 位不变
OR AL, 80H          ;AL 的符号位置 1,其他位保持不变
```

再如:

```
MOV AL, 73H
MOV BL, 0CDH
OR AL, BL             ;AL = FFH, BL = CDH
```

逻辑或指令常用于将某些位置 1,其余位保持不变。

(3) 逻辑非指令 NOT

指令格式:

```
NOT OPRD
```

功能:将 OPRD 逐位取反,结果回送 OPRD 中。

说明:OPRD 可以是寄存器或存储器操作数,不能是立即数。指令对所有标志位都没有影响。

例如:

```
MOV AL, 0FH
NOT AL              ;AL = F0H
NOT BYTE PTR[SI]
```

(4) 逻辑异或指令 XOR

指令格式:

```
XOR OPRD1, OPRD2
```

功能:OPRD1 与 OPRD2 按位进行异或操作,结果回送 OPRD1 中。

说明:OPRD1 可以是寄存器或存储器操作数。OPRD2 可以是寄存器或存储器操作数,还可以是立即数。

例如:

```
XOR AX, CX
XOR [DI], 4AH
XOR AX, AX      ;AX = 0,同时标志位 CF = OF = 0,这条指令常用于算术运算指令之前,清理运算环境
```

再如：

```
MOV AL, 73H
MOV BL, 0CDH
XOR AL, BL          ;AL = BEH,BL = CDH
```

(5) 测试指令 TEST

指令格式：

```
TEST OPRD1, OPRD2
```

功能:OPRD1 与 OPRD2 按位进行与操作,但是结果不回送 OPRD1 中,所以指令执行后两个操作数的值保持不变。指令的执行使标志寄存器的标志位 CF＝OF＝0,AF 值不定,SF、PF 和 ZF 受影响,通常 ZF 位最受关注。

说明:OPRD1 可以是寄存器或存储器操作数。OPRD2 可以是寄存器或存储器操作数,还可以是立即数。

例如：

```
TEST AL, 04H
TEST [SI], 80H
```

这条指令常用于对 OPRD1 中的特定位进行测试,OPRD2 用于说明测试 OPRD1 中的哪一位。OPRD2 的常见取值为 01H、02H、04H、08H、10H、20H、40H 和 80H 等。例如,测试 AL 的第 0 位,可以安排如下一条指令：

```
TEST AL, 01H
```

指令执行后 AL 的值保持不变,但标志位受到影响。如果 ZF＝0,则 AL 的第 0 位为 1,如果 ZF＝1,则 AL 的第 0 位为 0。

3.4.2　移位指令

移位指令分为非循环移位指令和循环移位指令两类,各包括 4 条。两类移位指令的格式完全相同,功能都是把目的操作数左移或右移 1 位或多位。目的操作数可以是寄存器或存储器操作数,可以是字节类型或字类型。源操作数的用法比较固定,如果将目的操作数移动 1 位,则源操作数直接写 1;如果将目的操作数移动 2 位或更多位,则源操作数为 CL,编程遇到这种情况应将移动次数预置入 CL 中,再使用移位指令。移位指令影响标志位 CF、OF、PF、SF 和 ZF。

下面介绍移位指令功能时,都以字节数据来说明,字类型数据的移位同理。移位指令总结如图 3-8 所示。

(1) 逻辑左移指令 SHL

SHL 是逻辑左移指令,指令格式：

```
SHL reg/mem,1/CL
```

功能:将 reg 或 mem 中的数据左移 1 或 CL 位,最低位补 0,最后移的一位进入 CF。

例如：

```
MOV AL,01001000B
SHL AL,1
```

运行结果:(AL)＝10010000B,CF＝0。

当移动位数大于 1 时,就须将移动位数放入 CL 中,例如：

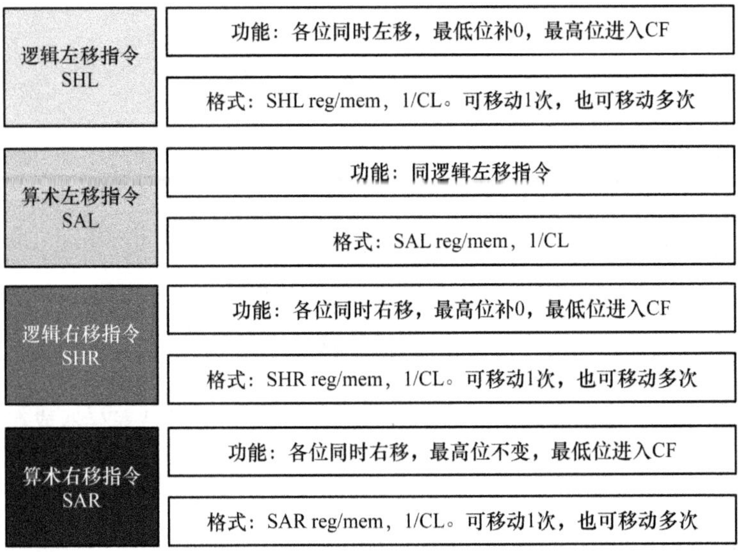

逻辑左移指令 SHL	功能：各位同时左移，最低位补0，最高位进入CF
	格式：SHL reg/mem，1/CL。可移动1次，也可移动多次
算术左移指令 SAL	功能：同逻辑左移指令
	格式：SAL reg/mem，1/CL
逻辑右移指令 SHR	功能：各位同时右移，最高位补0，最低位进入CF
	格式：SHR reg/mem，1/CL。可移动1次，也可移动多次
算术右移指令 SAR	功能：各位同时右移，最高位不变，最低位进入CF
	格式：SAR reg/mem，1/CL。可移动1次，也可移动多次

图 3-8 移位指令总结

```
MOV AL,01010001B
MOV CL,3
SHL AL,CL
```

运行结果:(AL)=10001000B,CF=0。

(2) 逻辑右移指令 SHR

SHR 是逻辑右移指令,与 SHL 的操作刚好相反。指令格式:

```
SHR reg/mem,1/CL
```

功能:逻辑右移,reg/mem 中的数据右移 1/CL 位,最高位补 0,最后移的一位进入 CF。

例如:

```
MOV AL,10000001B
SHR AL,1
```

运行结果:(AL)=01000000B,CF=1。

与 SHL 相同,当移动位数大于 1 时,将其放入 CL 中,例如:

```
MOV AL,01010001B
MOV CL,3
SHR AL,CL
```

运行结果:(AL)=00001010B,CF=0。

逻辑左移指令 SHL 执行一次移位,相当于无符号数乘 2;逻辑右移指令 SHR 执行一次移位,相当于无符号数除以 2,商在目的操作数中,余数由 CF 反映。

(3) 算术左移指令 SAL

指令格式:

```
SAL OPRD, COUNT
```

说明:算术左移指令与逻辑左移指令的功能相同,这里不再赘述,但算术左移指令将操作数作为带符号数处理。

例如:

```
SAL AL, 1
SAL AX, CL
SAL BYTE PTR[SI], 1
SAL DX, CL
```

(4) 算术右移指令 SAR

指令格式：

```
SAR OPRD, COUNT
```

功能：将 OPRD 逐位进行右移，最高位向右移到次高位，依次移动，第 0 位移出 OPRD，移到标志寄存器的 CF 中；最高位保持不变。

说明：OPRD 可以是寄存器或存储器操作数，COUNT 可以为 1 或 CL。

例如：

```
SAR AL, 1
```

设指令执行前(AL)＝8AH(10001010B)，指令执行后(AL)＝C5H(11000101B)。

算术右移指令将操作数作为带符号数处理，最高位在右移过程中保持不变，是因为它是符号位，这也体现了补码运算的特点。上例中指令执行前 AL 的真值为－76H，指令执行后 AL 的真值为－3BH，由此可见算术右移一次相当于除以 2。

再如：

```
SAR AX, CL
SAR WORD PTR[SI], 1
SAR DX, CL
```

(5) 循环移位指令

循环移位指令类似于移位指令，但从一端移出的位要返回到另一端，形成循环，分为不带进位的循环移位和带进位的循环移位。

- 不带进位的循环移位指令 ROL 和 ROR：

```
ROL reg/mem,1/CL       ;不带进位循环左移
ROR reg/mem,1/CL       ;不带进位循环右移
```

- 带进位的循环移位指令 RCL 和 RCR：

```
RCL reg/mem,1/CL       ;带进位循环左移
RCR reg/mem,1/CL       ;带进位循环右移
```

循环移位指令按照指令功能设置进位标志 CF，不影响 SF、ZF、PF、AF 标志。对 OF 标志的影响，循环移位指令与移位指令一样。循环移位指令总结如图 3-9 所示。

3.4.3 练习题

1. 能将 EDX 中的 0 变成 1、1 变成 0 的指令是(　　)。

A. NOT EDX　　B. NEG EDX　　C. DEC EDX　　D. INC EDX

2. 使得 ECX＝0，同时设置 CF＝OF＝0 的指令是(　　)。

A. MOV ECX,0　　B. SUB ECX,0　　C. OR ECX,0　　D. XOR ECX,ECX

3. 指令 SHR EAX,1 执行后，EAX 的最高位一定是(　　)。

A. 0　　B. 1　　C. 与最低位相同　　D. 与次高位相同

4. 指令 SAR EAX,1 执行后，EAX 的最高位一定是(　　)。

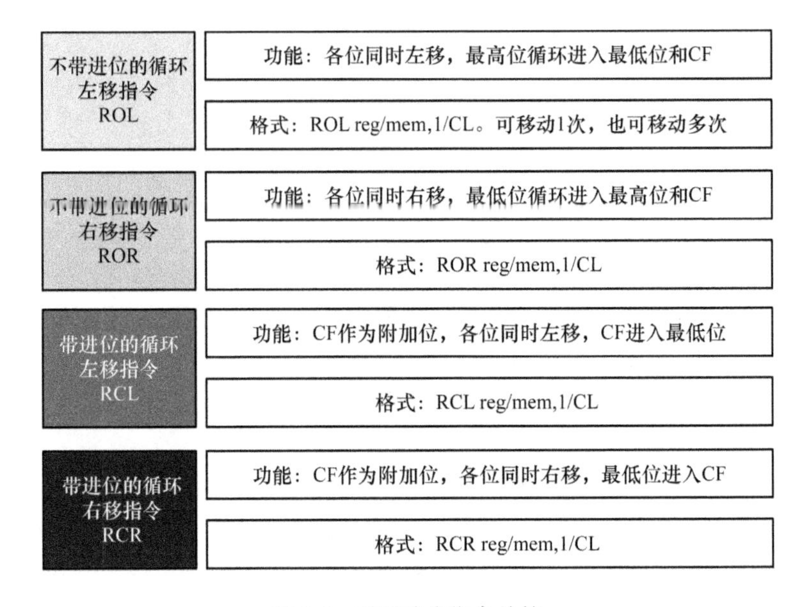

图 3-9 循环移位指令总结

A. 0　　B. 1　　C. 与最低位相同　　D. 与次高位相同

5. 指令 ROR EAX,1 执行后,EAX 的最高位一定是(　　)。

A. 0　　B. 1　　C. 与最低位相同　　D. 与次高位相同

3.5 转移指令

3.5.1 无条件转移指令

程序的执行序列是由代码段寄存器 CS 和指令指针 EIP 确定的。CS 包含当前指令所在代码段的段地址,EIP 则是将要执行的指令的偏移地址。程序的执行一般是依指令序列顺序执行,根据被执行指令长度自动增加 EIP,但有时候需要改变程序的流程,实现分支程序。控制转移类指令通过修改 CS 和 EIP 的值来改变程序的执行顺序,实现程序的跳转。

根据跳转距离的不同可分为段内转移和段间转移。

段内转移:在当前代码段内,转移时只重置指令指针寄存器 EIP,不重置代码段寄存器 CS。如果转移范围可以用一个字节(－128～＋127)表达,则形成“短转移 SHORT JMP”;如果地址位移用一个 16 位数表达,则形成“近转移 NEAR JMP”。

段间转移:从当前代码段跳转至另一代码段,转移时重置指令指针寄存器 EIP 和代码段寄存器 CS,这种转移也称为“远转移 FAR JMP”,即转移的目标地址必须用一个 32 位数表达,该 32 位数叫作 32 位远指针,它就是逻辑地址。

(1) 指令寻址方式

与数据寻址方式类似,指令寻址方式分为相对寻址、直接寻址和间接寻址。

相对寻址:指令中给出目标地址相对于当前指令指针寄存器 EIP 的位移,目标地址＝当前 EIP＋位移。由于不涉及对 CS 的修改,因此这种方式属于段内转移。

直接寻址:指令中直接给出目标地址。

间接寻址：目标地址来自寄存器或存储单元，在指令中给出寄存器或存储器的地址，若使用寄存器保存目标地址，则为寄存器间接寻址，若使用存储单元保存目标地址，则为存储器间接寻址。

图 3-10 对指令寻址进行了总结。

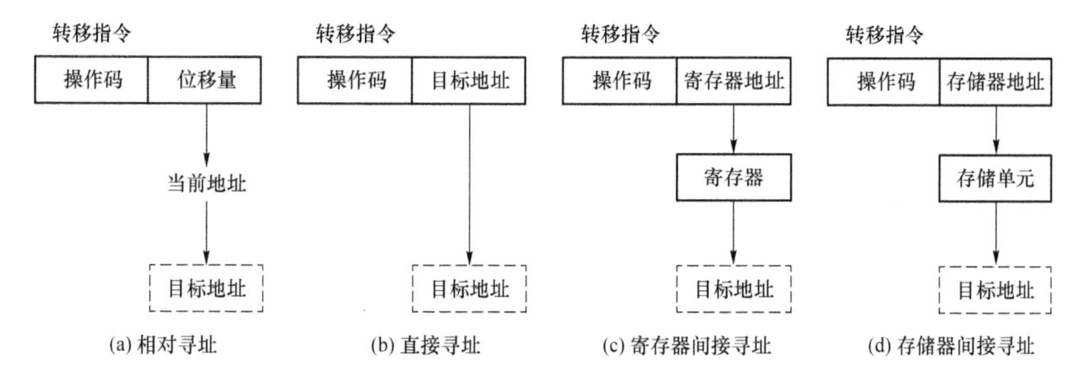

图 3-10　指令寻址总结

(2) 无条件转移指令 JMP

所谓无条件转移，是指无任何先决条件就能使程序改变执行顺序。只要执行无条件转移指令 JMP，程序就转到指定的目标地址处，从目标地址处开始执行指令。

根据目标地址不同的提供方法和内容，可分成以下 4 种格式。

① 段内转移，相对寻址

格式：

```
JMP LABEL ;EIP←EIP+位移量
```

位移量是指紧接着 JMP 指令的那条指令的偏移地址到目标地址的偏移地址的地址位移。位移量是有符号数，转移方向可以向前也可以向后。当向地址增大的方向转移时，位移量为正；向地址减小的方向转移时，位移量为负。汇编程序能够根据位移量的大小自动形成短转移或近转移。同时，也提供了短转移 SHORT 和近转移 NEAR PTR 操作符，用于强制产生相应的指令格式。例如：

```
JMP SHORT LABEL
JMP NEAR PTR LABEL
```

② 段内转移，间接寻址

格式：

```
JMP R16/M16 ;EIP←R16/M16
```

这种形式的 JMP 指令将一个 16 位寄存器或内存单元的内容送至 EIP，作为新的指令指针，但不修改 CS 寄存器的内容。例如：

```
JMP AX
JMP WORD PTR [2000H]
```

③ 段间转移，直接寻址

格式：

```
JMP LABEL ;EIP←LABEL 的偏移地址,CS←LABEL 的段地址
```

标号 LABEL 所在段的段地址作为新的 CS 值，标号 LABEL 在该段内的偏移地址作为新 EIP，执行后程序跳转到新的代码段执行。汇编程序能够自动识别一个标号是在同一个段内

还是在另一个段内，如果要强制进行段间远转移，则可以用汇编伪指令 FAR PTR。例如：

```
CODE1 SEGMENT ;代码段 1
……
JMP FAR PTR OTHERSEG ;远转移到代码段 2 的 OTHERSEG
……
CODE1 ENDS ;代码段 1 结束
CODE2 SEGMENT
……
OTHERSEG：……
……
CODE2 ENDS
```

④ 段间转移，间接寻址

格式：

```
JMP FAR PTR MEM ;EIP←[MEM],CS←[MEM+2]
```

段间间接转移指令用一个双字存储单元表示要跳转的目标地址。这个目标地址存放在内存中的连续两个字单元中，其中低位送入 EIP 寄存器，高位送入 CS 寄存器。例如：

```
MOV WORD PTR [BX],0
MOV WORD PTR [BX+2],1500H
JMP FAR PTR [BX]
```

3.5.2　条件转移指令

条件转移指令 Jcc 根据指定的条件确定程序是否发生转移。如果满足条件则程序转移到目标地址去执行程序，不满足条件则程序将顺序执行下一条指令，如图 3-11 所示。其通用格式为：

```
Jcc LABEL ;条件满足，发生转移：IP←IP+8 位位移量；否则，顺序执行：IP←IP+2
```

其中，LABEL 表示目标地址(8 位位移量)。因为 Jcc 指令为 2 字节，所以顺序执行就是指令偏移指针 IP 加 2。条件转移指令跳转的目标地址只能用前面介绍的段内短距离跳转(短转移)，即目标地址只能是在同一段内，且在当前 IP 地址－128～＋127 个单元的范围之内。这种寻址方式由于是相对于当前 IP 的，所以被称为相对寻址方式。

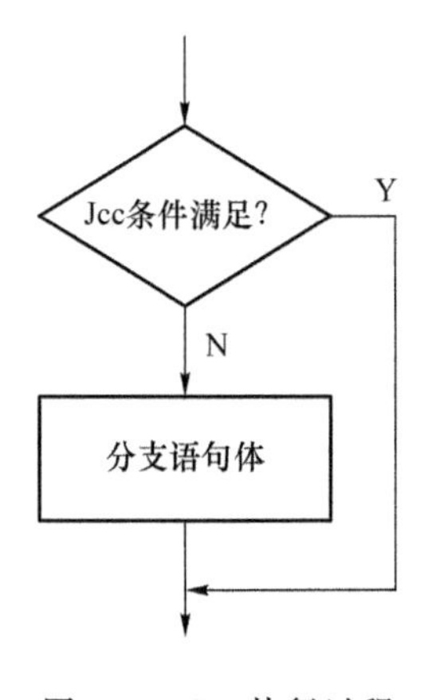

图 3-11　Jcc 执行过程

条件转移指令不影响标志，但要利用标志。条件转移指令Jcc中的cc表示利用标志判断的条件。

(1) 判断单个标志位状态

这组指令单独判断5个状态标志之一，根据某一个状态标志是否为0或1决定是否跳转。

① JZ/JE和JNZ/JNE利用零标志ZF，判断结果是否为零(或相等)。

- JE指令(相等时转移)。
- JZ指令(等于0时转移)。

这是当ZF=1时转移到目标地址的条件转移指令的两种助记符。这条指令既适用于判断无符号数的相等，又适用于判断带符号数的相等。

- JNE指令(不相等时转移)。
- JNZ指令(不等于0时转移)。

这是当ZF=0时转移到目标地址的条件转移指令的两种助记符。这条指令既适用于判断无符号数，又适用于判断带符号数。

② JS和JNS利用符号标志SF，判断结果是正是负。

- JS指令(为负转移)——满足SF=1时，转移到目标地址。
- JNS指令(为正转移)——满足SF=0时，转移到目标地址。

③ JO和JNO利用溢出标志OF，判断结果是否产生溢出。

- JO指令(溢出转移)——OF=1时，转移到目标地址。
- JNO指令(未溢出转移)——OF=0时，转移到目标地址。

④ JP/JPE和JNP/JPO利用奇偶标志PF，判断结果中"1"的个数是偶数还是奇数。

- JP/JPE指令(为偶转移)——满足PF=1时转移。
- JNP/JPO指令(为奇转移)——满足PF=0时转移。

数据通信为了可靠常要进行校验。常用的校验方法是奇偶校验，即把字符ASCII码的最高位用作校验位，使包括校验位在内的字符中为"1"的个数恒为奇数(奇校验)，或恒为偶数(偶校验)。若采用奇校验，在字符ASCII中为"1"的个数已为奇数时，则令其最高位为"0"，否则令最高位为"1"。

⑤ JC/JB/JNAE和JNC/JNB/JAE利用进位标志CF，判断结果是否进位或借位，CF标志是比较常用的一个标志。

- JC——满足CF=1时转移。JNC——满足CF=0时转移。
- JB(低于转移)。JNB(不低于转移)。
- JNAE(不高于等于转移)。JAE(高于等于转移)。

(2) 用于比较无符号数高低

为区别于有符号数的大小，无符号数的大小用高(Above)、低(Below)表示，它需要利用CF确定高低，利用ZF确定相等(Equal)。两数的高低分为4种关系：低于(不高于等于)、不低于(高于等于)、低于等于(不高于)、不低于等于(高于)。分别对应4条指令：JB(JNAE)、JNB(JAE)、JBE(JNA)、JNBE(JA)。

① JA/JNBE

JA即高于转移，JNBE即不低于且不等于转移，高于则没有进位产生，即CF=0，不等于则ZF=0，所以这两条指令满足CF=0且ZF=0时转移。

② JAE/JNB

高于或等于转移/不低于转移是当 CF=0(高于则不产生进位)或 ZF=1(等于)时转移。

③ JB/JNAE

低于/不高于且不等于转移是当 CF=1(产生借位)且 ZF=0(不等于)时转移。

④ JBE/JNA

低于或等于/不高于转移是当 CF=1(产生借位)或 ZF=1(等于)时转移。

(3) 用于比较有符号数大小

判断有符号数的大(Greater)、小(Less),需要组合 OF、SF 标志,并利用 ZF 标志确定相等与否。两数的大小分为 4 种关系:小于(不大于等于)、不小于(大于或等于)、小于等于(不大于)、不小于等于(大于)。分别对应 4 条指令:JL(JNGE)、JNL(JGE)、JLE(JNG)、JNLE(JG)。

条件转移指令之前常有 CMP、TEST、加减运算、逻辑运算等影响标志的指令,利用这些指令执行后的标志或其组合状态形成条件。

① JG/JNLE

大于/不小于且不等于转移是当标志 SF 与 OF 同号(SF=OF)且 ZF=0 时转移。

② JGE/JNL

大于或等于/不小于转移是当标志 SF 与 OF 同号(SF=OF)或 ZF=1 时转移。

③ JL/JNGE

小于/不大于且不等于转移是当标志 SF 与 OF 异号(SF≠OF)且 ZF=0 时转移。

④ JLE/LNG

小于或等于/不大于转移是当标志 SF 与 OF 异号(SF≠OF)或 ZF=1 时转移。

(4) 判断计数器 CX 是否为 0

```
JCXZ LABEL ;CX = 0 则转移,否则顺序执行
```

3.5.3 循环指令

循环指令类似于条件转移指令,段内转移,相对寻址方式,通过在指令指针寄存器 EIP 上加一个地址差的方式实现转移,地址差用一个字节(8 位)表示,因此转移范围为－128～＋127。在保护方式(32 位代码段)下,以 ECX 作为循环计数器;在实方式下,以 CX 作为循环计数器。循环指令不影响各标志位。

(1) 数循环指令 LOOP

LOOP 指令格式为:

```
LOOP LABEL
```

功能:指令使寄存器 ECX 的值减 1,如果结果不等于 0,则转移到标号 LABEL 处,否则顺序执行 LOOP 指令后的指令。

我们需要注意的是:用于循环次数已知的循环,如 for 循环;LOOP 指令首先进行 ECX 减 1 操作,再判断结果是否为 0,因此必须先设置计数器 ECX 初值,即循环次数,LOOP 指令的目标地址采用相对短转移,即转移范围为－128～＋127。

另外还有 LOOPE/LOOPZ 和 LOOPNE/LOOPNZ 指令,下面分别介绍。

① 等于/全零循环指令 LOOPE/LOOPZ

指令格式为:

```
LOOPE(LOOPZ) LABEL
```

功能:指令使寄存器 ECX 的值减 1,如果结果不等于 0,并且零标志 ZF 等于 1(表示相等),则转移到标号 LABEL 处,否则顺序执行。

LOOPE/LOOPZ 适用于循环比较直到找到相等字符的情况,指令本身实施的 ECX 减 1 操作不影响标志,可在循环开始前把 ECX 设为－1,相当于最大循环 FFFFFFFFH－1 次,退出循环后用 NOT ECX 把 ECX 按位取反,即可得 LOOPE 执行次数。

② 不等于/非零循环指令 LOOPNE/LOOPNZ

指令格式为:

```
LOOPNE(LOOPNZ) LABEL
```

功能:指令使寄存器 ECX 的值减 1,如果结果不等于 0,并且零标志 ZF 等于 0(表示不相等),则转移到标号 LABEL 处,否则顺序执行。

LOOPNE/LOOPNZ 适用于循环比较直到找到不相等字符的情况,指令本身实施的 ECX 减 1 操作不影响标志,可在循环开始前把 ECX 设为－1,相当于最大循环 FFFFFFFFH－1 次,退出循环后用 NOT ECX 把 ECX 按位取反,即可得 LOOPNE 执行次数。

(2) 计数器转移指令 JECXZ/JCXZ

LOOP 指令提供了一种指定循环次数的方法,但它存在一个问题:由于是先将 ECX 减 1 再判断,当设定循环次数为 0 时,实际上会循环 FFFFFFFFH 次。为了解决这个问题,我们使用 ECX 是否为 0 作为判断条件的条件转移指令 JECXZ/JCXZ。

JECXZ/JCXZ 指令格式为:

```
JECXZ(JCXZ) LABEL
```

功能:实现当寄存器 ECX(CX)的值等于 0 时转移到标号 LABEL 处,否则顺序执行。通常在循环指令之前使用,当循环次数为 0 时,可以跳过循环体。JECXZ 对应判断 ECX 值;JCXZ 对应判断 CX 值。

3.5.4 练习题

1. 指令 JMP WORD PTR [BX]属于(　　)寻址。

A. 段内直接　　B. 段内间接　　C. 段间直接　　D. 段间间接

2. 在下列指令中,属于段内转移指令的有(　　)。

A. JMP SHORT A　　B. JMP [BX]

C. JMP DWORD PTR [BX]　　D. JMP NEAR PTR [BX+SI]

3. 条件转移指令 JNZ 的测试条件是(　　)。

A. ZF=1　　B. CF=0　　C. ZF=0　　D. CF=1

4. 下列指令中,有语法错误的是(　　)。

A. MOV [SI],[DI]　　B. IN AL,DX

C. JMP WORD PTR [BX+8]　　D. PUSH WORD PTR 20[BX+SI−2]

5. JMP FAR PTR ABCD(ABCD 是符号地址)是(　　)。

A. 段内间接转移　　B. 段间间接转移

C. 段内直接转移　　D. 段间直接转移

6. 设(DS)=2000H,(BX)=1256H,(SI)=528FH,TABLE 的偏移量=20A1H,(232F7H)=3280H,(264E5H)=2450H,求执行下述指令后 IP 的内容。

```
JMP  BX
JMP  TABLE[BX]
JMP  [BX][SI]
```

3.6 指令运用实例

3.6.1 寻址方式实例

寻址方式表示指令运算对象的来源和运算结果的去向。

注意点：

- 立即寻址仅针对源操作数。
- 寄存器寻址表示指令运算的数据在寄存器中(常为通用寄存器)。
- 存储器寻址表示指令运算的对象在内存中。
- 数据在内存中的偏移地址在[]中，段地址可以默认或重设。
- 存储器寻址和寄存器寻址均可用于源或目的操作数。

深入理解了寻址方式，才能理解指令的执行结果。

例 3-6 假设有指令 MOV BX,[1234H]，在执行时，(DS)=2000H，内存单元 21234H 的内容为 5213H。问该指令执行后，BX 的值是什么？

解： 根据直接寻址方式的寻址规则，把该指令的具体执行过程用图 3-12 来表示。

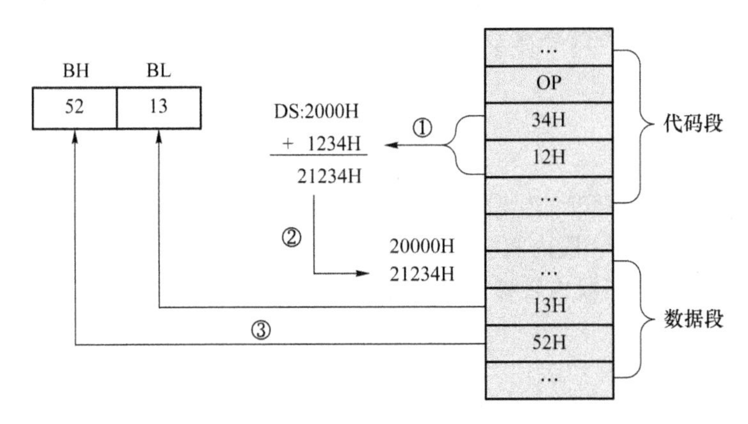

图 3-12 具体执行过程(例 3-6)

从图 3-12 中可看出执行该指令分为三部分：

① 1234H 是一个直接地址，它紧跟在指令的操作码之后，随取指令而被读出；

② 访问数据段的段寄存器是 DS，所以用 DS 的值和偏移量 1234H 相加，得存储单元的物理地址 21234H；

③ 取单元 21234H 的值 5213H，并按“高高低低”的原则存入寄存器 BX 中。

所以，在执行该指令后，BX 的值为 5213H。

例 3-7 假设有指令 MOV BX,[DI]，在执行时，(DS)=1000H，(DI)=2345H，存储单元 12345H 的内容是 4354H。问该指令执行后，BX 的值是什么？

解： 根据寄存器间接寻址方式的规则，在执行本例指令时，寄存器 DI 的值不是操作数，而

是操作数的地址。该操作数的物理地址应由DS和DI的值形成，即

PA=(DS) * 16+(DI)=1000H * 16+2345H=12345H

所以，该指令的执行效果是：把从物理地址12345H开始的一个字的值传送给BX。其具体执行过程如图3-13所示。

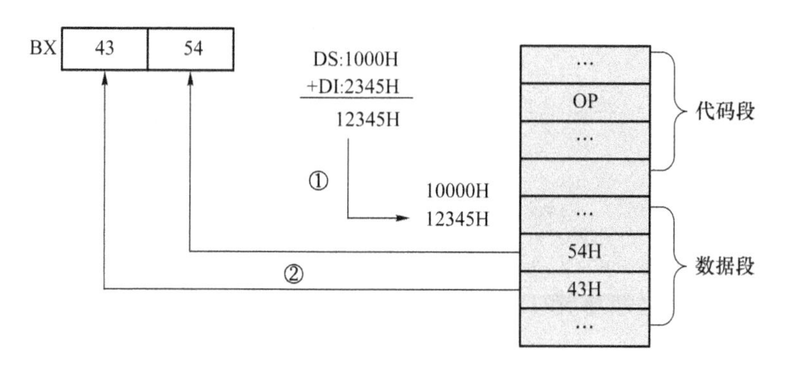

图3-13　具体执行过程(例3-7)

例3-8　假设有指令MOV BX,[SI+100H]，在执行时，(DS)=1000H，(SI)=2345H，内存单元12445H的内容为2715H。问该指令执行后，BX的值是什么？

解：根据寄存器相对寻址方式的规则，在执行本例指令时，源操作数的有效地址EA为

EA=(SI)+100H=2345H+100H=2445H

该操作数的物理地址应由DS和EA的值形成，即

PA=(DS) * 16+EA=1000H * 16+2445H=12445H

所以，该指令的执行效果是：把从物理地址12445H开始的一个字的值传送给BX。其具体执行过程如图3-14所示。

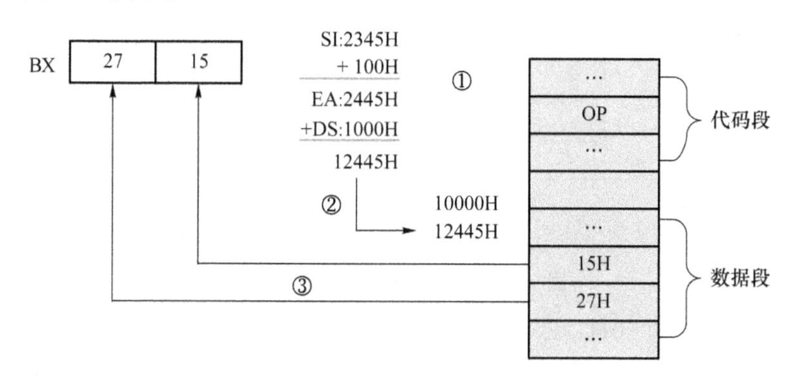

图3-14　具体执行过程(例3-8)

例3-9　假设有指令MOV BX,[BX+SI]，在执行时，(DS)=1000H，(BX)=2100H，(SI)=0011H，内存单元12111H的内容为1234H。问该指令执行后，BX的值是什么？

解：根据基址变址寻址方式的规则，在执行本例指令时，源操作数的有效地址EA为

EA=(BX)+(SI)=2100H+0011H=2111H

该操作数的物理地址应由DS和EA的值形成，即

PA=(DS) * 16+EA=1000H * 16+2111H=12111H

所以，该指令的执行效果是：把从物理地址12111H开始的一个字的值传送给BX。其具体执行过程如图3-15所示。

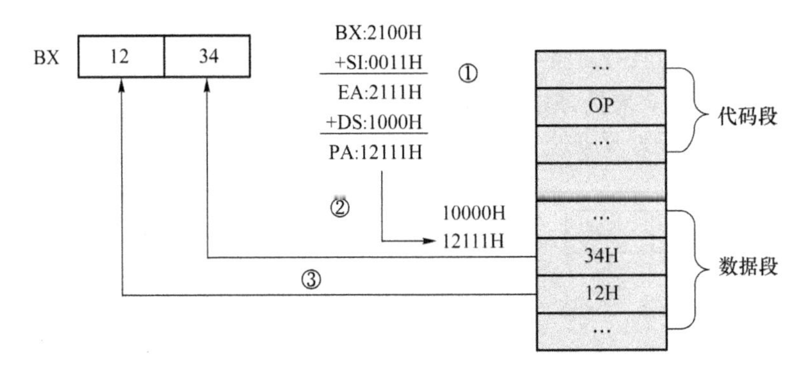

图 3-15 具体执行过程(例 3-9)

例 3-10 假设有指令 MOV AX,[BX+SI+200H],在执行时,(DS)=1000H,(BX)=2100H,(SI)=0010H,内存单元 12310H 的内容为 1234H。问该指令执行后,AX 的值是什么?

解: 根据相对基址变址寻址方式的规则,在执行本例指令时,源操作数的有效地址 EA 为

EA=(BX)+(SI)+200H=2100H+0010H+200H=2310H

该操作数的物理地址应由 DS 和 EA 的值形成,即

PA=(DS) * 16+EA=1000H * 16+2310H=12310H

所以,该指令的执行效果是:把从物理地址 12310H 开始的一个字的值传送给 AX。其具体执行过程如图 3-16 所示。

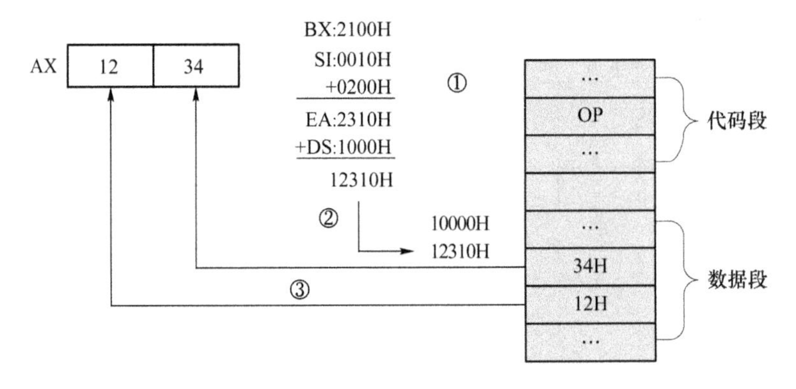

图 3-16 具体执行过程(例 3-10)

例 3-11 设(DS)=6000H,(ES)=2000H,(SS)=1500H,(SI)=00A0H,(BX)=0800H,(BP)=1200H,字符常数 VAR 为 0050H。说明以下各条指令源操作数的寻址方式及存储器操作数的物理地址。

解:

```
MOV AX, BX              ;寄存器寻址
MOV DL, 80H             ;立即寻址
MOV AX, VAR[BX][SI]     ;相对基址变址寻址,物理地址:608F0H
MOV AL, 'B'             ;立即寻址
MOV DI, ES: [BX]        ;寄存器间接寻址,物理地址:20800H
MOV DX, [BP]            ;寄存器间接寻址,物理地址:16200H
MOV BX, 20H[BX]         ;寄存器相对寻址,物理地址:60820H
```

3.6.2 指令执行过程实例

为方便指令记忆和理解，表3-2、表3-3、表3-4列出了常用指令的使用方式。

表3-2 常用数据传送类指令

指令	中文名	格式	解释
MOV	传送指令	MOV DEST,SRC	DEST⇐SRC
XCHG	交换指令	XCHG OPRD1,OPRD2	把操作数OPRD1的内容与操作数OPRD2的内容交换
PUSH	进栈指令	PUSH SRC	把源操作数SRC压入堆栈
POP	出栈指令	POP DEST	从栈顶弹出一个双字或字数据到目的操作数
LEA	取有效地址指令	LEA REC,OPRD	把操作数OPRD的有效地址传送到操作数REC，源操作数OPRD必须是一个存储器操作数，目的操作数REC必须是一个16位或32位的通用寄存器

表3-3 常用算术运算类指令

指令	中文名	格式	解释
ADD	加法指令	ADD DEST,SRC	DEST⇐DEST+SRC
ADC	带进位加法指令	ADC DEST,SRC	DEST⇐DEST+SRC+CF
INC	加1指令	INC DEST	DEST⇐DEST+1
SUB	减法指令	SUB DEST,SRC	DEST⇐DEST−SRC
SBB	带借位减法指令	SBB DEST,SRC	DEST⇐DEST−(SRC+CF)
DEC	减1指令	DEC DEST	DEST⇐DEST−1
NEG	取补指令	NEG OPRD	OPRD=0−OPRD
MUL	无符号数乘法指令	MUL SRC	当操作数为8位时，AX=AL * SRC； 当操作数为16位时，DX:AX=AX * SRC； 当操作数为32位时，EDX:EAX=EAX * SRC
IMUL	有符号数乘法指令	IMUL SRC	同上
DIV	无符号数除法指令	DIV SRC	如果操作数是8位，AX%SRC，结果商在AL中，余数在AH中； 如果操作数是16位，DX:AX%SRC，结果商在AX中，余数在DX中； 如果操作数是32位，EDX:EAX%SRC，结果商在EAX中，余数在EDX中
IDIV	有符号数除法指令	IDIV SRC	同上
CBW	字节转化为字指令	CBW	把寄存器AL中值的符号拓展到寄存器AH
CWD	字转化为双字指令	CWD	把寄存器AX中值的符号拓展到寄存器DX

表3-4 常用位操作类指令

指令	中文名	格式	解释
NOT	否运算指令	NOT OPRD	把操作数OPRD按位取反，然后送回OPRD
AND	与运算指令	AND DEST,SRC	把两个操作数进行与运算之后结果送回DEST

续 表

指令	中文名	格式	解释
OR	或运算指令	OR DEST,SRC	把两个操作数进行或运算之后结果送回 DEST
XOR	异或运算指令	XOR DEST,SRC	把两个操作数进行异或运算之后结果送回 DEST
TEST	测试指令	TEST DEST,SRC	与 AND 指令类似,将各位相与,但是结果不送回 DEST,仅影响状态标志,指令执行后,ZF、PF、SF 反映运算结果,CF 和 OF 被清零
SAL	算术左移	SAL OPRD,COUNT	把操作数 OPRD 左移 COUNT 位,右边补 0
SHL	逻辑左移	SHL OPRD,COUNT	把操作数 OPRD 左移 COUNT 位,右边补 0
SAR	算术右移	SAR OPRD,COUNT	把操作数 OPRD 右移 COUNT 位,同时每右移一位,左边补符号位,移出的最低位进入标志位 CF
SHR	逻辑右移	SHR OPRD,COUNT	把操作数 OPRD 右移 COUNT 位,左边补 0,移出的最低位进入标志位 CF

例 3-12 如 TABLE 为数据段中 0100H 单元的符号名,其中存放的内容为 0FF00H,试问以下两条指令有什么区别?指令执行后,AX 寄存器的内容是什么?

```
MOV AX,TABLE
MOV AX,OFFSET TABLE
```

解: 第一条指令传送的是 0100H 单元中的内容,(AX)=0FF00H。

第二条指令传送的是地址 0100H,(AX)=0100H。

例 3-13 已知(DS)=2000H,(BX)=0100H,(SI)=0002H,存储单元[20100H]~[20103H]依次存放 12345678H,[21200H]~[21203H]依次存放 2A4CB765H,说明下列每条指令执行后 AX 寄存器的内容。

解:

```
(1)MOV AX,1200H              ;(AX) = 1200H
(2)MOV AX,BX                 ;(AX) = 0100H
(3)MOV AX,[1200H]            ;(AX) = 4C2AH
(4)MOV AX,[BX]               ;(AX) = 3412H
(5)MOV AX,[BX + 1100H]       ;(AX) = 4C2AH
(6)MOV AX,[BX + SI]          ;(AX) = 7856H
(7)MOV AX,[BX][SI + 1100H]   ;(AX) = 65B7H
```

例 3-14 计算下列 4 条指令中操作数的地址并指出执行结果。

```
(1)MOV 1[BX + SI],AX
(2)MOV 2[BP + SI],BX
(3)MOV 3[BX + DI],CX
(4)MOV 4[BP + DI],DX
```

假定执行前:(DS)=1000H,(SS)=2000H,(BX)=300H,(BP)=400H,(SI)=50H,(DI)=60H,(AX)=12H,(CX)=13H,(DX)=15H。

解: 4 条指令的目的操作数都是相对基址变址寻址方式。(1)、(3)两条指令选用了 BX 作基址寄存器,(2)、(4)两条指令选用了 BP 作基址寄存器,所以,AX、CX 的内容将送往数据段中的相应单元,BX、DX 的内容将送往堆栈段中的相应单元。

第(1)条：

目的操作数地址：EA=(BX)+(SI)+1=300H+50H+1=351H

PA=(DS)左移4位+EA=10351H

源操作数地址：AX

执行：(AX)→10351H

第(2)条：

目的操作数地址：EA=(BP)+(SI)+2=452H

PA=(SS)左移4位+EA=20452H

源操作数地址：BX

执行：(BX)→20452H

第(3)条：

目的操作数地址：EA=(BX)+(DI)+3=363H

PA=(DS)左移4位+EA=10363H

源操作数地址：CX

执行：(CX)→10363H

第(4)条：

目的操作数地址：EA=(BP)+(DI)+4=464H

PA=(SS)左移4位+EA=20464H

源操作数地址：DX

执行：(DX)→20464H

上述4条指令执行后，存储器中相应单元的内容如下：

```
(10351H) = 12H        ;由第(1)条指令送入
(20452H) = 300H       ;由第(2)条指令送入
(10363H) = 13H        ;由第(3)条指令送入
(20464H) = 15H        ;由第(4)条指令送入
```

例3-15　若(AL)=0B4H，(BL)=11H，指令MUL BL和指令IMUL BL分别执行后，它们的结果为何值？

解：(AL)=0B4H为无符号数180D，为有符号数−76D；(BL)=11H为无符号数17D，为有符号数+17D。

MUL BL的执行结果为(AX)=180D * 17D=3060D=0BF4H。

IMUL BL的执行结果为(AX)=(−76D) * 17D=−1292D=0FAF4H。

例3-16　下列程序段的最后结果(AX)=？

```
MOV  AL,25H
SHL  AL,1
MOV  BL,15H
MUL  BL
```

解：① AL←25H。

② 用逻辑左移指令左移一次，实现AL←AL * 2。

③ BL←15H。

④ AX←AL * BL。

上段程序执行后，(AX)＝25H＊2＊15H＝612H。

例 3-17 阅读下列程序，写出此程序所完成的运算算式。已知符号常量 A，B，C 分别表示数值常量 a，b，c。

```
MOV AX,A
IMUL B
MOV CX,AX
MOV BX,DX
MOV AX,C
CWD
ADD AX,CX
ADC DX,BX
SUB AX,70
SBB DX,0
IDIV A
MOV D,AX
MOV D+2,DX
```

解：该程序所完成的运算算式为(a＊b＋c－70)/a，并将运算结果存入变量 D 中，而余数存入 D＋2 中(表达式中的 a，b，c 均为数值常量)。

例 3-18 对给定字节数据，用指令序列实现下述要求：

(1) 屏蔽 0BFH 的 0，1 位；

(2) 将 43H 的第 5 位置 1；

(3) 测试 40H 的第 0，1，2，3，5，7 位是否为 0；

(4) 测试 AL 寄存器中字节数的第 2 位是否为 1，若为 1 则转 NEXT 执行；

(5) 将 11H 的第 0，1 位变反；

(6) 测试 AL 寄存器内容是否与 04FFH 相等，若相等则转 NEXT 执行。

解：(1) 要屏蔽某些位，可以用 AND 指令。

```
MOV  AL,0BFH
AND  AL,0FCH
```

指令执行后的结果为(AL)＝0BCH。

(2) 将给定数的某位置 1，可以用 OR 指令。

```
MOV  AL,43H
OR   AL,20H
```

指令执行后的结果为(AL)＝63H。

(3) 要测试给定数的某位是否为 0，可用 TEST 指令。

```
MOV  AL,40H
TEST AL,0AFH
```

指令执行结果为 00H。显然标志位 CF＝OF＝0，SF＝0，ZF＝1，说明要测试的 40H 的第 0，1，2，3，5，7 位均为 0。

(4) 要测试操作数的某位是否为 1，可先将该操作数按位取反，然后再用 TEST 指令测试。

```
MOV  DL,AL
NOT  DL
TEST  DL,04H
JE   NEXT
```

(5) 要使操作数的某些位变反,可使用 XOR 指令。

```
MOV  AL,11H
XOR  AL,3H
```

指令执行后的结果为(AL)=12H。

(6) 测试某一操作数是否与另一确定操作数相等,也可使用 XOR 指令来实现。

```
XOR  AL,4FFH
JZ  NEXT
```

例 3-19　分析下列代码的功能。

```
MOV  AX,1000H
MOV  SS,AX
MOV  SP,0010H    ;初始化栈顶
MOV  AX,001AH
MOV  BX,001BH
PUSH  AX
PUSH  BX         ;AX,BX 入栈
SUB  AX,AX       ;将 AX 清零,也可以用 MOV AX,0
                 ;SUB AX,AX 的机器码为 2 个字节
                 ;MOV AX,0 的机器码为 3 个字节
SUB  BX,BX
POP  BX          ;从栈中恢复 AX,BX 原来的数据,当前栈顶的内容是 BX
POP  AX           中原来的内容 001BH,AX 中原来的内容 001AH 在栈顶
                  的下面,所以要先 POP BX,然后再 POP AX
```

解: ① 将 10000H~1000FH 这段空间当作栈,初始状态栈是空的。

② 设置(AX)=001AH,(BX)=001BH。

③ 将 AX,BX 中的数据入栈。

④ 然后将 AX,BX 清零。

⑤ 从栈中恢复 AX,BX 原来的内容。

3.6.3　指令的进位、溢出判断实例

(1) 指令的进位判断

当加减运算结果的最高有效位有进位(加法)或借位(减法)时,进位标志置 1,即 CF=1;否则 CF=0。

针对无符号整数,判断加减结果是否超出表达范围。表 3-5 所示为无符号整数的表达范围。

表 3-5　无符号整数的表达范围

N 位	8 位	16 位	32 位
$0\sim2^N-1$	0~255	0~65 535	$0\sim2^{32}-1$

如图 3-17 所示，两个二进制数相加，最高位没有产生进位，这两个二进制数相加对应的十进制结果为 182，182 在 0～255 之间，结果没有超出无符号整数表达范围，故 CF＝0。

8位二进制	十六进制	十进制
00111010	3A	58
+ 01111100	+ 7C	+ 124
10110110	B6	182

图 3-17　进位标志 CF 举例 1

如图 3-18 所示，最高有效位向前面产生了一个进位，其对应的十进制相加结果为 294，大于 255，结果超出无符号整数表达范围，故 CF＝1。注意，运算器的字长是固定的，两个 8 位的二进制数运算的运算器只能产生 8 位的结果。所以我们得到的 8 位结果为 00100110，对应的真值为 38。在运算器的结果输出中看不到最高位的进位，其从进位标志 CF 处体现。只要 CF＝1，就是有进位。

8位二进制	十六进制	十进制
10101010	AA	170
+ 01111100	+ 7C	+ 124
100100110	126	294=256+38

图 3-18　进位标志 CF 举例 2

(2) 指令的溢出判断

有符号数加减结果有溢出，则 OF＝1；否则 OF＝0。

针对有符号整数，判断加减结果是否超出表达范围。表 3-6 所示为有符号整数的表达范围。

表 3-6　有符号整数(补码)的表达范围

N 位	8 位	16 位	32 位
$-2^{N-1}\sim 2^{N-1}-1$	$-128\sim 127$	$-32\,768\sim 32\,767$	$-2^{31}\sim 2^{31}-1$

如图 3-19 所示，两个二进制数相加对应的十进制结果为 182，大于 127，超出了有符号整数表达范围，故 OF＝1。那就意味着此时的运算结果是错误的。两个正数相加得到了一个负数，结果一定是错的，因为发生了溢出。

8位二进制	十六进制	十进制
00111010	3A	58
+ 01111100	+ 7C	+ 124
10110110	B6	182

图 3-19　溢出标志 OF 举例 1

如图 3-20 所示，两个二进制数相加，最高位产生了进位，在运算器的结果输出中看不到最高位的进位，所以我们得到的结果是 00100110，此运算对应的十进制相加结果为 38，没有超出有符号整数表达范围，没有产生溢出，故 OF=0。

8位二进制	十六进制	十进制
10101010	AA	-86
+ 01111100	+ 7C	+ 124
100100110	126	38

图 3-20　溢出标志 OF 举例 2

进位标志与溢出标志的区别：

- 进位标志反映无符号整数运算结果是否超出范围。有进位，加上进位或借位后运算结果仍然正确。
- 溢出标志反映有符号整数运算结果是否超出范围。有溢出，运算结果已经不正确。

3.6.4　指令执行与标志位改变实例

（1）影响状态标志的指令

需要关注对标志有影响的主要指令：加减运算指令、逻辑运算指令、移位指令等。

只用于影响标志的特殊指令：比较指令 CMP、测试指令 TEST。

（2）指令标志位的判断

进位标志 CF：当加减运算结果的最高有效位有进位（加法）或借位（减法）时，进位标志置 1，即 CF=1，否则 CF=0。

溢出标志 OF：有符号数加减运算结果有溢出，则 OF=1，否则 OF=0。

零标志 ZF：指令执行后，结果是否为 0。如果运算结果为 0，则其值为 1，否则其值为 0。

符号标志 SF：反映运算结果的正负。如果运算结果为正数，则 SF 的值为 0，否则其值为 1。

奇偶标志 PF：反映运算结果中“1”的个数的奇偶性。如果“1”的个数为偶数，则 PF 的值为 1，否则其值为 0。

例 3-20　已知程序段如下：

```
MOV AX,1234H
MOV CL,4
ROL AX,CL
DEC AX
MOV CX,4
MUL CX
INT 20H
```

（1）每条指令执行后，AX 寄存器的内容是什么？

（2）每条指令执行后，进位、符号和零标志的值是什么？

（3）程序结束时，AX 和 DX 的内容是什么？

解：分析如下。

```
MOV AX,1234H; 将 16 位数据 1234H 传送到 AX 寄存器,(AX) = 1234H,标志位不变
MOV CL,4; CL←4,字节传送,(AX) = 1234H,标志位不变
ROL AX,CL; 各位同时左移 4 位,最高位循环进入最低位和 CF,
        (AX) = 2341H, CF = 1,SF,ZF 不变
DEC AX; 指令不影响 CF 标志位,操作数 AX 减 1 后回送 AX,(AX) = 2340H,SF = 0,ZF = 0
MOV CX,4; CX←4,字节传送,(AX)和标志位都不变
MUL CX; (AX) = 2340H * 4H = 8D00H,CF = OF = 0,其他标志无意义
INT 20H
```

例 3-21 下列程序段中的每条指令执行完后,AX 寄存器以及 CF、SF、ZF 和 OF 的内容是什么?

```
MOV AX,0
DEC AX
ADD AX,7FFFH
ADD AX,2
NOT AX
SUB AX,0FFFFH
ADD AX,8000H
SUB AX,1
AND AX,58D1H
SAL AX,1
SAR AX,1
NEG AX
ROR AX,1
```

解:分析如下。

```
MOV AX,0; 将 0 传送到 AX 寄存器,(AX) = 0,标志位不变
DEC AX; 指令不影响 CF 标志位,操作数 AX 减 1 后回送 AX,(AX) = 0FFFFH,
      SF = 0,ZF = 0,OF = 0
ADD AX,7FFFH; (AX) = 0FFFFH + 7FFFH = 7FFEH, CF = 1,SF = 0,ZF = 0,OF = 0
ADD AX,2; (AX) = 7FFEH + 2H = 8000H,CF = 0,SF = 1,ZF = 0,OF = 1
NOT AX; 将 AX 逐位取反,(AX) = 7FFFH,标志位不变
SUB AX,0FFFFH; (AX) = 7FFFH - 0FFFFH = 8000H,CF = 1,SF = 1,ZF = 0,OF = 1
ADD AX,8000H; (AX) = 8000H + 8000H = 0,CF = 1,SF = 0,ZF = 1,OF = 1
SUB AX,1; (AX) = 0H - 1H = 0FFFFH,CF = 1,SF = 1,ZF = 0,OF = 0
AND AX,58D1H; AX 与 58D1H 进行与运算,
            (AX) = 58D1H,CF = 0,SF = 0,ZF = 0,OF = 0
SAL AX,1; AX 左移一位,低位补 0,最后移的一位进入 CF,
        (AX) = 0B1A2H,CF = 0,SF = 1,ZF = 0,OF = 1
SAR AX,1; AX 右移一位,最高位不变,最后移的一位进入 CF,
        (AX) = 0D8D1H,CF = 0,SF = 1,ZF = 0,OF = 0
NEG AX; 对 AX 包括符号位在内逐位取反后加 1,结果回送到 AX,
      (AX) = 272FH,CF = 1,SF = 0,ZF = 0,OF = 0
ROR AX,1; 各位同时右移 1 位,最低位循环进入最高位和 CF,
        (AX) = 9397H,CF = 1,SF 和 ZF 不变,OF = 1
```

3.6.5　无条件和条件转移指令实例

(1) 无条件转移指令

- JMP 指令实现无条件的程序流程转移。
- 对应 C 语言的 goto 语句。
- 高级语言慎用 goto 语句。
- 处理器必不可少 JMP 指令。

(2) 条件转移指令

- 在满足条件的情况下才实现转移,其作用对应 C 语言的 if 语句。
- 不满足条件,则顺序执行。
- 利用 Jcc 指令实现分支、循环程序结构。

例 3-22　试用转移指令实现个数折半程序。

解:分析如下。

① SHR 指令右移 1 位对整数折半。

如果是偶数,最低位是 0,即移入 CF 的位为 0。

如果是奇数,需要加 1。

② 显示折半后的结果。

代码如下:

```
    mov eax,885
    shr eax,1;右移 1 位
    jnc goeven
    ;CF = 0 条件成立,转移
    add eax,1
    ;条件不成立(CF = 1),加 1
goeven:call dispuid;显示结果
```

例 3-23　试用转移指令实现位测试程序。例如,测试数据 D1 位为 0 或为 1。

解:分析如下。

① 使用位操作类指令:逻辑指令、移位指令等。

② 典型应用:使用测试指令(TEST)。

③ 将要测试位之外的其他位“逻辑与”为 0。

“逻辑与”结果为 0,表示测试位为 0。

“逻辑与”结果为 1,表示测试位为 1。

④ 使用零标志条件转移指令(JZ/JNZ)进行分支。

代码如下:

位测试程序(选用 JZ 指令):

```
    ;代码段
    mov eax,56h ;假设一个数据
    test eax,02h ;测试 D1 位(D1 = 1,其他位为 0)
    jz nom ;D1 = 0 条件成立,转移
    mov eax,offset yes_msg ;D1 = 1,准备好
    jmp done ;跳转到另一个分支体
```

```
nom: mov eax,offset no_msg ;没有准备好
done: call dispmsg ;显示信息
```

位测试程序(选用 JNZ 指令):

```
    ;代码段
    mov eax,56h ;假设一个数据
    test eax,02h ;测试 D1 位(D1 = 1,其他位为 0)
    jnz yesm ;D1 = 1 条件成立,转移
    mov eax,offset no_msg ;D1 = 0,没有准备好
    jmp done ;跳转到另一个分支体
yesm: mov eax,offset yes_msg ;准备好
done: call dispmsg ;显示信息
```

本 章 习 题

1. BUFF 为字节类型变量,DATA 为常量,指出下列指令中源操作数的寻址方式。

(1) MOV AX, 1200

(2) MOV AL, BUFF

(3) SUB BX, [2000H]

(4) MOV CX, [SI]

(5) MOV DX, DATA[SI]

(6) MOV BL, [SI][BX]

(7) MOV [DI], AX

(8) ADD AX, DATA[DI+BP]

(9) PUSHF

(10) MOV BX, ES:[SI]

2. 指出下列指令的错误并改正。

(1) MOV DS, 1200

(2) MOV AL, BX

(3) SUB 33H, AL

(4) PUSH AL

(5) MUL 45H

(6) MOV [BX], [SI]

(7) MOV [DI], 3

(8) ADD DATA[DI+BP], ES:[CX]

(9) JMP BYTE PTR[SI]

(10) OUT 3F8H, AL

3. 根据要求写出一条(或几条)汇编语言指令。

(1) 将立即数 4000H 送入寄存器 BX。

(2) 将立即数 4000H 送入段寄存器 DS。

(3) 将变址寄存器 DI 的内容送入数据段中的 2000H 存储单元。

(4) 把数据段中 2000H 存储单元的内容送入段寄存器 ES。

(5) 将立即数 3DH 与 AL 相加，结果送回 AL。

(6) 将 BX 与 CX 寄存器的内容相加，结果送入 BX。

(7) 寄存器 BX 中的低 4 位内容保持不变，其他位按位取反，结果仍在 BX 中。

(8) 实现 AX 与－128 的乘法运算。

(9) 实现 AX 中高、低 8 位内容的交换。

(10) 将 DX 中的 D0、D4、D8 位置 1，其余位保持不变。

4. 设(SS)＝2000H，(SP)＝1000H，(SI)＝2300H，(DI)＝7800H，(BX)＝9A00H。说明执行下列每条指令时，堆栈内容的变化和堆栈指针的值。

```
PUSH  SI
PUSH  DI
POP  BX
```

5. 内存中 18FC0H、18FC1H、18FC2H 单元的内容分别为 23H、55、5AH，(DS)＝1000H，(BX)＝8FC0H，(SI)＝1，执行下列两条指令后(AX)＝？(DX)＝？

```
MOV   AX, [BX + SI]
LEA   DX, [BX + SI]
```

6. 回答下列问题：

(1) 设(AL)＝7FH，执行 CBW 指令后，(AX)＝？

(2) 设(AX)＝8A9CH，执行 CWD 指令后，(AX)＝？(DX)＝？

7. 执行以下两条指令后，FLAGS 的 6 个状态标志位的值是什么？

```
MOV AX, 847BH
ADD AX, 9438H
```

8. 试写出执行下列 3 条指令后 BX 寄存器的内容。

```
MOV   CL,2H
MOV   BX,C02DH
SHR   BX,CL
```

9. 假设当前(ESP)＝0012FFB0H，指出下列指令执行后，(ESP)等于多少。

```
PUSH EAX
PUSH DX
PUSH DWORD PTR 0F79H
POP EAX
POP WORD PTR [BX]
POP EBX
```

10. 写出下列程序中每条指令执行后的结果。

(1)

```
MOV EAX,80H          ;(EAX)=________
ADD EAX,3            ;(EAX)=________,CF=________,SF=________
ADD EAX,80H          ;(EAX)=________,CF=________,OF=________
ADC EAX,3            ;(EAX)=________,CF=________,ZF=________
```

(2)

```
MOV EAX,100          ;(EAX)=________
```

ADD AX,200 ;(EAX)=________,CF=________

(3)

MOV EAX,100 ;(EAX)=________

ADD AL,200 ;(EAX)=________,CF=________

(4)

MOV AL,7FH ;(EAX)=________

SUB AL,8 ;(EAX)=________,CF=________,SF=________

SUB AL,80H ;(EAX)=________,CF=________,OF=________

SBB AL,3 ;(EAX)=________,CF=________,ZF=________

11. 写出下列指令执行后的结果。

(1)

MOV ESI,10011100B ;(ESI)=________

AND ESI,80H ;(ESI)=________

(2)

MOV EAX,1010B ;(EAX)=________

SHR EAX,2 ;(EAX)=________,CF=________

SHL EAX,1 ;(EAX)=________,CF=________

AND EAX,3 ;(EAX)=________,CF=________

(3)

XOR EAX,EAX ;(EAX)=________,CF=________,OF=________

;ZF=________,SF=________,PF=________

12. 给定(BX)=637DH,(SI)=2A9BH,位移量 D=7237H,试确定下列各种寻址方式下的有效地址是什么。

(1) 直接寻址;

(2) 使用 BX 的寄存器寻址;

(3) 使用 BX 的寄存器间接寻址;

(4) 使用 BX 的寄存器相对寻址;

(5) 基址变址寻址;

(6) 相对基址变址寻址。

13. 编写程序段,计算 S=2+4+6+…+200。

14. 比较 AX,BX,CX 中有符号数的大小,并将最大数放在 AX 中。试编写此程序段。

15. 编写程序段,将 DATA 中的 100 个字节数据的位置颠倒过来。

16. 编写程序段,求符号函数 SNG(X)的值。

第 4 章 80x86 汇编语言程序设计

4.1 C 语言程序的机器级表示

计算机执行的是机器代码，我们平时写的代码由编译器基于编码规范、目标机器指令集和操作系统惯例经过一系列阶段生成机器代码。GCC 这个 C 语言的编译器以汇编代码的形式产生输出，汇编代码是机器代码的文本表示，给出程序中的每一条指令。然后 GCC 调用汇编器和链接器，根据汇编代码生成可执行的机器代码。

平时我们都是用高级语言编程，如 C 语言、Java，因为这样高效，并且比熟悉汇编语言的人写出来的代码可能还要好。本章将重点介绍高级语言程序代码、汇编代码、机器代码之间的关系，使读者可以理解程序的整个运行过程和看懂汇编代码。

4.1.1 程序编码

本章基于 C 程序进行演示。首先，使用 GCC 调用预处理器扩展源代码，插入所有 #include 命令指定的文件，并扩展所有用 #define 命令指定的宏。其次，编译器生成源文件的汇编代码，接下来汇编器会将汇编代码转换成二进制目标代码文件。目标代码是机器代码的一种，包含所有指令的二进制表示，但还没有填入全局值的地址。最后，链接器将目标代码文件与实现库函数（如 printf）的代码合并，并产生最终的可执行代码文件。

机器级编程涉及以下两种重要的抽象。

- 指令集体系结构（ISA）来定义机器级程序的格式和行为，定义了处理器的状态、指令格式，以及每条指令对状态的影响。
- 程序使用的内存地址是虚拟地址，提供的内存模型看上去是一个非常大的字节数组，存储器系统的实际实现是将多个硬件存储器和操作系统软件组合起来。

图 4-1 介绍了一个代码示例，这里大家主要看下 C 程序代码是如何转换为机器执行的目标代码的。C 语言等高级语言与汇编语言及机器语言之间是一对多的关系。一条简单的 C++ 语句会被扩展成多条汇编语言或者机器语言指令。

4.1.2 过程调用指令 CALL 和过程返回指令 RET

在汇编语言中，常把子程序称为过程（procedure）。C 语言中的函数是子程序，也就是汇编语言中的过程。调用子程序（过程、函数）在本质上是控制转移，它与无条件转移的区别是调用子程序要考虑返回。处理器提供专门的过程调用指令 CALL 和过程返回指令 RET。子程

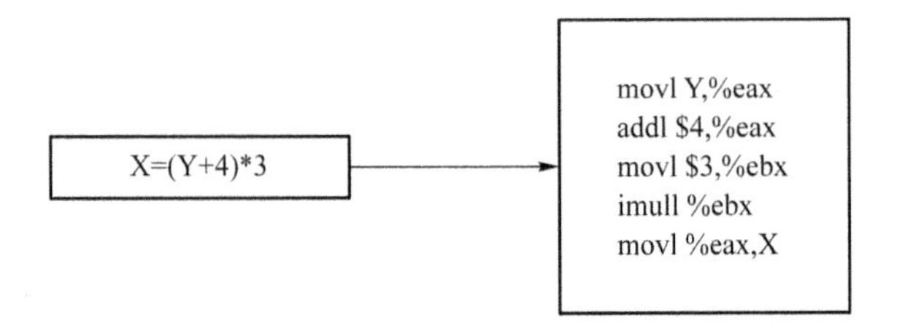

图 4-1　C 语言和机器语言

序是与主程序分开、完成特定功能的一段程序。主程序执行调用指令 CALL 调用子程序，子程序执行返回指令 RET 返回主程序，如图 4-2 所示。

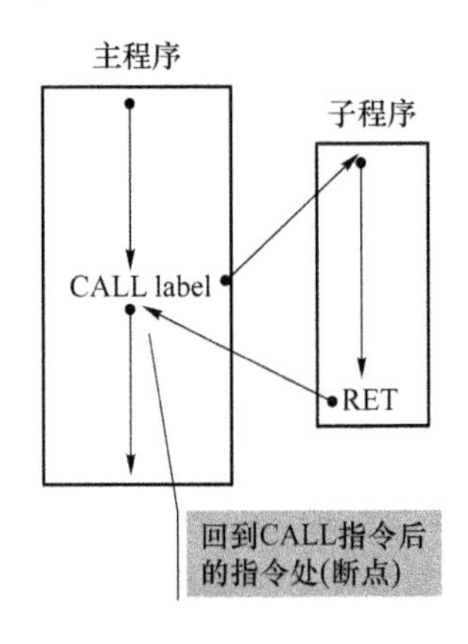

图 4-2 主程序与子程序之间的调用关系

(1) 过程调用指令 CALL

过程调用指令 CALL 是段内直接调用指令。执行该指令则转向目的地址所指示的过程，并且这个过程执行完毕后，返回到 CALL 指令的下一条指令地址，取指令继续执行原来的程序，因而叫作过程调用指令。当然，执行该指令时，CPU 首先将断点(IP 或者 CS:IP)压入栈，然后将新的目的地址(即过程指令的首地址)装入 IP 或者 CS:IP。

(2) 过程返回指令 RET

过程返回指令 RET 是段内返回指令，该指令用于从子程序返回到主程序。执行该指令时，从堆栈顶弹出返回地址，送到指令指针寄存器 EIP。

执行过程调用指令时堆栈变化示意图如图 4-3 所示。

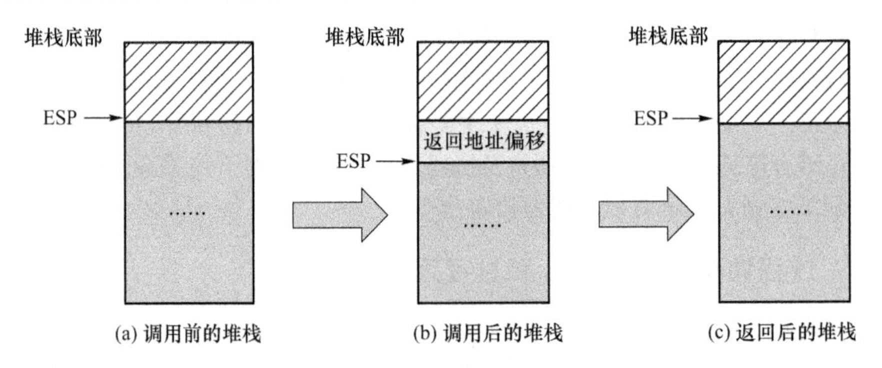

图 4-3　执行过程调用指令时堆栈变化示意图

4.1.3　过程定义伪指令

MASM 汇编程序为配合编写子程序、中断服务程序等程序模块，设置了过程定义伪指令，由 PROC 和 ENDP 组成，基本格式如下：

```
过程名      PROC
    ……过程体
过程名      ENDP
```

其中过程名为符合语法的标识符，每个过程应该具有一个唯一的过程名。伪指令 PROC 后面还可以加上参数 NEAR 或 FAR 指定过程的调用属性：段内调用还是段间调用。在简化段定义源程序格式中，通常不需要指定过程属性，采用默认属性即可。

注意，用过程定义伪指令定义的子程序是由主程序调用才开始执行的，在源程序中应该安排在执行结束返回操作系统后（即.EXIT 语句后）、END 语句前（否则不被汇编），以上代码中没有写出返回操作系统的语句（后续例题中做同样处理）。过程定义也可以安排在主程序开始执行的第 1 条语句之前。

4.1.4　参数传递

在汇编语言中，主程序与子程序间通过参数传递建立联系。入口参数又称为输入参数，是主程序对子程序的输入，出口参数又称为输出参数，是子程序对主程序的输出。一般而言，子程序既有入口参数，又有出口参数。但有的子程序只有入口参数，而没有出口参数；少数子程序只有出口参数，而没有入口参数。

参数传递的方法有多种，常见的方法有寄存器传递法、堆栈传递法、约定内存单元传递法和 CALL 后续区传递法等。

C 语言函数的目标代码通常利用堆栈传递入口参数，而利用寄存器传递出口参数。使用堆栈传递入口参数时，主程序在调用子程序之前，把需要传递的参数依次压入堆栈，然后子程序从堆栈中取入口参数。

（1）寄存器传递参数

寄存器传递参数就是把参数放在约定的寄存器中。其特点为实现简单和调用方便，但只适用于传递参数较少的情形。

例 4-1　寄存器传递参数机器级表示。

C 语言：计算表达式。

```
#include <stdio.h>
_fastcall int cfg1(int x, int y)
{
return(2 * x + 5 * y + 100);
}
int main()
{
int val;
val = cfg1(23, 456);
printf("val = %d\n", val);
return 0;
}
```

函数 cfg1 的目标代码如下，ECX 传递参数 x，EDX 传递参数 y：

```
cfg1 PROC ;过程开始
    lea eax, DWORD PTR [edx + edx * 4 + 100] ;EAX = 5 * y + 100
    lea eax, DWORD PTR [eax + ecx * 2] ;EAX = EAX + 2 * x
ret ;返回(返回值在 EAX 中)
cfg1 ENDP ;过程结束
```

函数 main 的目标代码如下：

```
_main PROC ;过程开始
          ;val = cfg1(23, 456)
mov edx, 456 ;由寄存器 EDX 传参数 y
mov ecx, 23 ;由寄存器 ECX 传参数 x
call cfg1 ;调用函数 cfg1
          ;printf("val = %d\n", val)
push eax ;把 val 值压入堆栈
push OFFSET FMTS ;把输出格式字符串首地址压入堆栈
call _printf ;调用库函数_printf
add esp, 8 ;平衡堆栈
;
xor eax, eax ;由 EAX 传递返回值
ret ;返回
```

(2) 堆栈传递参数

堆栈传递参数不占用寄存器，也无须额外的存储单元，但较为复杂。

例 4-2 堆栈传递参数机器级表示。

C 语言：计算表达式。

```
#include <stdio.h>
int cfg2(int x, int y)
{
return(2 * x + 5 * y + 100);
}
int main()
{
int val;
val = cfg2(23, 456);
printf("val = %d\n", val);
return 0;
}
```

函数 main 的目标代码如下：

```
_main PROC ;过程开始
          ;val = cfg2(23, 456)
push 456 ;把参数 y(000001C8H)压入堆栈
push 23 ;把参数 x(00000017H)压入堆栈
call cfg2 ;调用函数 cfg2
          ;printf("val = %d\n", val)
```

```
push eax ;把 val 值压入堆栈
push OFFSET FMTS ;把输出格式字符串首地址压入堆栈
call _printf ;调用库函数_printf
add esp, 16 ;平衡堆栈
;
xor eax, eax ;由 EAX 传递返回值
ret ;返回
```

堆栈变化示意图如图 4-4 所示。

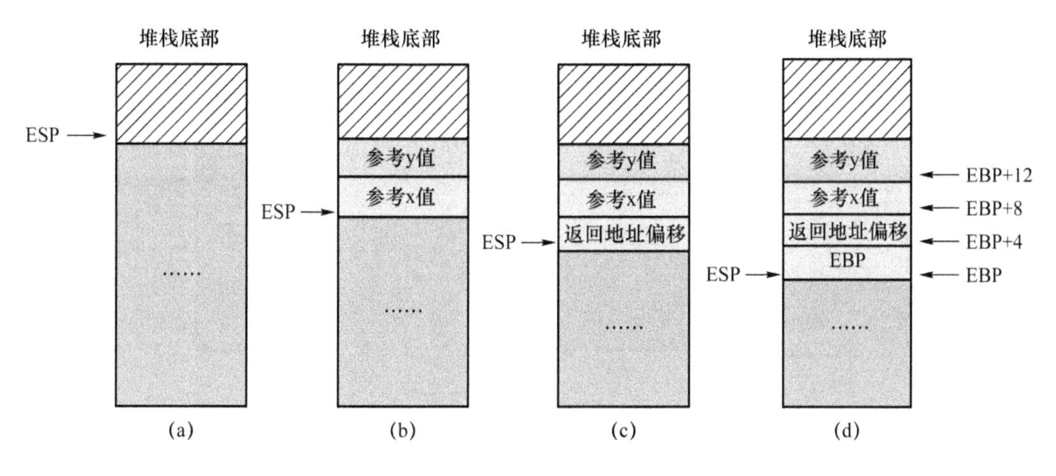

图 4-4　堆栈变化示意图

函数 cfg2 的目标代码如下：

```
cfg2 PROC ;过程开始
    push ebp ;把 EBP 压入堆栈
    mov ebp, esp ;使得 EBP 指向栈顶
    mov eax, DWORD PTR [ebp + 12] ;从堆栈取参数 y
    mov ecx, DWORD PTR [ebp + 8] ;从堆栈取参数 x
    lea eax, DWORD PTR [eax + eax * 4 + 100] ;EAX = 5 * y + 100
    lea eax, DWORD PTR [eax + ecx * 2] ;EAX = EAX + 2 * x
    pop ebp ;恢复 EBP
    ret ;返回
cfg2 ENDP ;过程结束
```

4.1.5　局部变量

局部变量是高级语言中的概念，指对变量的访问仅限于某个局部范围。在 C 语言中，局部的范围可能是函数或者复合语句，局部变量还有动态和静态之分，堆栈可以用于安排动态局部变量。

例 4-3　局部变量机器级表示。

C 语言过程：局部变量 z。

```
int cfg3(int x, int y) //求最大值
{
int z;
```

```
z = x;
if (x < y)
  z = y;
return z;
}
```

局部变量堆栈变化示意图如图 4-5 所示。

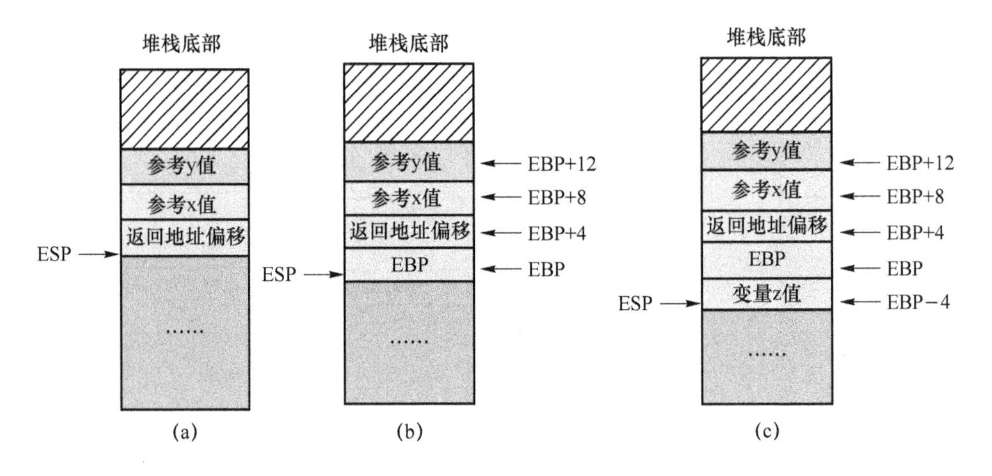

图 4-5　局部变量堆栈变化示意图

对应的目标代码如下：

```
cfg3 PROC ;表示过程(函数)开始
    push ebp
    mov ebp, esp ;建立堆栈框架
    push ecx ;在堆栈中安排局部变量 z
            ; z = x
    mov eax, DWORD PTR [ebp + 8] ;取得形参 x
    mov DWORD PTR [ebp - 4], eax ;送到变量 z 中
            ; if (x < y) z = y
    mov ecx, DWORD PTR [ebp + 8] ;取得形参 x
    cmp ecx, DWORD PTR [ebp + 12] ;比较 x 与 y
    jge SHORT LN1cfg3 ;如果 x 大于等于 y,则跳转
    mov edx, DWORD PTR [ebp + 12] ;取得形参 y
    mov DWORD PTR [ebp - 4], edx ;送到变量 z 中
LN1cfg3:
          ; return z
    mov eax, DWORD PTR [ebp - 4] ;把 z 送到 EAX 中
    mov esp, ebp ;撤销局部变量 z
    pop ebp ;撤销堆栈框架
    ret ;返回
cfg3 ENDP ;表示过程(函数)结束
```

4.2　顺序程序设计

顺序程序是程序设计中最简单的一种结构，依照顺序逐条执行指令序列，从程序开头逐条顺序地执行，直至程序结束，期间无转移、无分支、无循环、无子程序调用。顺序程序通常作为程序的一部分，用以构造程序中的一些基本功能。

顺序程序结构是最简单、最基本的程序，它能够解决某些实际问题，或成为复杂程序的子程序。

本节通过学习几个例子来体会汇编语言中的顺序程序设计。

例 4-4　计算算术运算表达式。

C 语言函数代码设计为：

```
int cfs1(int x,int y)
{
    return (x * x + 3)/(168 * y)
}
```

函数 cfs1 的目标代码为：

```
push ebp
mov ebp,esp                     ;建立堆栈框架
mov eax,DWORD PTR[ebp + 8]      ;取出参数 x
mov ecx,DWORD PTR[ebp + 12]     ;取出参数 y
imul eax,eax                    ;实现 x * x,保存在 EAX 中
imul ecx,168                    ;实现 168 * y,保存在 ECX 中
add eax,3                       ;实现 x * x + 3
cdp                             ;把 EAX 符号扩展到 EDX(形成 64 位被除数)
idiv ecx                        ;除法运算,EDX 及 EAX 是 64 位被除数,ECX 是除数
pop ebp                         ;撤销堆栈框架
ret
```

程序运行时堆栈使用情况如图 4-6 所示。

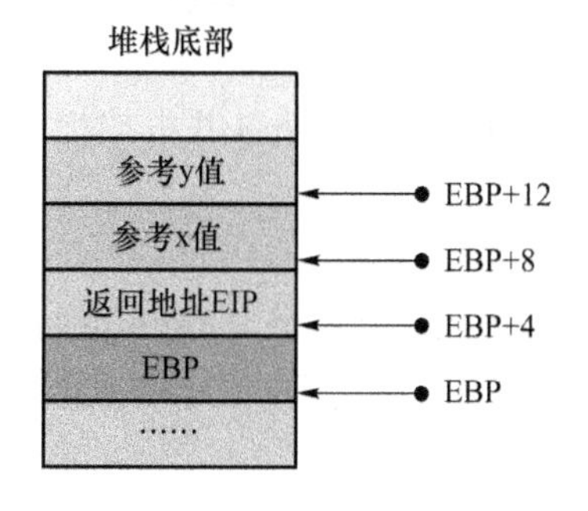

图 4-6　程序运行时堆栈使用情况

例 4-5　位操作指令示例。

C 语言函数代码设计为：

```
unsigned cfs2( unsigned x, unsigned y )
{
    return ( x << 2 ) - ( y >> 4 ) - ( x&3) - ( y /32);
}
```

函数 csf2 的目标代码为：

```
push ebp
mov ebp, esp ;建立堆栈框架
mov eax, DWORD PTR [ebp + 8] ;取得参数 x
shl eax, 2 ;把 x 向左移 2 位
mov ecx, DWORD PTR [ebp + 12] ;取得参数 y
shr ecx, 4 ;把 y 向右移 4 位
sub eax, ecx
mov edx, DWORD PTR [ebp + 8] ;取得参数 x
and edx, 3 ;x 与 3
sub eax, edx
mov ecx, DWORD PTR [ebp + 12] ;取得参数 y
shr ecx, 5 ;无符号整数除以 32
sub eax, ecx ;结果在 EAX 中
pop ebp
ret
```

4.3 C 语言分支语句的机器级表示和程序设计

汇编语言程序和高级语言程序一样，有顺序、分支、循环、子程序 4 种结构形式。计算机程序在执行过程中，可以改变执行顺序，根据一定的条件进行转移，使程序完成更复杂的功能。在汇编语言中，利用无条件转移指令和条件转移指令实现分支。

4.3.1 分支语句的机器级表示

分支程序结构由条件产生和条件判断两个部分组成：

- 利用比较 CMP、测试 TEST 或者加减运算、逻辑运算等影响状态标志的指令形成条件。
- 利用条件转移指令判断由标志表达的条件并根据标志状态控制程序转移到不同的程序段。

(1) if 语句的机器级表示(单分支语句)

单分支程序结构只有一个分支程序，类似于 if-then 语句。如图 4-7 所示，在汇编语言中当条件满足(成立)时发生转移，跳过分支体，当条件不满足时顺序向下执行分支体。

例 4-6 大写字母转换成小写字母。

C 语言函数(if 语句)：

```
int cff1(int ch)
{
    if ( ch >= 'A' && ch <= 'Z')
```

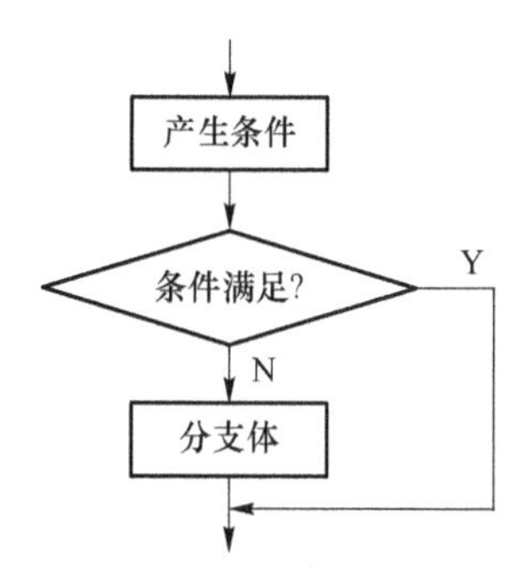

图 4-7　单分支程序结构

```
    ch + = 0x20;
    return ch;
}
```

函数 cff1 的目标代码(编译不优化):

```
    push ebp
    mov ebp, esp                        ;建立堆栈框架
                                        ; if ( ch>='A'&& ch<='Z')
    cmp DWORD PTR [ebp + 8], 65
    jl SHORT LN1cff1                    ;小于,则跳转
    cmp DWORD PTR [ebp + 8], 90
    jg SHORT LN1cff1                    ;大于,则跳转
                                        ;ch + = 0x20;
    mov eax, DWORD PTR [ebp + 8]
    add eax, 32
    mov DWORD PTR [ebp + 8], eax
LN1cff1:                                ;return ch;
    mov eax, DWORD PTR [ebp + 8]        ;返回值
    pop ebp                             ;撤销堆栈框架
    ret                                 ;返回
```

采用编译优化选项使速度最大化,简单分支结构优化要点如下。

- 减少一次分支转移,合并为判断是否属于[0,y-x]。

```
mov eax, DWORD PTR [ebp + 8]
lea ecx, DWORD PTR [eax - 65]
cmp ecx, 25
ja SHORT LN1cff1
```

- 充分利用寄存器,提高执行效率。

优化后函数 cff1 的目标代码为:

```
    push ebp
    mov ebp, esp                    ;建立堆栈框架
    ;if ( ch>='A'&& ch<='Z')
    mov eax, DWORD PTR [ebp + 8]
    lea ecx, DWORD PTR [eax - 65]
    cmp ecx, 25                     ;两次比较转化为一次比较
```

```
    ja SHORT LN1cff1
                            ;ch + = 0x20;
    add eax, 32
LN1cff1:                    ;return ch;
    pop ebp                 ;撤销堆栈框架
    ret
```

(2) if-else 语句的机器级表示(双分支语句)

双分支程序结构有两个分支,如图 4-8 所示,在汇编语言中,条件为真,则转移,执行分支体 2,条件为假,则顺序执行分支体 1。

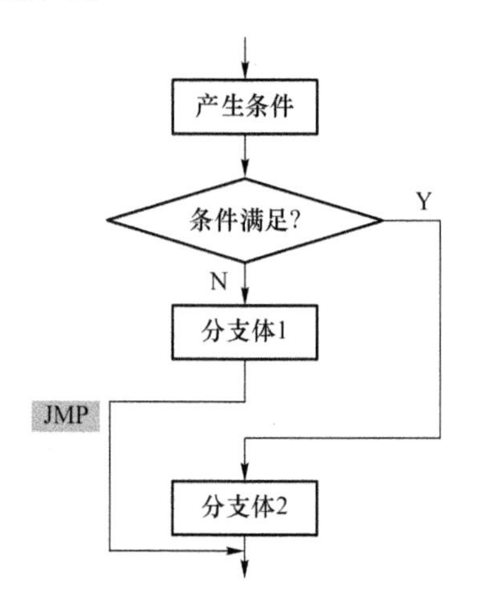

图 4-8　双分支程序结构

例 4-7　把一位十六进制数转换为对应的 ASCII 码,对应关系可表示为一个分段函数,如图 4-9 所示。

$$Y=\begin{cases}X+30H, & 0\leqslant X\leqslant 9\\ X+37H, & 0AH\leqslant X\leqslant 0FH\end{cases}$$

图 4-9　十六进制数转换为对应的 ASCII 码

程序设计思路可参考图 4-10。

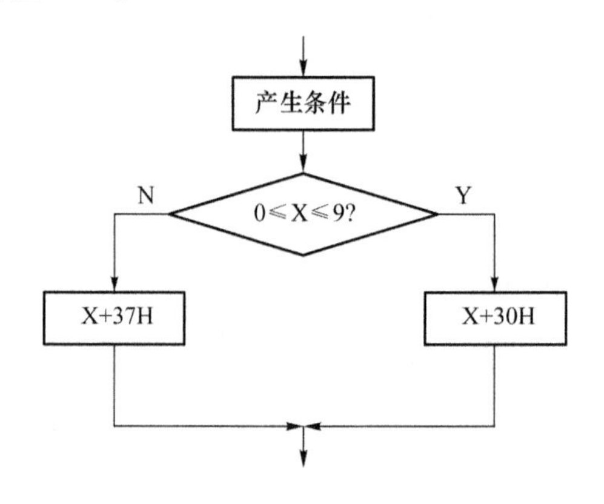

图 4-10　程序设计框架

C 语言函数(if-else 结构)：

```
int cff2(int m) //入口参数为一位十六进制数
{
    m = m & 0x0f; //确保是一位十六进制数(在 0～15 之间)
    if ( m < 10 )
    m + = 0x30; //数字符 0～9
    else
    m + = 0x37; //字母 A～F
    return m;
}
```

函数 cff2 的目标代码(编译不优化)：

```
    push ebp
    mov ebp, esp                          ;建立堆栈框架
    ;m = m & 0x0f;
    mov eax, DWORD PTR [ebp + 8]
    and eax, 15
    mov DWORD PTR [ebp + 8], eax
                                          ;if ( m < 10 )
    cmp DWORD PTR [ebp + 8], 10
    jge SHORT LN2cff2
                                          ;m + = 0x30;
    mov ecx, DWORD PTR [ebp + 8]
    add ecx, 48
    mov DWORD PTR [ebp + 8], ecx
    jmp SHORT LN1cff2                     ;jmp 必不可少
LN2cff2:                                  ;m + = 0x37;
    mov edx, DWORD PTR [ebp + 8]
    add edx, 55
    mov DWORD PTR [ebp + 8], edx
LN1cff2:                                  ;return m;
    mov eax, DWORD PTR [ebp + 8]          ;EAX 含返回值
    pop ebp                               ;撤销堆栈框架
    ret
```

采用编译优化选项使速度最大化，双分支结构速度优化要点如下。

- 把寄存器 EAX 作为形参变量。
- 避免无条件转移指令 JMP，不再合并，直接返回。

```
pop ebp
ret
```

优化后的程序设计框架如图 4-11 所示。

优化后函数 cff2 的目标代码为：

```
    push ebp
    mov ebp, esp                          ;建立堆栈框架
    mov eax, DWORD PTR [ebp + 8]          ;m = m & 0x0f;
    and eax, 15
```

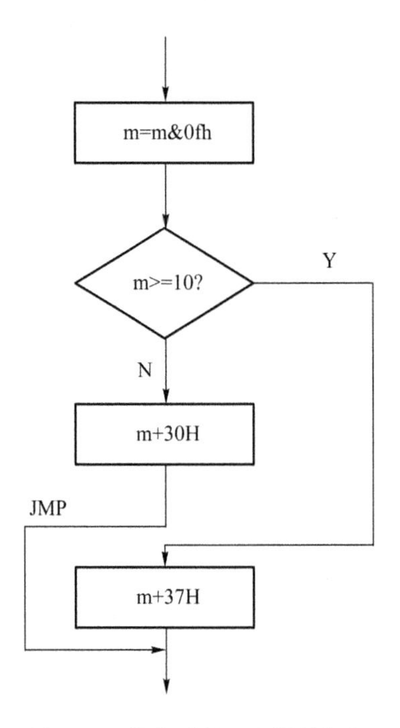

图 4-11　优化后的程序设计框架

```
    cmp eax, 10                  ;if ( m < 10 )
    jge SHORT LN2cff2
    add eax, 48                  ;m + = 0x30;
    pop ebp
    ret                          ;不再合并,直接返回
LN2cff2:
    add eax, 55                  ;m + = 0x37;
    pop ebp
    ret
```

(3) 分支结构优化总结

减少转移是优化的目标,双分支中,如果一个分支比较简单,则可以变为单分支。方法:在判断之前先假设满足简单的情况。

简单分支结构优化要点如下。

• 减少一次分支转移,合并为判断是否属于[0,y－x]。

```
mov eax, DWORD PTR [ebp + 8]
lea ecx, DWORD PTR [eax - 65]
cmp ecx, 25
ja SHORT LN1cff1
```

• 充分利用寄存器,提高执行效率。

双分支结构优化要点如下。

• 把寄存器 EAX 作为形参变量。

• 避免无条件转移指令 JMP, 不再合并,直接返回。

```
pop ebp
ret
```

4.3.2　分支程序设计示例

汇编语言的转移指令实现 C 语言的分支结构，分支程序结构是指程序将根据某些指令的执行结果，选择某些指令执行或不执行。

编写单分支程序结构的注意事项：

- 只有一个分支的程序类似于高级语言的 if-then 语句结构。
- 注意采用正确的条件转移指令，当条件满足（成立），发生转移，跳过分支体，当条件不满足，顺序向下执行分支体。
- 条件转移指令与高级语言的 if 语句正好相反，if 语句是条件成立时执行分支体。

编写双分支程序结构的注意事项：

- 双分支程序结构有两个分支，相当于高级语言的 if-else 语句。
- 条件为真执行一个分支，条件为假执行另一个分支。
- 顺序执行的分支体最后由 JMP 指令跳过另一个分支体，JMP 指令必不可少，实现结束前两个分支回到共同的出口。

下面通过实例展示汇编语言的分支结构。

例 4-8　设计分支程序，实现图 4-12 所示的公式计算。X、Y 为字型，假设 X 单元中保存 3 个数：9，−6，34，分别作判断和计算。

$$Y=\begin{cases} X^2, & X<0 \\ 2X+3, & 0\leqslant X<10 \\ X/6, & X\geqslant 10 \end{cases}$$

图 4-12　公式

设计思路：

① 在数据段中定义 2 个字型变量 X、Y，均为带符号数；

② 在 X 单元中依次取出 3 个数，分别作判断，根据 X 的大小作分支转移；

③ 采用寄存器相对寻址方式（MOV AX，X[SI]）取出 X 的 3 个值；

④ 标号 OUT1 是各路分支的公共出口。

程序框图如图 4-13 所示。

代码如下：

```
;a.asm:用正常程序格式编写分支程序
data segment
    x dw 9,-6,34
    y dw 3 dup(?)              ;定义一个变量,占 3 个字,每个字的内容未知
data ends
code segment
    assume cs:code,ds:data
start:
    mov ax,data
    mov ds,ax
    mov cx,3                   ;循环 3 次
    mov si,0
```

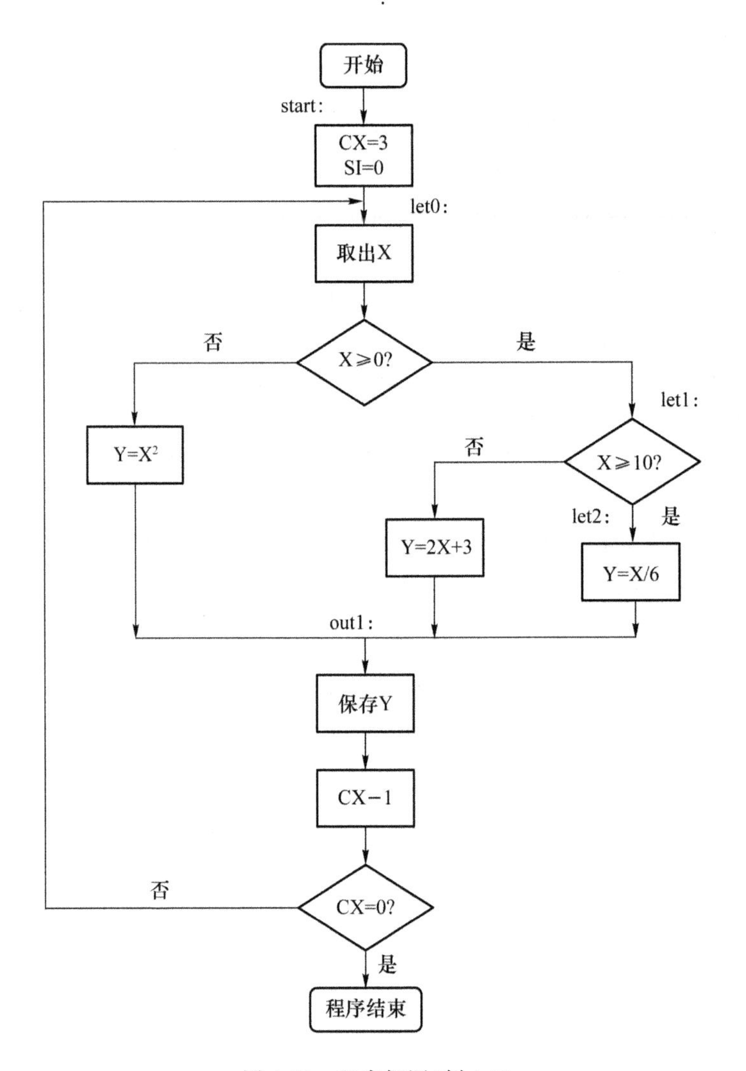

图 4-13　程序框图(例 4-8)

```
let0:
    mov ax,x[si]                ;取出 X
    cmp ax,0                    ;X ≥0 ?
    jge let1                    ;是,转到 let1
    mov bx,ax                   ;否,计算 X * X
    imul bx
    jmp out1                    ;跳到公共出口 out1
let1:
    cmp ax,10                   ;X ≥10 ?
    jge let2                    ;是,转到 let2
    sal ax,1                    ;否,计算 2X + 3
    add ax,3
    jmp out1                    ;跳到公共出口 out1
let2:
    mov bl,6                    ;计算 X/6
```

```
    idiv bl                       ;商在 AL,余数在 AH
out1:
    mov y[si],ax                  ;保存 Y
    add si,2
    dec cx                        ;CX-1
    cmp cx,0
    jnz let0                      ;CX≠0,转到 let0
    mov ah,4ch                    ;CX=0,程序结束
    int 21h
code ends
end start
```

例 4-9　设计分支程序,计算 Y=5X-18,如果结果为负,则求绝对值,并显示十进制结果。

设计思路:

① 用数据段保存 X、Y。为了简便,X 定义为字节,Y 定义为字;

② 用符号位 SF 判断运算结果的正负,为负数则求补(绝对值),如果是正数,则直接保存结果;

③ 采用将 AX 中的结果除以 10、取得余数的方法获得结果的十进制形式;

④ 将余数变为 ASCII 码,用 DOS 中断调用的 2 号功能显示出来;

⑤ 用 9 号功能显示提示信息。

程序框图如图 4-14 所示。

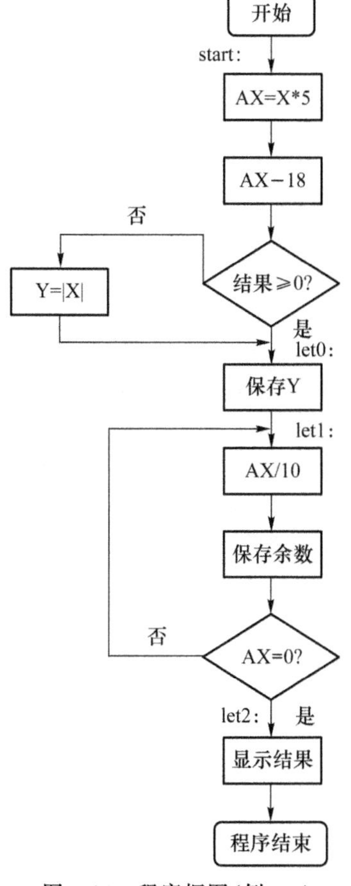

图 4-14　程序框图(例 4-9)

代码如下：

```
;b.asm:计算 Y = 5X - 18,用正常程序格式
data segment
    x db  -6                  ;定义一个字节
    y dw ?                    ;定义一个字,? 表示内容不确定
    cc db 0ah,0dh,'Y = $'
data ends
code segment
    assume cs:code,ds:data
start:
    mov ax,data
    mov ds,ax
    mov al,5                  ;5X
    imul x
    sub ax,18                 ;5X - 18
    jns let0                  ;结果不为负则转移
    neg ax                    ;结果为负则求绝对值
let0:
    mov y,ax                  ;保存结果
    ;将 ax 中的二进制数变为十进制数,并显示
    mov cx,0
    mov bx,10
let1:
    mov dx,0
    inc cx                    ;统计余数个数
    idiv bx                   ;AX/10,商在 AX,余数在 DX
    push dx                   ;保存余数
    cmp ax,0                  ;商为 0,则退出循环
    jnz let1
    mov dx,offset cc          ;9 号功能,显示提示信息
    mov ah,9
    int 21h
let2:                         ;循环执行 CX 次,显示十进制结果
    pop ax                    ;将余数弹入 AX
    add ax,0030h              ;调整为 ASCII 码
    mov dl,al                 ;2 号功能,显示一个字符
    mov ah,2
    int 21h
    dec cx
    cmp cx,0
    jnz let2
    mov ah,4ch
    int 21h
```

```
code ends
end start
```

4.3.3　多分支程序设计

在解决实际问题时，存在多分支结构，如图 4-15 所示。C 语言用 switch 语句实现多分支，在汇编语言中，采用无条件间接转移指令和目标地址表实现多路分支。

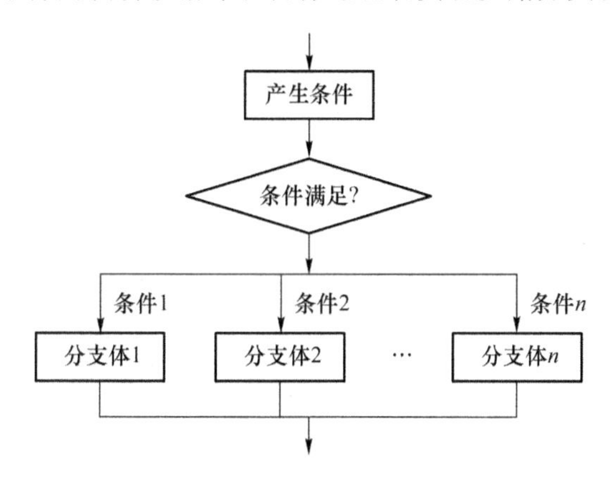

图 4-15　多分支结构

例 4-10　用汇编语言实现多分支选择结构。

```
    push  ebp
    mov   ebp, esp
                                            ; switch ( operation ) {
    mov   eax, DWORD PTR [ebp + 12]         ;取得参数 operation(case 值)
    dec   eax                               ;从 0 开始计算,所以先减去 1
    cmp   eax, 7                            ;从 0 开始计算,最多是 7
    ja    SHORT LN2cf319                    ;超过,则转 default
    jmp   DWORD PTR LN12cf319[ eax * 4 ]    ;实施多路分支
LN6cf319:                                   ; case 1:
                                            ; y = 3 * x;
    mov   eax, DWORD PTR [ebp + 8]
    lea   eax, DWORD PTR [eax + eax * 2]
    jmp   SHORT LN7cf319                    ; break;
LN5cf319:                                   ; case 2:
                                            ; y = 5 * x + 6;
    mov   eax, DWORD PTR [ebp + 8]
    lea   eax, DWORD PTR [eax + eax * 4 + 6]
    jmp   SHORT LN7cf319                    ; break;

LN4cf319:                                   ; case 4:
                                            ; y = x * x ;
    mov   eax, DWORD PTR [ebp + 8]
    imul  eax, eax
```

```
    jmp    SHORT LN7cf319                              ; break;
LN3cf319:                                              ; case 8:
                                                       ; y = x*x+4*x;
    mov    ecx, DWORD PTR [ebp+8]
    lea    eax, DWORD PTR [ecx+4]
    imul   eax, ecx
    jmp    SHORT LN7cf319                              ; break;

LN2cf319:                                              ; default:
                                                       ; y = x ;
    mov    eax, DWORD PTR [ebp+8]
                                                       ; }
LN7cf319:                                              ; if ( y > 1000 )
    cmp    eax, 1000
    jle    SHORT LN1cf319
                                                       ; y = 1000;
    mov    eax, 1000
LN1cf319:                                              ; return y;
    pop    ebp                                         ;撤销堆栈框架
    ret

LN12cf319:                                             ;多向分支目标地址表
    DD     LN6cf319                                    ; case 1(DD代表双字)
    DD     LN5cf319                                    ; case 2
    DD     LN2cf319                                    ; default
    DD     LN4cf319                                    ; case 4
    DD     LN4cf319                                    ; case 5
    DD     LN2cf319                                    ; default
    DD     LN2cf319                                    ; default
    DD     LN3cf319                                    ; case 8
```

上述程序可通过 switch 语句表达成一个函数：

```
int  cf319(int x, int operation)
{
    int  y;
        switch (operation) {
        case 1:
            y = 3 * x;
            break;
        case 2:
            y = 5 * x + 6;
            break;
        case 4:
        case 5:
            y = x * x;
```

```
            break;
        case 8:
            y = x * x + 4 * x;
            break;
        default:                //0 3 6 7 9 10 ...
            y = x;
        }
        if (y > 1000)
            y = 1000;
        return  y;
}
```

4.3.4　练习题

1. 条件转移指令 JGE 发生转移的条件是(　　)。

A. 无符号整数小于　　B. 无符号整数大于等于

C. 有符号整数小于　　D. 有符号整数大于等于

2. EAX 内保存一个有符号整数,执行 CMP EAX,0 指令后,希望 EAX 小于 0 时跳转到 DONE 标号处,应使用的条件转移指令是(　　)。

A. JA DONE　　B. JB DONE　　C. JG DONE　　D. JL DONE

3. 下面哪一条指令可以将 AL 中存放的英文大写字母变为小写字母?(　　)

A. SUB AL,20H　　B. OR AL,20H　　C. AND AL,20H　　D. TEST AL,20H

4. 不能将 EBX 的最高位移入 CF 标志的指令是(　　)。

A. SHL EBX,1　　B. RCL EBX, 1　　C. ROL EBX, 1　　D. SAR EBX, 1

5. 指令 MOV DVAR3,EAX 是进行多少位的数据传输?(　　)

A. 64　　B. 32　　C. 16　　D. 8

4.4　C 语言循环语句的机器级表示和程序设计

循环程序通常由三部分组成:循环初始化、循环体、循环控制。循环初始化提供初始条件、循环次数;循环体为重复执行的代码,包含循环条件的修改;循环控制用于判断循环条件是否成立,决定是否继续循环。

4.4.1　循环语句的机器级表示

在循环程序中主要包括以下三部分。

- 循环初始化部分:用于建立循环的初始状态,包括循环次数计数器、地址指针以及其他循环参数的初始设定。
- 循环体:循环程序完成的主要任务,包括工作部分和修改部分。工作部分是完成循环程序任务的主要程序段。修改部分为循环的重复执行,完成某些参数的修改。
- 循环控制部分:判断循环条件是否成立。可以有以下两种判断方法:用计数控制循环——循环次数已知;用条件控制循环——循环次数未知。

循环控制为编程的关键，我们学过两种循环结构，“先判断后循环”对应 while 和 for 语句，“先循环后判断”则对应 do-while 语句。下面将介绍 3 种循环语句的机器级表示。循环程序结构如图 4-16 所示。

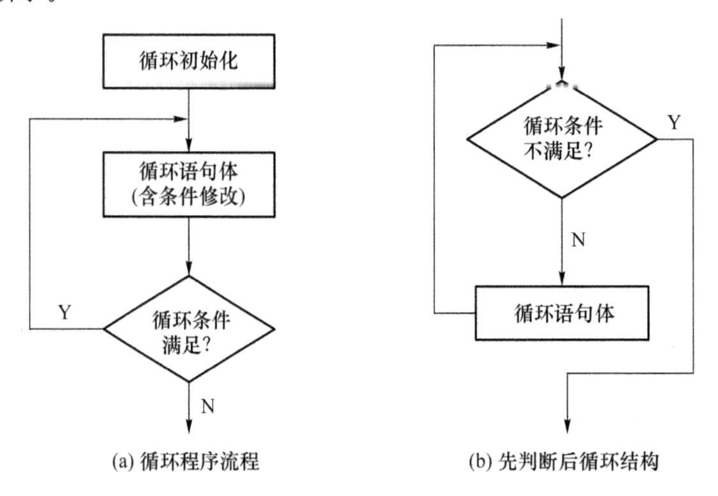

(a) 循环程序流程　　(b) 先判断后循环结构

图 4-16　循环程序结构

(1) do-while 语句的机器级表示

do-while 语句的特点是：先执行后判断。在 C 语言中，如果想使用 do-while 语句实现统计无符号整数 n 作为十进制数时的位数，应该这样编写程序：

```
int cfx1 (unsigned int n)
{
  int len = 0;
  do {
    len++;
    n = n/10;
  } while (n != 0);
  return len;
}
```

对程序进行反汇编得到 cfx1 的目标代码为：

```
    push  ebp
    mov   ebp, esp
                                  ;ECX 作为局部变量 len
    xor   ecx, ecx                ;len = 0;
    push  esi                     ;在使用 ESI 之前，对其进行保护
LL3cf320:                         ;do {
                                  ;len++;n = n/10;
    mov   eax, DWORD PTR [ebp + 8]
    push  10                      ;准备借助堆栈送到 ESI
    xor   edx, edx                ;使得 EDX = 0
    pop   esi                     ;使得 ESI = 10
    div   esi
    inc   ecx
```

```
    mov  DWORD PTR [ebp + 8], eax
    test  eax, eax                  ;测试 n 是否为 0
    jne  SHORT LL3cf320
                                    ; return len ;
    mov  eax, ecx                   ;准备返回值
    pop  esi                        ;恢复 ESI
                                    ;}
    pop  ebp
    ret
```

我们对程序进行分析：

- 使用64位无符号数除法 DIV OPRD，但除数 OPRD 用了源变址寄存器 ESI，因为其本质是指针寄存器，所以这里利用堆栈给它赋值，ESI＝0x0A。
- 这里采用编译优化选项使大小最小化，每轮循环一开始就把 n 取到寄存器，循环结束时才存回，减少堆栈操作，并使用 TEST 指令判断是否等于 0。

(2) while 语句的机器级表示

while 语句的特点是：先判断后执行。在 C 语言中，如果想使用 while 语句实现测量字符串 str 的长度，应该这样编写程序：

```
int cfx2(char * str)
{
    char * pc = str;
    while( * pc){
          pc ++ ;
    }
    return(pc - str);
}
```

对程序进行反汇编得到 cfx2 的目标代码为：

```
    push ebp
    mov  ebp, esp                           ;建立堆栈框架
    mov  ecx, DWORD PTR [ebp + 8]           ;取出 str 放到 ECX
    mov  eax, ecx                           ; pc = str;
                                            ;while ( * pc)
    cmp  BYTE PTR [ecx], 0                  ;判断首字符是否为结束标记
    je   SHORT LN1cfx2                      ;如果遇结束标记，则结束循环
LL2cfx2:
    inc  eax                                ;pc ++ ;
    cmp  BYTE PTR [eax], 0                  ;while ( * pc);避免 JMP 指令
    jne  SHORT LL2cfx2                      ;如果未遇结束标记，则继续循环
LN1cfx2:                                    ;return (pc - str);
    sub  eax, ecx
    pop  ebp                                ;}
    ret
```

(3) for 语句的机器级表示

for 语句的特点是：先判断后执行。在 C 语言中，如果想使用 for 语句实现计算一个整型

数组中元素的平均值,应该这样编写程序:

```
int cfx3(int arr[],int n)
{
    int i,sum = 0;
    for(i = 0;i < n;i ++ )
        sum + = arr[i];
    return sum/n;
}
```

对程序进行反汇编得到 cfx3 的目标代码为:

```
    push ebp
    mov  ebp, esp
    xor  ecx, ecx                       ;i = 0;
    xor  eax, eax                       ;sum = 0;
    cmp  DWORD PTR [ebp + 12], ecx      ;比较 n 与 i
    jle  SHORT LN1cfx3                  ;如果 n<= i,则结束循环
LL3cfx3:                                ;sum + = arr[i];
    mov  edx, DWORD PTR [ebp + 8]       ;EDX 指向数组首元素的地址,[ebp + 8]参数 arr
    add  eax, DWORD PTR [edx + ecx * 4] ;EDX + ECX * 4 指向第 i 个元素
                                        ;i ++ ;
    inc  ecx
    cmp  ecx, DWORD PTR [ebp + 12]      ;i < n ?
    jl   SHORT LL3cfx3                  ;如果 i< n,则继续循环
LN1cfx3:
    cdq                                 ;return sum/n;
    idiv DWORD PTR [ebp + 12]
    pop  ebp
    ret
```

分析:形参数组 arr[]传递的是数组首元素的地址,EDX 指向数组首元素的地址;程序中使用两次判断循环条件,避免无条件转移指令。

4.4.2 循环程序设计示例

汇编语言的循环指令实现 C 语言的循环结构,循环指令类似于条件转移指令,段内转移,相对寻址方式,通过在指令指针寄存器 EIP 上加一个地址差的方式实现转移,地址差用一个字节(8 位)表示,因此转移范围为－128～＋127。在保护方式(32 位代码段)下,以 ECX 作为循环计数器;在实方式下,以 CX 作为循环计数器。循环指令不影响各标志位。

计数控制循环:

- 通过次数控制循环。计数可以减量进行,即减到 0 结束,计数也可以增量进行,即达到规定值结束。
- 常见的是“先循环后判断”结构。

条件控制循环:

- 根据条件决定是否进行循环。使用比较、测试等指令设置状态标志,产生条件,使用条件转移指令实现循环控制,常需要使用无条件转移指令配合实现循环。

• 常见的是“先判断后循环”结构。

下面通过实例展示汇编语言的循环结构。

例 4-11　求数组元素的平均值。

思路：设置两个数据段 array 和 aver，存放数组和平均值，数组元素逐个相加，作为循环体，得到和之后再除以个数，因数组元素个数已知，可用 loop 指令控制计数。

程序如下：

```
    ;数据段
    array dword 600,121,93,-456,162,-87          ;数组元素
    aver dword  ?                                ;结果变量
    ;循环初始化
    mov ecx,lengthof array
    xor eax,eax
    xor ebx,ebx
    ;循环体
again:
    add eax,array[ebx*4]
    inc ebx
    loop again                                   ;循环控制
    cdq
    idiv ebx                                     ;商在 EAX 中,余数在 EDX 中
    mov aver, eax                                ;结果放入 aver 中
```

例 4-12　查找第一个非空格字符。

思路：从第一个字符开始逐个比较，元素个数作为循环次数，实现计数控制，一旦找到非空格字符就提前退出循环。

程序如下：

```
    ;数据段
    buff byte "Let's have a try!", 0
    count = lengthof buff-1          ;字符串的元素个数
    dvar dword  ?                    ;存放非空格字符位置
    ;代码段
    mov ecx,count                    ;元素个数是循环次数
    mov esi,offset buff              ;指向字符数组首地址
    mov al, 20h                      ;空格字符
    dec esi                          ;为了简化循环,先减 1
again:
    inc esi                          ;调整到指向当前字符
    cmp al,[esi]                     ;与空格比较
    loopz again                      ;ECX≠0 且 ZF=1,跳转到 again
    mov dvar, esi                    ;将非空格字符位置存入 dvar 中
```

4.4.3　双重循环程序设计

在实际应用中，问题往往比较复杂，因此会涉及多重循环，即循环体中嵌套循环。这样的

例子很多，如计算矩阵的元素之和、对角线元素之和或找出矩阵中的最大元素等，编写程序时我们需要使用多重循环来实现，本节主要介绍双重循环程序设计。

例 4-13 用"冒泡法"对数组元素进行从小到大排序。

"冒泡法"是最简单的一种排序算法，在 C 语言中我们也学习过，"冒泡法"的排序思路是从第一个元素开始，依次比较相邻两个元素，如果前一个数大于后一个数，则将两个数调换位置，遍历整个数组，最终实现排序。

思路：在设计程序时，我们发现，这里要设计双重循环，外循环的循环次数已知，因此我们使用 LOOP 指令实现，内循环次数为外循环次数减 1，因此我们可以使用 EDX 来表示。最终可以写出如下程序：

```
;数据段
        array dword 587, - 632,234, - 34        ;数组
        count = lengthof array                  ;元素个数
;代码段
        mov ecx,count                           ;ECX 存放数组元素个数
        dec ecx                                 ;外循环次数
outlp:
        mov edx,ecx                             ;内循环次数存入 EDX
        mov ebx,offset array
inlp:
        mov eax,[ebx]                           ;取前一个元素
        cmp eax,[ebx + 4]                       ;与后一个元素比较
        jng next
        ;前一个元素不大于后一个元素,不进行交换
        xchg eax,[ebx + 4]                      ;交换
        mov [ebx],eax
next:
        add ebx,4                               ;取下一对要比较的元素
        dec edx
        jnz inlp                                ;内循环尾
        loop outlp                              ;外循环尾
```

例 4-14 选择排序。

我们已经在之前的课程中学习过选择排序，选择排序是从冒泡排序演化而来的，每一轮比较得出最小的那个值，然后依次和每轮"无序区"中参与比较的第一个值进行交换。从头至尾扫描序列，找出最小的一个元素，和第一个元素交换，接着在剩下的元素中继续进行这种选择和交换，最终得到一个有序序列。

```
;数据段
        buff dword 587, - 632,777,234, - 36,668
        len equ lengthof buff
;代码段
        lea ebx,buff                  ;设置缓冲区开始地址
        mov esi,0                     ;i = 0
fori:
        mov edi esi                   ;j = i + 1
        inc edi
```

```
forj:
        mov eax,[ebx + 4 * esi]
        cmp eax,[ebx + 4 * edi]                     ;比较
        jle nextj
        xchg eax,[ebx + 4 * edi]                    ;数组元素交换
        mov [ebx + 4 * esi],eax
nextj:
        inc edi                                     ;j = j + 1
        cmp edi,len
        jb forj                                     ;j < len 跳转
nexti:
        inc esi                                     ;i = i + 1
        cmp esi,len - 1
        jb fori                                     ;i < len - 1 跳转
```

4.4.4　练习题

1. LOOP 指令使用(　　)计数。

A. CH　　B. CX　　C. CL　　D. BL

2. 指令 LOOPZ 的循环执行条件是(　　)。

A. CX 不等于 0 且 ZF=0　　B. CX 不等于 0 或 ZF=0

C. CX 不等于 0 且 ZF=1　　D. CX 不等于 0 或 ZF=1

3. (多选)下列指令中可以代替 LOOPL 指令的有(　　)。

A. DEC CX
JNZ L

B. DEC CX
JNC L

C. DEC CX
CMP CX,0
JE L

D. DEC CX
JE L

4. 指令 CMP AL,0 执行后,指令 JZ DONE 发生转移时,AL 寄存器(　　)。

A. 等于 0　　B. 等于“0”字符

C. 等于空格字符(显示空白)　　D. 不等于 0

5. 有 50 个数值,使用循环结构逐个比较方法求出最大值,程序的循环次数是(　　)。

A. 50　　B. 49　　C. 51　　D. 25

4.5　计算机程序逆向技术

4.5.1　计算机程序

(1) 程序的诞生

计算机程序是一组计算机能识别和执行的指令,每一条指令使计算机执行特定的操作,实现某特定目标功能。因此,我们需要一种使计算机和人都能识别的语言,即计算机语言。

计算机语言大致分为机器语言、汇编语言、高级语言。

- 机器语言，又称机器码，CPU 可直接解读，通用性很差，与人们习惯的语言差别太大，故难以推广使用。
- 汇编语言，即本书所介绍的语言，也称为符号语言。在不同的设备中，汇编语言对应着不同的机器语言指令集，运行时按照设备对应的机器码指令进行转换。
- 高级语言，语法结构更接近于人类语言，逻辑也与人类思维逻辑相似，具有较高的可读性和编程效率。Java、C、C＋＋、C＃、Pascal、Python、Lisp、Prolog、FoxPro、易语言等均属于高级语言。

学会编程语言的各种基本语义语法后，就可以实战了，而实战场所由 IDE 提供。IDE(集成开发环境，Integrated Development Environment)是用于提供程序开发环境的应用程序，目前 IDE 的种类繁多，只要自己用得顺手、开发效率高就好。

通过 IDE 可快速生成程序，根据程序的生成和运行过程，程序大致可分为两类：编译型程序和解释型程序。

- 编译型程序：程序在执行前编译成机器语言文件，运行时不需要重新翻译，直接供机器运行，该类程序执行效率高，依赖编译器，跨平台性差，如 C、C＋＋、Delphi 等。
- 解释型程序：程序在用编程语言编写后，不需要编译，以文本方式存储原始代码，在运行时，通过对应的解释器解释成机器码后再运行，如 Basic 语言。执行时逐条读取解释每个语句，然后再执行。由此可见，解释型程序每执行一句就要翻译一次，效率比较低，但是相对于编译型程序来说，优势在于跨平台性好。

各种语言之间的联系如图 4-17 所示。硬件→机器语言→汇编语言→系统语言(C 和 C＋＋)→解释型语言(Python)和虚拟机语言(Java)，语言的封装程度越来越高，也更加抽象，贴近于人类思维。但层次越高意味着程序在执行时经历的转化步骤越多，因此一些高级语言无法应用在效率要求较苛刻的场景。

以 C 语言为例，我们来了解 C 语言程序的生成过程，如图 4-18 所示，从中我们可以看到两个主要过程：编译和链接。

编译是指编译器对源代码进行词法分析和语法分析，将高级语言指令转换为汇编代码，主要包含以下 3 个步骤。

① 预处理。正式编译前，根据已放置在文件中的预处理指令来修改源文件的内容，包含宏定义指令、条件编译指令、头文件包含指令、特殊符号替换等。

② 编译、优化。编译程序通过词法分析和语法分析，将源代码翻译成等价的中间代码表示或汇编代码。

③ 目标代码生成。将上面生成的汇编代码译成目标机器指令。目标文件中存放着与源程序等效的目标机器语言代码。

链接是指将有关的目标文件彼此连接，生成可加载、可执行的目标文件，其核心工作是符号表解析和重定位。链接按照工作模式分为静态链接和动态链接两类。

- 静态链接：链接器将函数的代码从其所在地(目标文件或静态链接库中)复制到最终的可执行程序中，整个过程在程序生成时完成。静态链接库实际上是一个目标文件的集合，其中的每个文件含有库中的一个或者一组相关函数的代码，静态链接则是把相关代码复制到源码相关位置处，参与程序的生成。

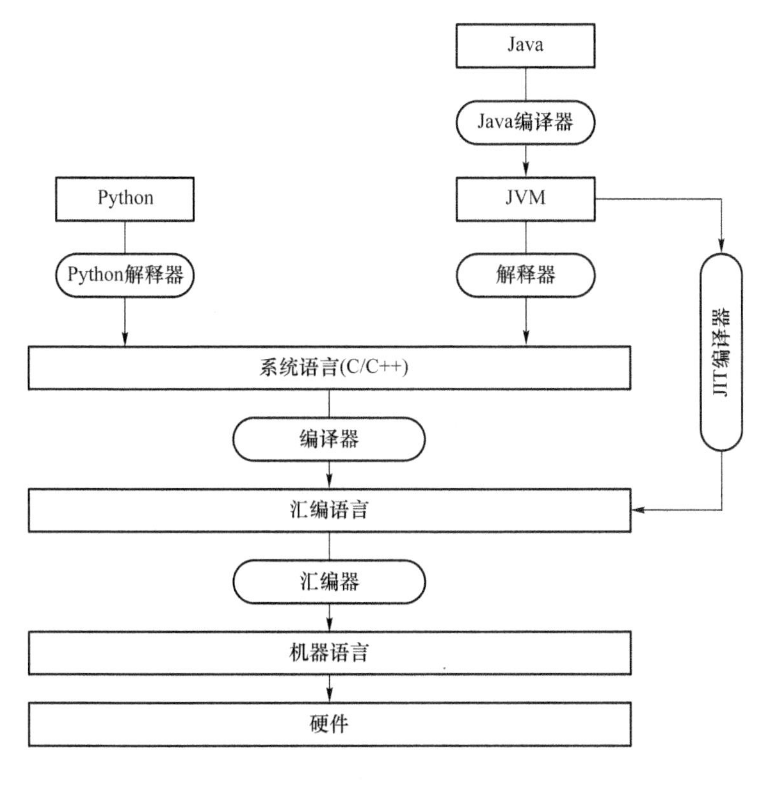

图 4-17　各种语言之间的联系

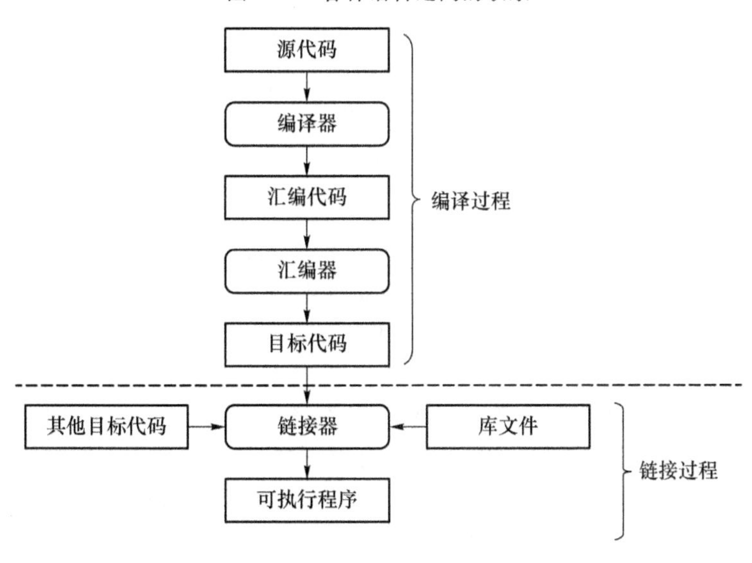

图 4-18　C 语言程序的生成过程

- 动态链接：动态链接库在编译链接时只提供符号表和其他少量信息，用于保证所有符号引用都有定义，保证编译顺利通过。程序执行时，动态链接库的全部内容将被映射到运行时相应进程的虚地址空间，根据可执行程序中记录的信息找到相应的函数地址并调用执行。

经过编译和链接后，程序生成，Windows 程序以 PE 文件形式存储。PE 文件全称为 Portable Executable，意为可移植可执行文件，常见的 EXE、DLL、OCX、SYS、COM 都是 PE 文件。PE文件以段的形式存储代码和相关资源数据，其中数据段和代码段是必不可少的两个段。在应用程序中最常出现的段有以下6种。

- 执行代码段：.text。
- 数据段：.data、.rdata。
- 资源段：.rsrc。
- 导出表：.edata。
- 导入表：.idata。
- 调试信息段：.debug。

图4-19展示了一个标准的PE文件结构。至此，程序就诞生了，当我们双击程序后，Windows系统会根据后缀名到注册表查找相应的启动程序，对程序进行运行。

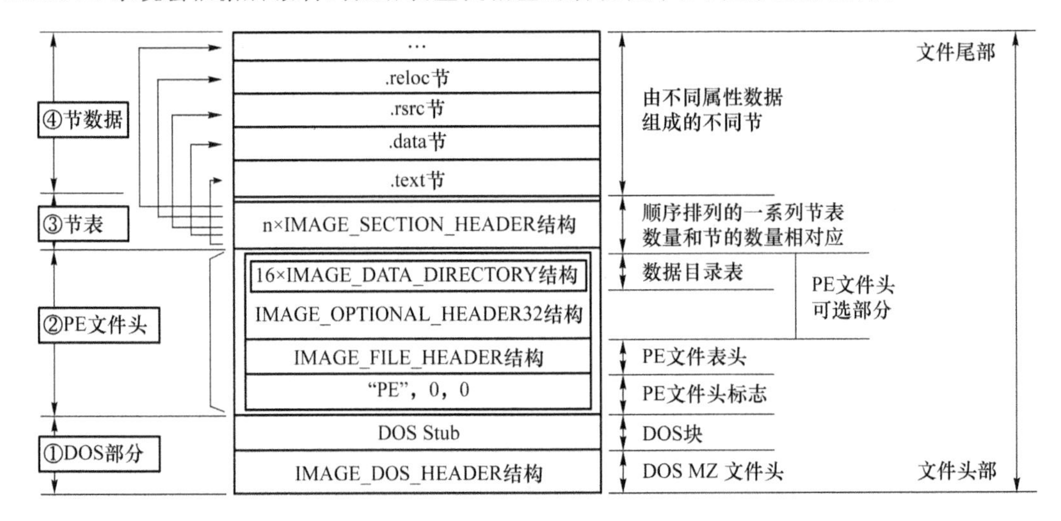

图4-19 PE文件结构

(2) 程序的运行

程序诞生后，我们就可以运行了（本节重点描述Windows平台程序）。需要说明的是，上面产生的程序文件是存储在硬盘（外存）中的二进制数据，当双击程序后，Windows系统会根据后缀名到注册表查找相应的启动程序，这里我们编译出的是以.exe为后缀的可执行程序，则系统对程序进行运行。

系统并非在硬盘上直接运行程序，而是将其装载进内存里，包括其中的代码段、数据段等。为了提高程序运行速率，任何程序在运行时，都是由一个叫作"装载器"的程序先将硬盘上的数据复制到内存中，然后才让CPU来处理，这个过程就是程序的装载。装载器根据程序的PE头中的各种信息，进行堆栈的申请和代码数据的映射装载，在完成所有的初始化工作后，程序从入口点地址进入，开始执行代码段的第一条指令。

程序从入口点开始顺序执行，如图4-20所示，CPU直接与内存中的程序打交道，读取内存中的数据进行处理，并将结果保存到内存中，除非代码段中还有保存数据到硬盘的代码，否则程序全程都不会在硬盘中存储任何数据。

4.5.2 逆向工程及应用

简单来说，一切从产品中提取原理及设计信息并应用于再造及改进的行为都是逆向工程，如调查取证、恶意软件分析等。在安全对抗中第一步要做的就是逆向分析，需要弄清样本是什

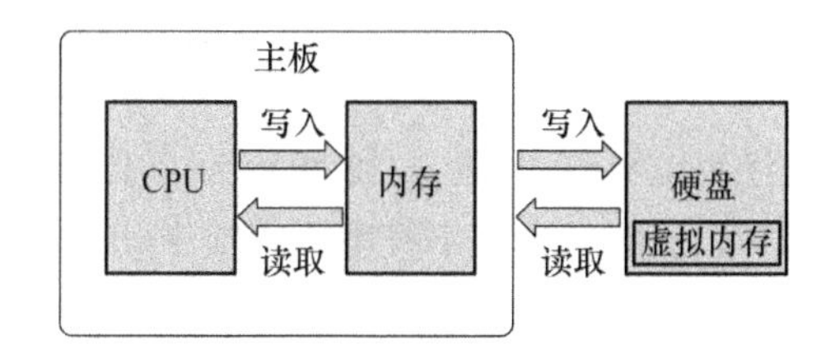

图 4-20　程序的运行

么、是良性的还是恶性的、样本做了哪些事情以及如何进行反制。

在知道了什么是逆向工程之后,读者可能会有疑问:逆向分析都可以做哪些事?

(1) 病毒分析

随着网游的普及和网络虚拟财产(游戏装备)的出现,出现了很多恶意程序和病毒,例如,熊猫烧香是一款具有自动传播能力、自动感染硬盘能力和强大的破坏能力的病毒,不但能感染系统中的 EXE、COM、PIF、SRC、HTML、ASP 等文件,还能中止大量的反病毒软件进程并且会删除扩展名为 gho 的系统备份文件。因此,病毒分析要做的就是,通过逆向病毒,获取病毒传播方法,遏制病毒传播,获取病毒隐藏手段,根除病毒,溯源定位攻击者。

(2) 漏洞挖掘和安全性检测

对于一些安全性要求较高的行业,要确保软件安全但又无法获取源码时,就需要逆向还原软件的运行过程,确保软件的安全可靠。另外,在挖掘漏洞时,经常采用逆向手段,寻找可能存在的溢出点。病毒分析师通过逆向工程,分析病毒的运行机制,提取特征。例如逆向服务端,调用 Shell 创建新用户功能,这个时候需要利用漏洞分析,或者利用漏洞溢出缓冲区,首先要把关键内存、关键代码定位出来,这就属于逆向分析。

(3) 无文档学习

在没有源码的情况下获取程序信息称为竞品分析,假设某个公司对同行的产品很感兴趣,想知道另一种算法的优点是什么,就需要分析和还原算法。最好的竞品分析是能够将算法完美还原,两段代码再次编译后,只有地址不一样,其他都一样。

(4) 挑战自我、学习提高

crackme 是一些公开给别人尝试破解的小程序,制作 crackme 的人可能是程序员(想测试一下自己的软件保护技术),也可能是 cracker(想挑战一下其他 cracker 的破解实力),也可能是一些正在学习破解的人(自己编一些小程序给自己破解),不管是出于什么目的,他们都通过 crackme 提高了自身能力。另外,一些互联网安全公司也会在面试中采取这种形式对应聘者进行测试。

4.5.3　逆向技术原理

"逆向"就是与将源码变为可执行程序的顺序相反,将编译链接好的程序恢复成"代码级别"。因源代码编译是不可逆过程,无法由编译后的程序逆推出源代码。一般通过工具软件对程序进行反编译,将二进制程序反编译成汇编代码,甚至可以将一些程序恢复成更为高级的伪代码状态。C/C++程序在经过编译链接后,程序为机器码,对于这类程序,我们使用 IDA Pro、OllyDbg(OD)等逆向程序,只能将其恢复成汇编代码状态,然后通过读汇编代码来解读程序的运行过程机制。一些逆向工具提供的插件可以将一些函数恢复成伪代码状态。

现在大多数程序是利用高级语言(如 C、C++、Delphi 等)进行编写,然后再经过编译链接，生成可被计算机系统直接执行的文件。不同的操作系统、不同的编程语言反汇编出的代码大相径庭。

图 4-21 所示是 C++程序反汇编结果，图 4-22 所示为.NET 程序反汇编结果，两者的功能都只是打印一句话。C++以 push 指令将字符串压入栈中，而.NET 以 ldstr 指令将字符串压入栈中，调用打印函数结束后，.NET 反汇编代码直接以 ret 指令返回结束，而 C++反汇编代码先平衡完栈，再执行 retn 指令返回结束。

```
; Segment type: Pure code
; Segment permissions: Read/Execute
_text segment para public 'CODE' use32
assume cs:_text
;org 401000h
assume es:nothing, ss:nothing, ds:_data, fs:nothing, gs:nothing



; int __cdecl main(int argc, const char **argv, const char **envp)
_main proc near
push     offset Format    ; "hello,c++ fans\n"
call     ds:__imp__printf
add      esp, 4
xor      eax, eax
retn
_main endp
```

图 4-21　C++程序反汇编结果

```
  .method private static hidebysig void Main(string[] args)
  {
.entrypoint
    .maxstack 8
ldstr     aHello_netFans // "hello,.net fans"
call      void [mscorlib]System.Console::WriteLine(string)
ret
  }
```

图 4-22　.NET 程序反汇编结果

因此，在反汇编过程中，我们确认好程序的编写语言和运行环境，才可选择适当的工具来反汇编程序。在分析反汇编代码时，如果熟悉高级语言的开发、运行过程及其反汇编指令，那更会事半功倍。

至此，程序就被恢复成了可读代码。仅依靠阅读这些代码来梳理程序运行过程叫作静态调试。动态调试则是让程序运行起来，更加直观地观察程序的运行过程。在动态调试中，断点起着很大的作用，否则程序将不会暂停下来让调试者慢慢观察各寄存器的状态。

x86 系列处理器从 8086 开始就提供了一条专门用来支持调试的指令，即 INT 3。这条指令的目的就是使 CPU 中断(break)到调试器，以供调试者对执行现场进行各种分析。我们可以在想要观察的指令处设置一个断点，则程序运行到该处后会自动停下来。单步调试则是每条语句后面都会有 INT 3 指令来阻断程序的运行，而这些 INT 3 指令是对用户透明的，逆向工具并未将这些指令显示出来，如图 4-23 所示。

4.5.4　常用软件分析工具

(1) 静态分析工具

常用的静态分析工具有 IDA Pro、c32asm、Win32Dasm、VB Decompiler Pro 等，还有

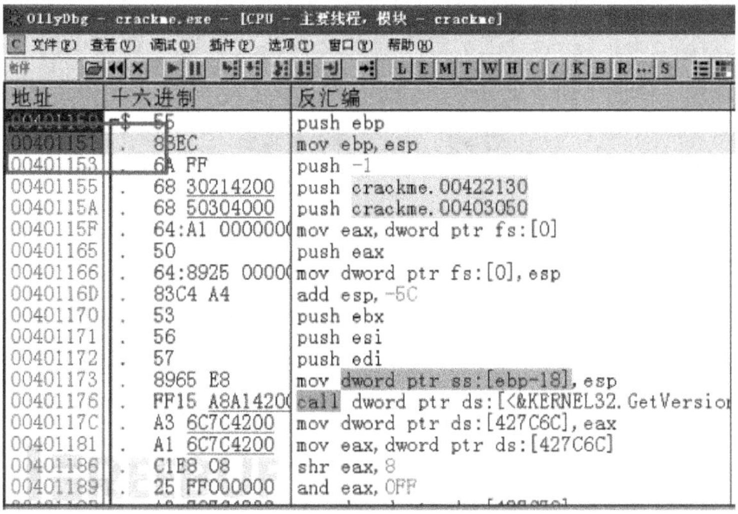

图 4-23　OllyDbg 调试界面

. NET程序和 Delphi 程序的静态反汇编分析工具，这里详细介绍 IDA Pro。

IDA Pro(Interactive Disassembler Professional)简称 IDA，是 Hex-Rays 公司出品的一款交互式反汇编工具，支持数十种 CPU 指令集，其中包括 Intel x86、x64、MIPS、PowerPC、ARM、Z80、68000、C8051 等。IDA Pro 具有强大的功能，但操作较为复杂，需要储备很多知识，同时，它具有交互式、可编程、可扩展、多处理器等特点，被公认为最好的逆向工程利器之一。

IDA Pro 的主要目标之一在于呈现尽可能接近源代码的代码，而且通过派生的变量和函数名称来尽其所能地注释生成的反汇编代码，适用于三大主流操作系统：Microsoft Windows、Mac OS 和 Linux。IDA Pro 提供了许多强大的功能，如函数的交叉引用查看、函数执行流程图及伪代码等，并且有一定的动态调试功能，如图 4-24 所示。同时，IDA Pro 可以在 Windows、Linux、Mac OS 下进行二进制程序的动态调试和动态附加，支持查看程序运行内存空间、设置内存断点和硬件断点，是许多软件安全专家所青睐的“神兵利器”。

图 4-24　IDA Pro

安装好IDA后，会出现两个图标，分别对应32位程序和64位程序。IDA支持常见的PE格式，如DOS、UNIX、Mac、Java、.NET等平台的文件格式。IDA窗口中的工具条、菜单选项较多，常用的快捷键如表4-1所示。

表4-1　IDA常用的快捷键

编号	快捷键	功能说明
1	Enter	跟进函数实现，查看标号对应的地址
2	Esc	返回跟进处
3	A	解释光标处的地址为一个字符串的首地址
4	B	十六进制与二进制转换
5	C	解释光标处的地址为一条指令
6	D	解释光标处的地址为数据，每按一次将会转换这个地址的数据长度
7	G	快速查找到对应地址
8	H	十六进制与十进制转换
9	K	将数据解释为栈变量
10	;	添加注释
11	M	解释为枚举成员
12	N	重新命名
13	O	解释地址为数据偏移量，用于字符串标号
14	T	解释数据为一个结构体成员
15	X	转换视图到交叉参考模式
16	Shift+F9	添加结构体

现在来分析一个简单的“hello world”程序，首先用C语言编写一个简单的程序，并生成一个exe文件，如test1.exe，接下来我们对其进行分析。

C语言程序如下：

```
#include<stdio.h>
int main()
{
    printf("hello world!");
    return 0;
}
```

在IDA中选择要导入的test1.exe文件，加载后，会出现询问分析方式提示框，有以下3种分析方式可供选择。

- Portable executable for 80386(PE)[pe.ldw]：分析PE格式文件。
- MS-DOS executable(EXE)[dos.ldw]：分析DOS控制台下的文件。
- Binary file：分析二进制文件。

这里选择PE格式文件进行分析，如图4-25所示，单击“OK”，经过分析后，会显示图4-26所示的视图窗口。

- IDA View用于显示分析结果，可选流程图或代码形式。
- Hex View为二进制视图窗口，打开文件的二进制信息。

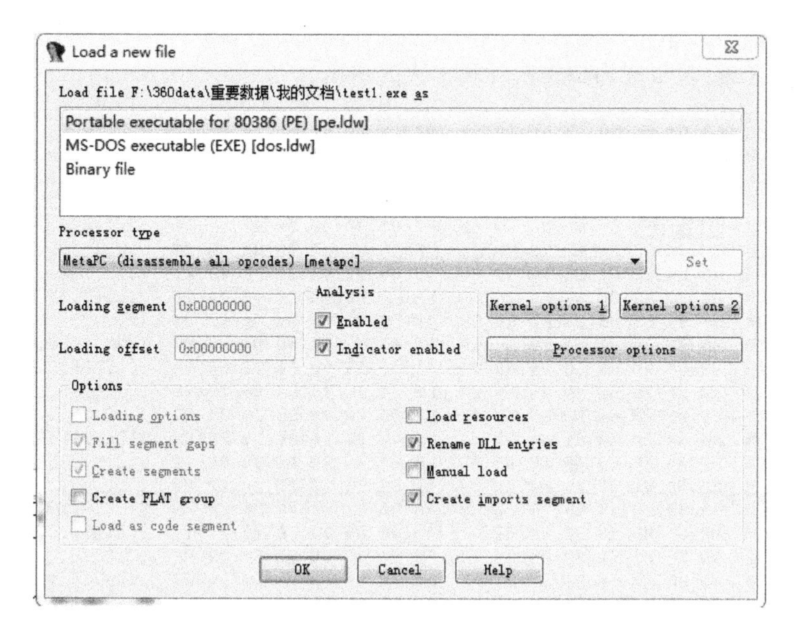

图 4-25　选择 PE 格式文件进行分析

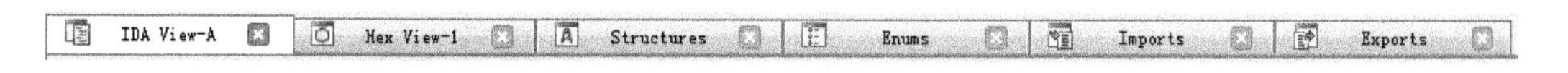

图 4-26　IDA 视图窗口

- Structures 为添加结构体信息窗口。
- Enums 为添加枚举信息窗口。
- Imports 为分析文件中的导入函数信息窗口。
- Exports 为分析文件中的导出函数信息窗口。

此外还有 Names 窗口，用于分析文件中用到的标号名称；Functions 窗口用于分析文件中的函数信息；Strings 窗口用于显示程序中所有字符串。

IDA View 主要包括 3 个区域：地址区，以 PE 文件加载到内存后的虚地址为准，镜像地址＋偏移地址；操作码区，需要通过 Options→General→设置 Number of opcode bytes 为 8 显示出来；反编译代码区，双击函数或变量名能跳转到对应的地址。如图 4-27 所示。

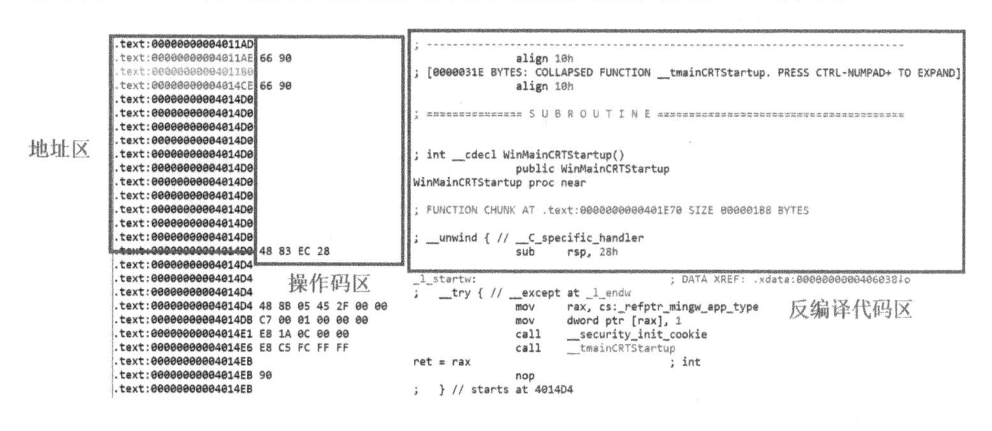

图 4-27　IDA View 主要的 3 个区域

Hex View 窗口显示十六进制，如图 4-28 所示，默认为只读状态，可以用快捷键 F2 对数据区域(绿色字符区域)在只读和编辑两种状态之间切换。

```
00401480  FF C7 05 3C 54 40 00 01  00 00 00 C7 44 24 04 18  ...<T@......D$..
00401490  70 40 00 C7 04 24 0C 70  40 00 E8 49 11 00 00 E9  p@...$.p@..I....
004014A0  A7 FD FF FF 31 C0 E9 F6  FE FF FF 89 04 24 E8 3D  ....1........$.=
004014B0  11 00 00 8D B6 00 00 00  00 8D BC 27 00 00 00 00  ...........'....
004014C0  83 EC 0C C7 05 34 50 40  00 01 00 00 00 E8 CE 09  .....4P@........
004014D0  00 00 83 C4 0C E9 A6 FC  FF FF 8D B6 00 00 00 00  ................
004014E0  83 EC 0C C7 05 34 50 40  00 00 00 00 00 E8 AE 09  .....4P@........
004014F0  00 00 83 C4 0C E9 86 FC  FF FF 90 90 90 90 90 90  ................
00401500  55 89 E5 83 E4 F0 83 EC  10 E8 72 09 00 00 C7 04  U.........r.....
00401510  24 00 40 40 00 E8 DE 10  00 00 B8 00 00 00 00 C9  $.@@............
00401520  C3 90 90 90 66 90 66 90  66 90 66 90 66 90 66 90  ....f.f.f.f.f.f.
00401530  83 EC 1C 8B 44 24 24 85  C0 74 15 83 F8 03 74 10  ....D$$..t....t.
00401540  B8 01 00 00 00 83 C4 1C  C2 0C 00 90 8D 74 26 00  .............t&.
00401550  8B 54 24 28 89 44 24 04  8B 44 24 20 89 54 24 08  .T$(.D$..D$ .T$.
00401560  89 04 24 E8 08 0C 00 00  B8 01 00 00 00 83 C4 1C  ..$.............
00401570  C2 0C 00 8D B6 00 00 00  00 8D BC 27 00 00 00 00  ...........'....
00401580  53 83 EC 18 83 3D 14 30  40 00 02 8B 44 24 24 74  S....=.0@...D$$t
00401590  0A C7 05 14 30 40 00 02  00 00 00 83 F8 02 74 11  ....0@........t.
004015A0  83 F8 01 74 3B 83 C4 18  B8 01 00 00 00 5B C2 0C  ...t;........[..
004015B0  00 BB 30 70 40 00 81 FB  30 70 40 00 74 E7 66 90  ..0p@...0p@.t.f.
004015C0  8B 03 85 C0 74 02 FF D0  83 C3 04 81 FB 30 70 40  ....t........0p@
004015D0  00 75 ED 83 C4 18 B8 01  00 00 00 5B C2 0C 00 90  .u.........[....
004015E0  8B 44 24 28 C7 44 24 04  01 00 00 00 89 44 24 08  .D$(.D$......D$.
004015F0  8B 44 24 20 89 04 24 E8  74 0B 00 00 EB A7 66 90  .D$ ..$.t.....f.
00401600  31 C0 C3 90 90 90 90 90  90 90 90 90 90 90 90 90  1...............
00401610  A1 5C 61 40 00 FF E0 90  90 90 90 90 90 90 90 90  .\a@............
00401620  8B 44 24 04 C3 8D 74 26  00 8D BC 27 00 00 00 00  .D$...t&...'....
00401630  8B 44 24 04 C3 90 90 90  90 90 90 90 90 90 90 90  .D$.............
00401640  53 83 EC 28 A1 34 54 40  00 89 04 24 E8 CF FF FF  S..(.4T@...$....
```

图 4-28　Hex View 窗口

Strings 窗口用于显示程序中所有字符串，如图 4-29 所示，有助于通过程序的运行输出逆向找出对应的代码片段。

```
| Instruction  Data  Unexplored  External symbol
IDA View-A    Pseudocode-A    Strings window    Hex View-1

Address              Length     Type  String
's' .text:00401210   0000000A   C     eastmount
's' .text:0040121A   0000000A   C     123456789
's' .text:00401224   00000016   C     please input the key:
's' .text:00401250   00000026   C     Error, The length of the key is 6~10\n
's' .text:00401276   00000019   C     You are right, Success.\n
's' .text:00401290   00000024   C     Error, please input the right key.\n
```

图 4-29　Strings 窗口

test1.exe 文件反汇编结果如图 4-30 所示，我们可以看到反汇编后的代码，将其复制到 IDE 中，稍加修改就可以进行编译链接。IDA 中查询数据非常简单，只需双击标号，就可跟踪到该数据的定义处。查看函数的实现方式也是如此。IDA 大大降低了将二进制文件还原成 C/C++代码的难度。

```
.text:00401500 55                                     push    ebp
.text:00401501 89 E5                                  mov     ebp, esp
.text:00401503 83 E4 F0                               and     esp, 0FFFFFFF0h
.text:00401506 83 EC 10                               sub     esp, 10h
.text:00401509 E8 72 09 00 00                         call    ___main
.text:0040150E C7 04 24 00 40 40 00                   mov     dword ptr [esp], offset aHelloWorld ; "hello world!"
.text:00401515 E8 DE 10 00 00                         call    _printf
.text:0040151A B8 00 00 00 00                         mov     eax, 0
.text:0040151F C9                                     leave
.text:00401520 C3                                     retn
.text:00401520                          _main         endp
```

图 4-30　反汇编结果

IDA 会创建一个数据库，名为 IDB 文件，它由 4 个文件组成(见图 4-31)：id0，二叉树形式的数据库；id1，程序字节标识；nam，Names 窗口的索引信息；til，给定数据库的本地类型定义的相关信息。这使得我们在下次载入时，可以直接加载数据库文件，获取之前分析的状态。

test1.id0

test1.id1

test1.nam

test1.til

图 4-31　4 个文件

(2) 动态分析工具

常用的动态分析工具有 OllyDbg、WinDbg 等，这里详细介绍 OllyDbg。

OllyDbg 运行在 Windows 平台上，将 IDA 与 SoftICE 结合起来，是 Ring3 级调试器，可以对程序进行动态调试和附加调试，支持对线程的调试，还支持插件扩展功能，它会分析函数过程、循环语句、选择语句、表(tables)、常量、代码中的字符串、欺骗性指令、API 调用、函数中参数的数目、import 表等，支持调试标准动态链接库(DLL)。目前已知 OllyDbg 可以识别 2 300 多个 C 和 Windows API 中的常用函数及其使用的参数，是 Ring3 级功能最强大的一款动态调试工具。OllyDbg 界面如图 4-32 所示。

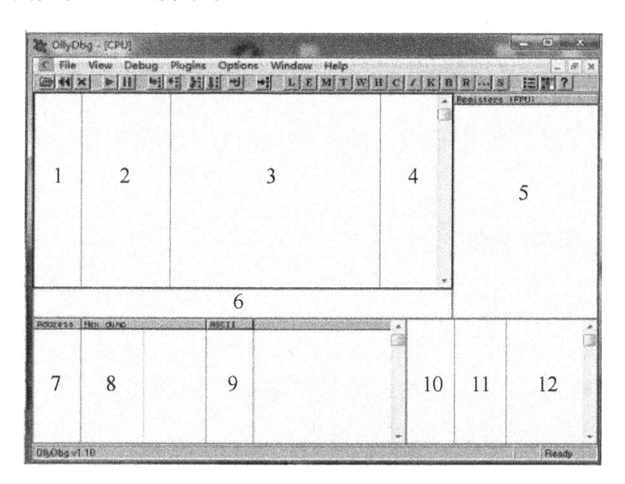

图 4-32　OllyDbg 界面

对图 4-32 中编号进行说明：

1. 汇编代码对应的地址窗口。

2. 汇编代码对应的十六进制机器码窗口。

3. 反汇编窗口。

4. 反汇编代码对应的注释信息窗口。

5. 寄存器信息窗口。

6. 当前执行到的反汇编代码的信息窗口。

7. 数据窗口——数据所在的内存地址。

8. 数据窗口——数据的十六进制编码信息。

9．数据窗口——数据对应的 ASCII 码信息。

10．栈窗口——栈地址。

11．栈窗口——栈地址中存放的数据。

12．栈窗口——对应的说明信息。

OllyDbg 的基本快捷键如表 4-2 所示，掌握快捷键的使用可以提高分析效率。

表 4-2　OllyDbg 的基本快捷键

编号	快捷键	说明
1	F2	断点，使用 F2 指定断点地址
2	F3	加载一个可执行程序，进行调试分析
3	F4	程序执行到光标处
4	F5	缩小、还原当前窗口
5	F7	单步步入，进入函数实现，跟进到 CALL 地址处
6	F8	单步步过，越过函数实现，CALL 指令不会跟进函数实现
7	F9	运行程序，遇到断点处程序暂停
8	Ctrl＋F2	重新运行程序到起始处，重新调试程序
9	Ctrl＋F9	执行到函数返回处，跳出函数实现
10	Alt＋F9	执行到用户代码处，快速跳出系统函数
11	Ctrl＋G	输入十六进制地址，在反汇编或数据窗口中快速定位到该地址

在本节中，我们已经对逆向工程以及两种逆向分析工具 IDA 和 OllyDbg 有了基本的了解，在逆向分析中，我们会经常使用它们。随着学习的深入，读者会对逆向分析的工作环境越来越熟悉。

4.5.5　OllyDbg 使用示例

（1）逆向破解 C/C＋＋程序

程序的源代码如图 4-33 所示，功能是令 a＝12，b＝12，并比较 a 和 b 的大小，如果 a＞＝b，则输出 a＞＝b，否则输出 a＜b。显然这个程序的运行结果是输出 a＞＝b，如图 4-34 所示。下面通过使用 OllyDbg 逆向破解程序，使其输出 a＜b。

```
test.cpp ×
test.cpp > main()
1   #include<stdio.h>
2   int main()
3   {
4       int a=12;
5       int b=12;
6       if (a>=b){
7           printf("a>=b\n");
8       }
9       else{
10          printf("a<b\n");
11      }
12      getchar();
13      return 0;
14  }
```

图 4-33　程序源代码

C:\Users\12161\Desktop\test\test.exe

a>=b

图 4-34　程序运行结果

使用 OllyDbg 打开生成的 test.exe，如图 4-35 所示。左上角展示的是程序汇编代码，右上角展示的是寄存器内容以及标志位。

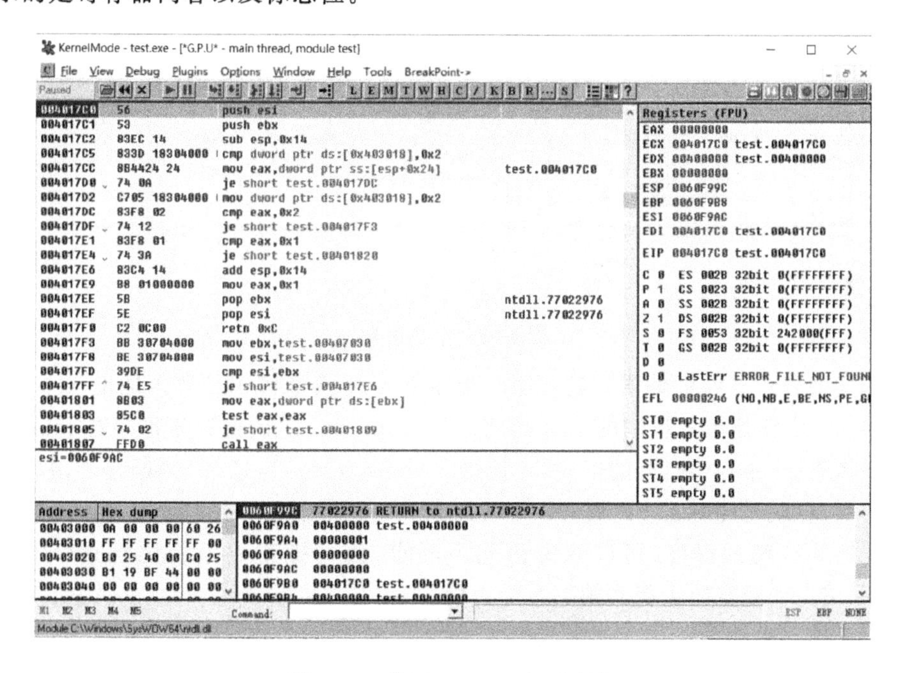

图 4-35　使用 OllyDbg 打开程序

需要先找到 printf(“a＞＝b”)和 printf(“a＜b”)的汇编语句位置。一般直接搜索 ASCII 码，会出现图 4-36 所示的界面，可以看到 a＞＝b 和 a＜b。

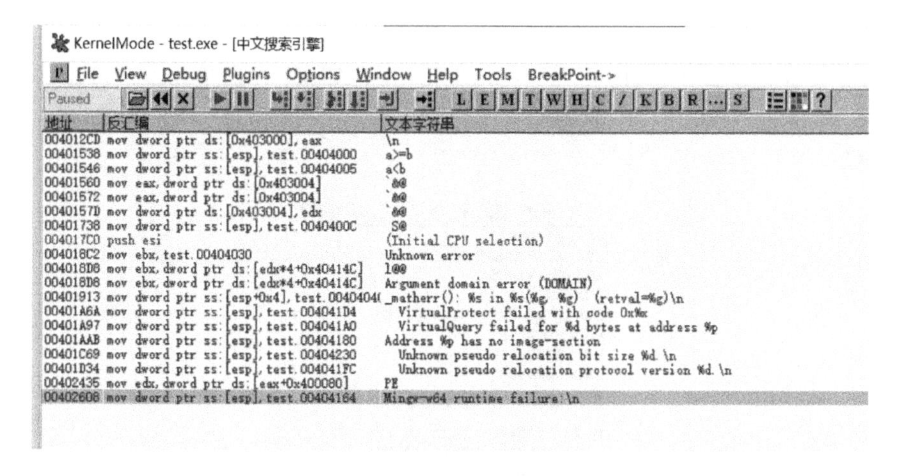

图 4-36　搜索 ASCII 码

双击“a＞＝b”，可以看到程序的汇编代码，如图 4-37 所示。00401538 处是 a＞＝b，00401546 处是 a＜b。00401536 处有跳转指令 jl，因此需要修改这行的汇编语句，使程序跳转到 00401546 处实现输出 a<b。

```
0040150D   90              nop
0040150E   90              nop
0040150F   90              nop
00401510   55              push ebp
00401511   89E5            mov ebp,esp
00401513   83E4 F0         and esp,0xFFFFFFF0
00401516   83EC 20         sub esp,0x20
00401519   E8 D2000000     call test.004015F0
0040151E   C74424 1C 0C00| mov dword ptr ss:[esp+0x1C],0xC
00401526   C74424 18 0C00| mov dword ptr ss:[esp+0x18],0xC
0040152E   8B4424 1C       mov eax,dword ptr ss:[esp+0x1C]
00401532   3B4424 18       cmp eax,dword ptr ss:[esp+0x18]        test.00400000
00401536 ⌄ 7C 0E           jl short test.00401546
00401538   C70424 0040400| mov dword ptr ss:[esp],test.00404000   a>=b
0040153F   E8 C80F0000     call <jmp.&msvcrt.puts>
00401544 ⌄ EB 0C           jmp short test.00401552
00401546   C70424 0540400| mov dword ptr ss:[esp],test.00404005   a<b
0040154D   E8 BA0F0000     call <jmp.&msvcrt.puts>
00401552   E8 CD0F0000     call <jmp.&msvcrt.getchar>
00401557   B8 00000000     mov eax,0x0
0040155C   C9              leave
0040155D   C3              retn
0040155E   90              nop
0040155F   90              nop
```

图 4-37　汇编语句

下面先详细分析这些汇编语句的作用。程序用 mov 指令将 0xC 存入地址[esp+0x1C]和[esp+0x18](0xC 就是十六进制的 12),再将地址[esp+0x1C]的值存入寄存器 eax,用 cmp 指令比较 eax 和地址[esp+0x18]的值,然后使用 jl short test.00401546 判断是否跳转。jl 指令是小于时转移,也就是当标志 SF 与 OF 异号且 ZF=0 时转移。

下面开始动态调试程序,可以双击语句下断点,我们把断点下到比较指令 cmp 处,如图 4-38 所示,按 F9 键直接运行到第一个断点处。

```
0040151E     C74424 1C 0C00| mov dword ptr ss:[esp+0x1C],0xC
00401526     C74424 18 0C00| mov dword ptr ss:[esp+0x18],0xC
0040152E     8B4424 1C       mov eax,dword ptr ss:[esp+0x1C]
00401532     3B4424 18       cmp eax,dword ptr ss:[esp+0x18]
00401536 ⌄   7C 0E           jl short test.00401546
```

图 4-38　下断点

此时寄存器和标志位如图 4-39 所示,可以看到寄存器 EAX 的值是 0000000C,esp+0x18 即 0060FEB0+0x18=60FEC8,该地址的值可以在右下角的框中查看,如图 4-40 所示,是 0000000C。

```
Registers (FPU)
EAX 0000000C
ECX 25480E4B
EDX 00C314E8
EBX 00C30D34
ESP 0060FEB0 UNICODE "%"
EBP 0060FED8
ESI 00000025
EDI 00C30D44

EIP 00401532 test.00401532

C 0  ES 002B 32bit 0(FFFFFFFF)
P 0  CS 0023 32bit 0(FFFFFFFF)
A 0  SS 002B 32bit 0(FFFFFFFF)
Z 0  DS 002B 32bit 0(FFFFFFFF)
S 0  FS 0053 32bit 3E7000(FFF)
T 0  GS 002B 32bit 0(FFFFFFFF)
D 0
O 0  LastErr ERROR_SUCCESS (0000
```

图 4-39　寄存器和标志位

```
0060FEB8 ┌0060FF68
0060FEBC │004015CB RETURN to test.004015CB from test.004014C0
0060FEC0 │00401560 test.00401560
0060FEC4 │00000000
0060FEC8 │0000000C
0060FECC │0000000C
```

图 4-40　[esp＋0x18]地址的值

如图 4-39 所示，cmp 指令执行前，SF＝0，OF＝0，ZF＝0。按 F8 键继续单步调试，cmp 指令执行后如图 4-41 所示，SF＝0，OF＝0，ZF＝1，因为使用的是 jl 语句且 ZF 不为 0，所以不会跳转到 00401546，而是顺序执行 00401538，输出 a＞＝b。

```
C 0  ES 002B 32bit 0(FFFFFFFF)
P 1  CS 0023 32bit 0(FFFFFFFF)
A 0  SS 002B 32bit 0(FFFFFFFF)
Z 1  DS 002B 32bit 0(FFFFFFFF)
S 0  FS 0053 32bit 3E7000(FFF)
T 0  GS 002B 32bit 0(FFFFFFFF)
D 0
O 0  LastErr ERROR_SUCCESS (0000
```

图 4-41　cmp 指令执行后的标志位

下面对汇编语句进行修改，使程序跳转到 00401546，输出 a＜b。可以通过双击修改此时的标志位实现跳转，或者直接将 jl 改成 jmp。修改后的程序运行结果如图 4-42 所示，输出 a＜b。

图 4-42　修改成功

(2) 修改程序的标题和内容

下面将展示 OllyDbg 的简单使用，如修改图 4-43 所示程序的标题和内容。

图 4-43　hello.exe

在 OllyDbg 中按 F3 键打开 hello.exe，按住 F8 键直到弹出 Hello 窗口，单步运行到 004010E9 时会停下来，弹出一个 MessageBox 窗口，如图 4-44 所示。

在这里下一个断点。按“Ctrl＋F2”键重新载入，再按 F9 键运行到断点处。按 F7 键步进，进入函数中，如图 4-45 所示。

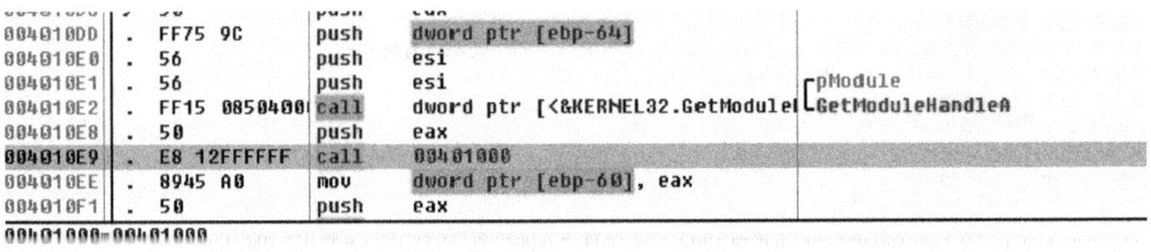

图 4-44　MessageBox 窗口

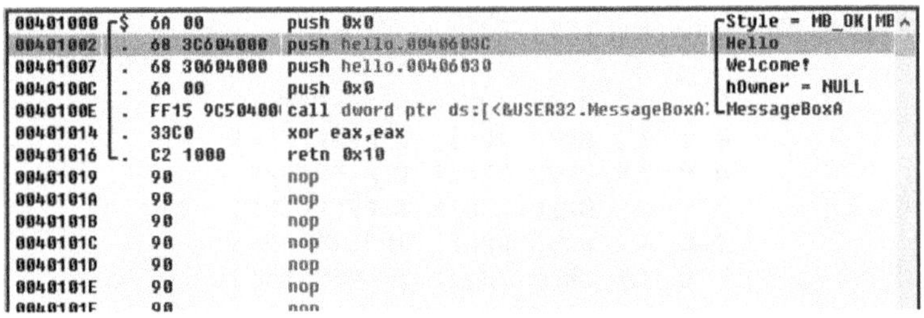

图 4-45　进入函数

从图 4-45 中可以看到 4 个 push 和 1 个 call，4 个 push 就相当于参数。可以看到右边的注解（OllyDbg 会根据 DLL 自动注解），这其实是 MessageBox 的 4 个参数，由于 VC++默认函数是__stdcall，所以参数进栈的顺序是从右往左的。我们可以看到 MessageBox 显示的窗口和内容的字符串的地址。通过修改相应地址的内容就可以改变窗口的内容。在数据面板按"Ctrl+G"键输入 00406030，选中要修改的地方，按下空格键输入要改动的字符，如图 4-46 所示。

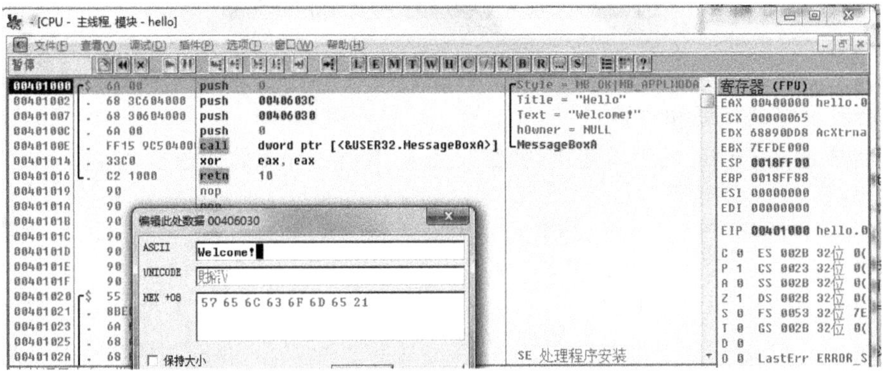

图 4-46　修改 MessageBox

由于是调用 MessageBoxA（A 代表 ASCII），所以在 ASCII 中输入想要的字符，记得要以 00 结尾。例如，输入"123456!"，按 F8 键运行程序，运行到 call messagebox 处，可以看到 MessageBox 中的"Welcome!"被改成了"123456!"。程序标题的修改同理。但是这样修改在重新载入后就会失效。如果想保存到应用程序，可选中改过的部分，右击选择"复制到可执行文件"，如图 4-47 所示。

在弹出的图 4-48 所示窗口中右击选择"备份"→"保存数据到文件"即可。

修改后程序运行结果如图 4-49 所示。

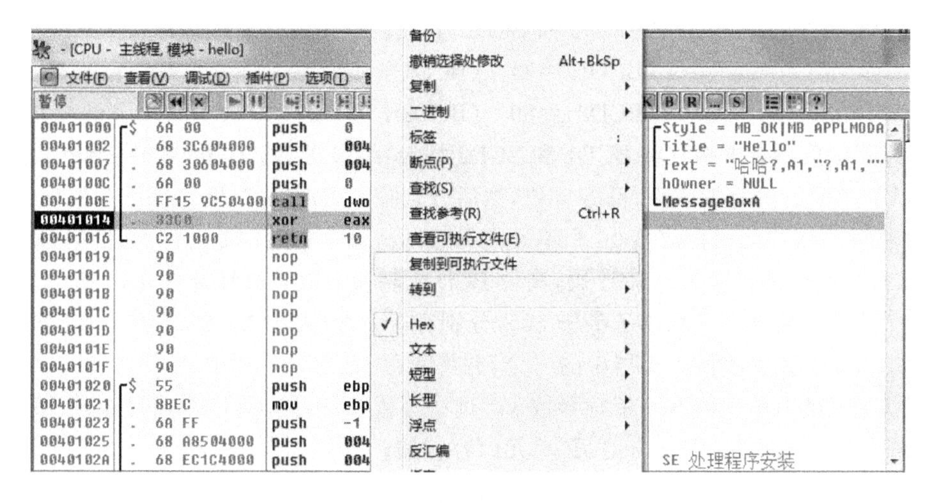

图 4-47　保存修改

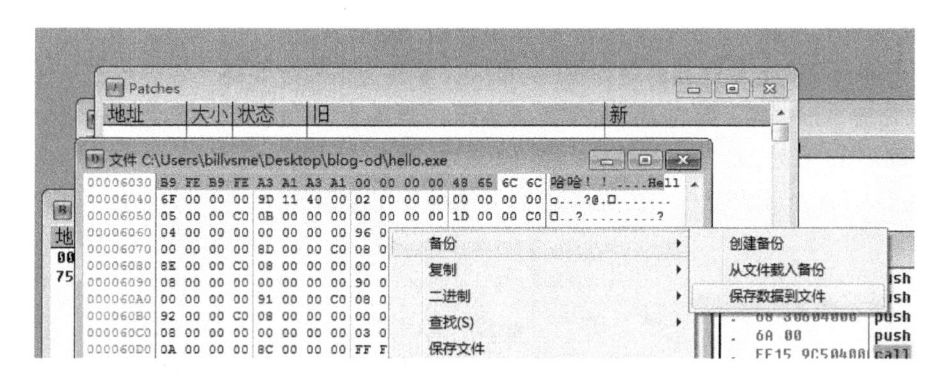

图 4-48　保存数据

图 4-49　程序运行结果

本 章 习 题

1. 已知两个 8 位无符号数 x 和 y 分别存放在 BUF 和 BUF+1 单元中，且 x>y。请编写程序计算 x−y，结果存回 BUF 单元。

2. 已知 DAT 单元有一数 x，现要求编程将 x 的低 4 位变为 1010，最高位 D7 置为 1，其他 3 位不变。

3. 已知有两个压缩 BCD 数 BCD1 和 BCD2，其在内存中的存放形式为：

(BCD1)=34　(BCD1+1)=18

(BCD2)=89　(BCD2+1)=27

高位字节为高位数。要求编程将 BCD1 和 BCD2 相加，结果送 BCD3 开始的存储单元。

4. DAT 单元的内容拆成高、低各 4 位，然后分别存于 DAT+1 及 DAT+2 的低 4 位。

5. 内存某一缓冲区中存放着 10 个单元的 BCD 码，每个单元中放两位 BCD 码(压缩 BCD 码)。要求把它们分别转换为 ASCII 码，高位 BCD 码转换后放在高地址单元。

6. 3 个无符号数 x,y,z 均小于等于 255，分别存于 DATA，DATA+1 和 DATA+2 单元中。现要找出 3 个数中数值大小居中的一个，并将其存入 BUF 单元中。

7. 已知在 DAT 单元内有一带符号数 x。试编写程序，根据 x 的具体情况进行如下处理：

(1) 若 x 为正奇数，则将 x 与 BUF 单元内容相加；

(2) 若 x 为正偶数，则将 x 与 BUF 单元内容相“与”；

(3) 若 x 为负奇数，则将 x 与 BUF 单元内容相“或”；

(4) 若 x 为负偶数，则将 x 与 BUF 单元内容相“异或”。

以上 4 种情况的运算结果都送回 BUF 单元。零作为正偶数处理。

8. 累加器 AL 中有一字符，用 ASCII 码表示。当其为“A”时，程序转移到 LPA 处；如为“B”，则转移到 LPB 处；如为“E”，则转移到 LPE 处；否则，均转向 LPN 处。

9. 在 DATA 单元中有一个二进制数 x，要求编程完成运算：

$$y=\begin{cases}x+1, & x>0\\ x, & x=0\\ x-1, & x<0\end{cases}$$

10. 数组 A 和 B 各有 20 个数据，它们均已按升序排放。现要求将这两个数组合并为一个数组 C，且要求其数据也按升序排放，试编程实现。

11. 编一程序，要求将 BUF 单元开始的 100 个存储单元全部清零。若不知所清单元长度，只知以 0FFH 作为结束标志，该如何处理？

12. 有一数据块，长度为 100 字节，存放于 DAT 开始的存储单元。要求将此数据块中的负数的个数统计出来，并将统计结果存入 MNUM 单元中。

13. 有一个由 8 位数组成的数列，长度为 3 字节，存放地址始于 DAT 单元。求此数列的算术和，并存于 BUF 和 BUF+1 单元。已知数列之和为 16 位数。

14. 从 NUMB 单元起有 100 个数，其值在 0～100 之间。试编程实现以下数据统计：

(1) 有多少个大于等于 60 的数？统计结果存于 COUNT 单元。

(2) 有多少个为 100 的数？统计结果存于 COUNT+1 单元。

(3) 有多少个为 0 的数？统计结果存于 COUNT+2 单元。

(4) 当小于 60 的数超过 10 个，则结束统计，同时置 COUNT 单元为 0FFH。

15. 将 BUF 单元开始的 50 个字节数区分出奇、偶数，奇数在前，偶数在后，仍存回原数据区。

第5章 MIPS汇编基础

5.1 MIPS指令集简介

MIPS(Microprocessor without Interlocked Piped Stages,无内部互锁流水级的微处理器)用来描述MIPS体系结构中处理器的流水线设计的一些特征。MIPS是世界上很流行的一种RISC处理器,其机制是尽量利用软件办法避免流水线中的数据相关问题。

5.1.1 MIPS背景知识

说到汇编语言,首先要说一下机器语言,即机器可以直接识别的语言,一般是具有一定格式的1和0的组合,表5-1中指令的“二进制表示”行就是机器语言。MIPS中指令都是32位的。

表5-1 机器语言与汇编语言

指令	格式	opcode	rs	rt	rd	shamt	funct
add	R	0	17	18	8	0	32
二进制表示		0	10001	10010	01000	00000	100000
十六进制表示		0x02324020					

对于101010…这样的机器语言,人类很难理解和记忆其表示的含义,于是就创造了add $ s0,$ s1,$ s2这样的看起来较为直观的汇编语言,表5-1中“add”行就是汇编语言。本章将要介绍的就是MIPS汇编语言。

指令系统体系结构(ISA,Instruction System Architecture)简称为体系结构,其可分为复杂指令集和精简指令集两部分,代表架构分别是x86、ARM和MIPS,如图5-1所示。

MIPS最早是在20世纪80年代初期由斯坦福大学Hennessy教授领导的研究小组研制出来的。MIPS公司的R系列就是在此基础上开发的RISC工业产品的微处理器。这些系列产品为很多计算机公司、各种工作站和计算机系统提供了便利。MIPS是出现最早的商业RISC架构芯片之一,新的架构集成了所有原来的MIPS指令集,并增加了许多更强大的功能。MIPS精简指令计算机的典型特征就是选取常用指令,剔除不常使用的指令,降低CPU的复杂性。

5.1.2 MIPS与x86汇编下的区别

前面学过的x86是复杂指令计算机的代表,而MIPS则是与之对应的精简指令计算机的

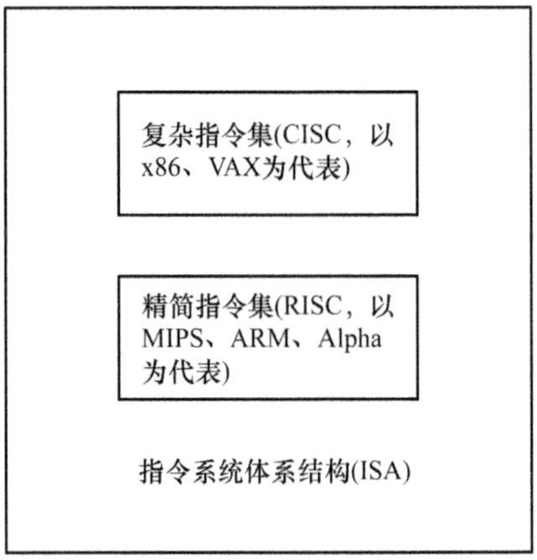

图 5-1　指令系统体系结构

代表。复杂指令计算机的功能比较强大，但是在很多场景下（如嵌入式设备中）其实并不需要这么强大的处理器。所以，以 MIPS 和 ARM 为代表的精简指令计算机如今也发挥着重要的作用。

所以 MIPS 最重要的一个原则就是简单和快速，MIPS 架构与 x86 架构的区别如表 5-2 所示。

表 5-2　MIPS 架构与 x86 架构的区别

架构	优点	缺点
x86	使用微代码，指令集可以直接在微代码记忆体里执行	通用寄存器规模小，影响整个系统的执行速度
	拥有庞大的指令集	解码器影响性能表现，遇到复杂的 x86 指令需要进行微解码，速度较慢且很复杂
	允许实现 CISC 体系机器的向上兼容	寻址范围小，约束用户需要
MIPS	早于 ARM 支持 64 位指令和操作	内存地址起始有问题，单内核无法面对高容量内存配置
	有专门的除法器，可以执行除法指令	还是顺序单/双发射，执行指令流水线周期远不如 ARM 高效
	在架构授权方面更为开放，允许授权商自行更改设计	自身系统的软件平台较为落后，应用软件与 ARM 体系相比要少很多

（1）指令长度

x86 的指令长度是变长的，有可能是 2 字节、3 字节、4 字节或者更多的字节，那么在取指令的过程中处理器需要判断要取字节的数量。而 MIPS 的指令长度是固定的 32 位，那么处理器只需要每次取 4 字节。MIPS 指令长度固定就简化了从存储器取指令的过程。

（2）寻址模式

x86 有多种多样的寻址模式，特别是在存储器中，有很多灵活的方案去寻找数据和指令，而 MIPS 简化了从存储器取操作数的过程。

（3）指令数量、功能

相对于 x86，MIPS 的快速体现在它的指令比较简单，指令的数量也比较少，指令功能简单，这样在指令的执行过程中，硬件的开销比较低，随之速度也得到了提升。

例如，在 x86 中有这样一条指令：

```
ADD AX,[2000H]
```

这条指令的意思是先到 2000H 存储单元中取一个数据，然后把取得的数据和 AX 寄存器的内容相加，结果再存储到 AX 寄存器中。这条指令有一个取数据的过程，还有一个加操作的过程。

而对于 MIPS 而言，取数据只能使用唯一的 load 指令单独完成，load 指令是 CPU 把地址发给存储器，存储器把要读取的数据返回，存到 CPU 中的寄存器里面，根据要取的数据的长度可以分为取字节型的 lb 指令和取字型的 lw 指令。同理，写数据只有通过 store 指令才可以实现，store 指令是把地址和寄存器中的数据给存储器，存储器将寄存器中的数据存放到地址所对应的存储单元中，同样可以根据存储的数据的长度进行分类，当存字节的时候可以是 sb 指令，当存字的时候可以是 sw 指令。

(4) 通用寄存器

x86 的通用寄存器多达 20 个，每个寄存器的名字不同，并且在 8 位、16 位、32 位下使用的方式也各有不同。而 MIPS 的通用寄存器个数为固定的 32 个，且长度是 32 位。MIPS 寄存器可以用名字或编号去访问。

5.1.3　MIPS 基本地址空间

在 MIPS 的 CPU 里，程序中使用的地址绝对不会和芯片里的物理地址一样（有可能会很接近，但不会相同），我们分别称为程序地址和物理地址(Physical Address)。这里所讲的程序地址的含义和虚拟地址(Virtual Address)完全相同，但不会牵扯到操作系统内存管理（进程）语境下的复杂性。

MIPS CPU 可以运行在两种特权级别上：用户态和核心态（R4000 之后的 MIPS CPU 有第三种监管者模式）。我们经常提到用户模式和核心模式，需要明确的是用户程序的运行处于操作系统的监管之下，进程的虚拟空间都在操作系统的掌握之中。从核心态切换到用户态，MIPS CPU 做的工作并没有不同，只是有时是非法的。在用户态下，任何一个程序地址的首位是非法的，就会引起陷阱异常。另外，在用户态下，一些指令也会引起陷阱异常。

如图 5-2 所示，在 32 位视图中，程序地址空间可分为 4 个区域，这 4 个区域各有一个名字。地址处在不同的区域，会有不同的属性。

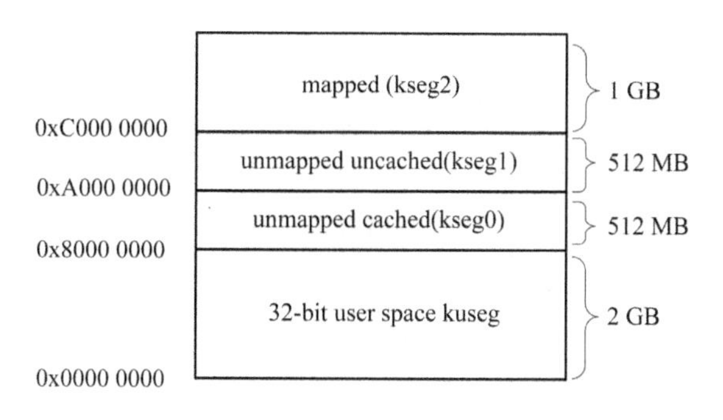

图 5-2　MIPS 内存区域

(1) kuseg:0x0000 0000～0x7FFF FFFF (低端 2 GB)

这些是用户模式下可用的地址,即 MIPS 规范约定用户空间为 2 GB。在带有内存管理单元(MMU)的机器里,这些地址都将由 MMU 转换。除非已经设置好 MMU,否则不要使用这 2 GB 地址。

(2) kseg0:0x8000 0000～0x9FFF FFFF(512 MB)

只需要把最高位清零(&0x7FFF FFFF),这些地址就会被转换为物理地址,然后把它们连续地映射到物理内存的低端 512 MB(0x0000 0000～0x1FFF FFFF)空间。因为这种映射是很简单的,不需要 MMU 转换,所以通常把这些地址称为“非翻译无须转换的”(unmapped)地址区域。

对这段地址的存取都会通过高速缓存(cached)。因此在缓存未进行初始化之前,不要使用这段地址。通常在没有 MMU 的系统中,这段空间用于存放大多数程序和数据。对于有 MMU 的系统,操作系统的内核会存放在这个区域。

(3) kseg1: 0xA000 0000～0xBFFF FFFF(512 MB)

通过将最高 3 位清零(&0x1FFF FFFF)的方法来把这些地址映射为相应的物理地址,与 kseg0 映射的物理地址一样,都映射到物理内存的低端 512 MB(0x0000 0000～0x1FFF FFFF)空间,也是“非翻译无须转换的”(unmapped)地址区域。但要注意,kseg1 不使用缓存(uncached)。

kseg1 是唯一的在系统重启时能正常工作的内存映射地址空间,这也是为什么重新启动时的入口向量(0xBFC0 0000)会在这个区域,这个向量对应的物理地址是 0x1FC0 0000。

因此用户可以使用这段地址空间来访问初始化程序的 ROM。大多数人用它来访问 I/O 寄存器。

(4) kseg2:0xC000 0000～0xFFFF FFFF (1 GB)

这段地址空间只能在核心态下使用并且要经过 MMU 转换。在 MMU 设置好之前,不能存取这段区域。除非用户在写一个真正的操作系统,一般来说不需要使用这段地址空间。

有时会看到这段地址空间被分成两等份,并称之为 kseg2 和 kseg3,要着重指出的是,其中的低半部分(kseg2)对于运行在监管者模式可用。

由于 kseg0 和 kseg1 用于操作系统分配外设 I/O 地址,加上 kseg2 的 1 GB 空间,故 MIPS 规范约定内核空间为 2 GB。

5.2 MIPS 通用寄存器和指令格式

5.2.1 MIPS 寄存器

MIPS 有 32 个通用寄存器($0～$31),各寄存器的功能及汇编程序中的使用约定如表 5-3 所示。

表 5-3 MIPS32 中通用寄存器的约定用法

编号	名称	用途
0	$zero	常量 0(constant value 0)
1	$at	汇编保留寄存器
2～3	$v0～$v1	函数调用返回
4～7	$a0～$a3	函数调用参数

续表

编号	名称	用途
8～15	\$t0～\$t7	临时寄存器,子程序可以使用它们而不用保留
16～23	\$s0～\$s7	存储寄存器,在过程调用中需要保留
24～25	\$t8～\$t9	临时寄存器,同\$t0～\$t7
26～27	\$k0～\$k1	由异常处理程序使用
28	\$gp	全局指针
29	\$sp	堆栈指针
30	\$fp	子程序可以用来做堆栈帧指针
31	\$ra	存放子程序返回地址

0号寄存器(\$zero),该寄存器总是返回零。

1号寄存器(\$at),该寄存器为汇编保留。由于I型指令的立即数字段只有16位,在加载大常数时,编译器或汇编程序需要把大常数拆开,然后重新组合到寄存器里。例如,加载一个32位立即数需要 lui(装入高位立即数)和 addi 两条指令。MIPS 程序拆散和重装大常数由汇编程序来完成,汇编程序必需一个临时寄存器来重组大常数,这也是为汇编保留\$at的原因之一。

2号和3号寄存器(\$v0～\$v1)用于函数调用返回,即用于子程序的非浮点数结果或返回值。对于子程序如何传递参数及如何返回,MIPS 范围有一套约定,堆栈中少数几个位置处的内容装入 CPU 寄存器,其相应内存位置保留未做定义,当这两个寄存器不够存放返回值时,编译器通过内存来完成。

4～7号寄存器(\$a0～\$a3)用于函数调用参数,即用来传递前4个参数给子程序。a0～a3、v0～v1以及 ra 一起来支持子程序/过程调用,分别用于传递参数、返回结果和存放返回地址。当需要使用更多的寄存器时,就需要堆栈,MIPS 编译器总是为参数在堆栈中留有空间,以防有参数需要存储。

8～15号是临时寄存器(\$t0～\$t7),子程序可以使用它们而不用保留。

16～23号是存储寄存器(\$s0～\$s7)。MIPS 提供了临时寄存器和存储寄存器,这样就减少了寄存器溢出。编译器在编译一个叶(leaf)过程(不调用其他过程的过程)的时候,总是在临时寄存器分配完时才需要存储寄存器。

24号和25号是临时寄存器(\$t8～\$t9),功能同\$t0～\$t7。

26号和27号是操作系统内核保留的寄存器(\$k0～\$k1),也叫作操作系统/异常处理保留寄存器,二者至少要预留一个。

在实际编程中,8～25号这三类寄存器使用户可以通用使用。26号和27号是操作系统内核保留的寄存器,28号是全局指针,29号是栈指针,30号是帧指针,31号寄存器是用于子程序调用返回地址的寄存器。

(1) 1号寄存器(\$at)

具体来说,如果用\$s1来作为汇编保留的寄存器,那么当我们自己写的程序用到了\$s1,汇编器在执行某些指令的时候把中间变量存到了\$s1里,就会破坏数据,导致程序出错。

而如果汇编器用\$at,我们用\$s1,二者不相互干扰,就不会有这种隐患。\$at有很多作用,整体来讲就是伪指令的中间变量。

例如：

```
li $t1,40
```

这是一条伪指令，在汇编器中会被转换成

```
addi $t1,$zero,40
```

但是，数字过大时：

```
li $t1,-4000000
```

因为数字太大，需要拆开，则会被转换成

```
lui $at,0xffc2
ori $t1,$at,0xf700
```

其中，$at 作为一个中间变量来使用。

(2) 2 号和 3 号寄存器($v0～$v1)

用来存放一个子程序（函数）的非浮点运算的结果或返回值。如果这两个寄存器不够存放需要返回的值，编译器将会通过内存来完成。

5.2.2 特殊寄存器

MIPS32 架构中定义的特殊寄存器有 3 个：PC(Program Counter，程序计数器)、HI(乘除结果高位寄存器)、LO(乘除结果低位寄存器)。

进行乘法运算时，HI 和 LO 保存乘法运算的结果，其中 HI 存储高 32 位，LO 存储低 32 位；进行除法运算时，HI 和 LO 保存除法运算的结果，其中 HI 存储余数，LO 存储商。

5.2.3 MIPS 指令类型

MIPS 所有指令都是 32 位长，即 4 个字节。

MIPS 指令类型分为 3 种，分别是：R 型(Register format)、I 型(Immediate format)、J 型(Jump format)。

(1) R 型指令

R 型指令格式如表 5-4 所示。

表 5-4 R 型指令格式

字段名	opcode	rs	rt	rd	shamt	funct
字段含义	操作码	第一个源操作数	第二个源操作数	目标寄存器	偏移量	函数码
字段长度/bit	6	5	5	5	5	6

R 型指令有 6 个字段，其中有 2 个字段长度为 6 bit，表示 0～63 的数，有 4 个字段长度为 5 bit，表示 0～31 的数。

opcode 字段用于指定指令的类型。对所有 R 型指令，该字段的值为 0。

之所以 R 型指令的 opcode 字段为 0，是因为如果仅使用 opcode 字段，MIPS 只能有 64 条指令，为了表示更多的指令，在 R 型指令中，将 opcode 字段与 funct 字段组合，用于精确地指定指令的类型，这样，MIPS 指令的数量就不仅仅是 64 种了。

rs(source register)字段通常用于指定第一个源操作数所在的寄存器编号。

rt(target register)字段通常用于指定第二个源操作数所在的寄存器编号。

rd(destination register)字段通常用于指定目的操作数的寄存器编号，目的操作数通常用于保存运算结果。

shamt(shift amount)字段用于指定移位指令进行移位操作的位数,对于非移位指令,该字段设为0。

```
add $8, $17, $18
```

本条指令为R型指令。第一个操作数是寄存器$17,第二个操作数是寄存器$18,目标寄存器是$8,该指令没有移位,shamt为0,opcode为0,funct为32。格式如图5-3所示。

0	$17	$18	$8	0	32

图5-3 add $8,$17,$18指令格式

R型指令的shamt字段用于存放立即数,由于字段长为5 bit,因此可以存储的最大立即数为31,但是往往存储的立即数大于31,所以针对立即数大于31的情况设计了新的指令类型:I型指令。

(2) I型指令

I型指令格式如表5-5所示。

表5-5 I型指令格式

字段名	opcode	rs	rt	immediate
字段含义	操作码	第一个源操作数	目标寄存器	立即数
字段长度/bit	6	5	5	16

opcode字段用于指定指令的操作类型(没有funct域)。

rs(source register)字段用于指定第一个源操作数所在的寄存器编号。

rt(target register)字段用于指定目的操作数的寄存器编号,目的操作数通常用于保存运算结果。

immediate字段用于存放16 bit的立即数,可以表示2^{16}个不同数值。

```
lw $s1, 100($s2)
```

本条指令为I型指令,源操作数寄存器为$s2,目标寄存器是$s1。格式如图5-4所示。

35	$s2	$s1	100

图5-4 lw $s1, 100($s2)指令格式

分支指令包括条件分支指令和非条件分支指令,条件分支指令根据比较的结果改变控制流,通常为I型指令,而非条件分支指令则无条件跳转,通常为J型指令。

(3) J型指令

J型指令格式如表5-6所示。

表5-6 J型指令格式

字段名	opcode	address
字段含义	操作码	地址
字段长度/bit	6	26

opcode 字段用于指定指令的操作类型。

address 字段用于指定跳转的地址。

```
J 10000
```

本条指令为 J 型指令，指令无条件跳转到一个绝对地址 label(此处设地址为 10000)处。J 指令的前 6 位是操作码，后 26 位是地址。跳转以后的地址采用伪直接寻址方式，PC 等于：取 PC 的 31～28 高 4 位，再加上立即数 26 位的地址。格式如图 5-5 所示。

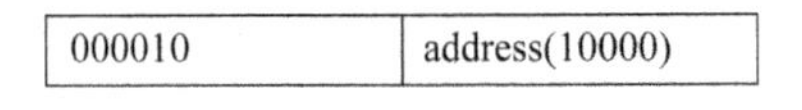

图 5-5　J 10000 指令格式

5.2.4　访问存储器指令

MIPS 设置有单独的指令存储器，它对于存储器的访问只有两种，一种是 load 指令，一种是 store 指令。MIPS 没有像 x86 那样的指令：取，然后再做加减乘除等运算。MIPS 只有单一的取和存，如表 5-7 所示。

表 5-7　取指令(load)和存指令(store)

指令	格式	指令功能
la	la rd,address	将存储器 address 的地址存到寄存器 rd 中
lb	lb rd,address	从存储器地址 address 中读取一个字节的数据到寄存器 rd 中
lw	lw rd,address	从存储器地址 address 中读取一个字的数据到寄存器 rd 中
sb	sb rs,address	把一个字节的数据从寄存器 rs 存储到存储器地址 address 中
sw	sw rs,address	把一个字的数据从寄存器 rs 存储到存储器地址 address 中

取存储器地址：la。la 类似于 x86 中的 lea 指令。

例如：

```
la $a0,mymessage
```

将存储器的地址给寄存器，即将 mymessage 的地址(也就是 10000000h)给 $ a0，如图 5-6 所示。

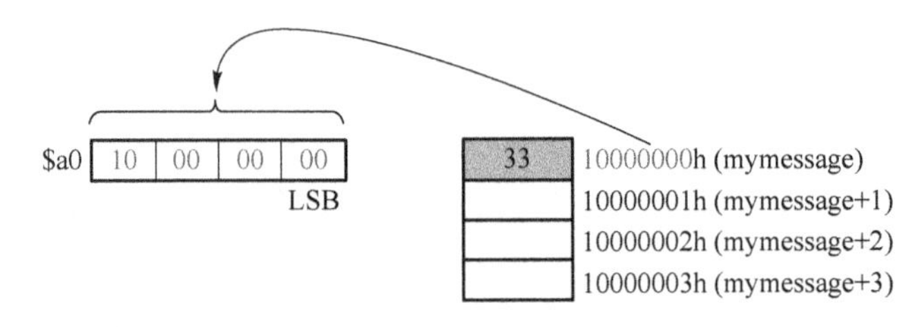

图 5-6　la $ a0,mymessage

存储器取指令：lb 和 lw。lb 是取一个字节，lw 是取一个字，除此之外，lb 和 lw 的使用方法一致。

例如：

```
lb $t1,array
```

该指令的意思是从 array 这个地址中取一个字节放到 $ t1 寄存器中，如图 5-7 所示。

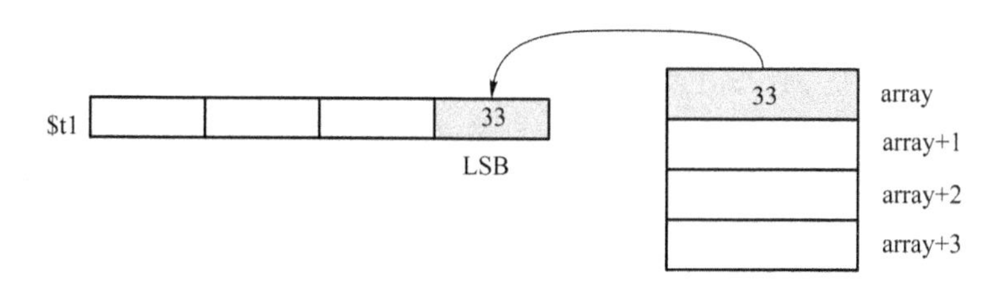

图 5-7 lb \$t1,array

lb 也可以直接从地址中取字节。

例如：

```
lb $t1,0x10000000
```

直接从地址 10000000h 中取一个字节到 \$t1 寄存器，如图 5-8 所示。

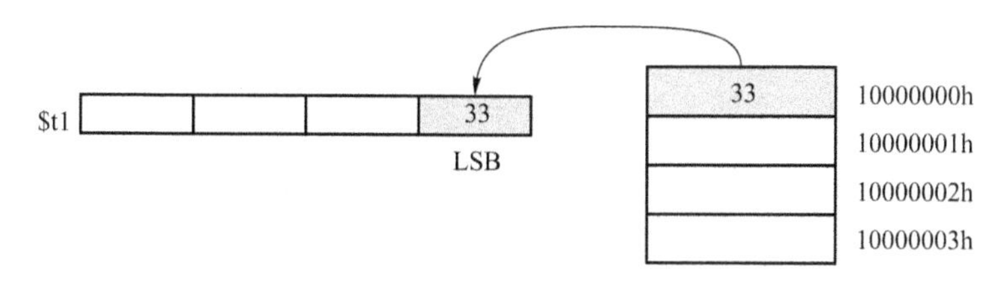

图 5-8 lb \$t1,0x10000000

存储器存指令：sb 和 sw。sb 是存一个字节，sw 是存一个字。

例如：

```
sb $t1,address
```

该指令的意思是将 \$t1 寄存器中的一个字节放到 address 地址中，如图 5-9 所示。

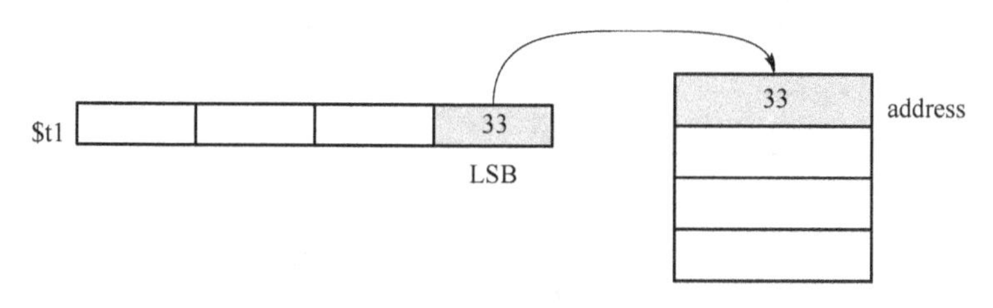

图 5-9 sb \$t1,address

5.2.5 寻址模式

多种不同的寻址形式一般统称为寻址模式(addressing mode)。

什么是直接寻址？什么是相对寻址？

直接寻址就是在指令格式的地址字段中直接指出操作数在内存中的地址。由于操作数的地址直接给出而不需要经过某种变换，所以称这种寻址方式为直接寻址方式。MIPS 文档中描述为 not PC-relative，即 PC 无关寻址。绝对寻址要依赖基地址＋偏移。

相对寻址要依赖 PC 的值(PC 就是当前指令的位置)。基本计算规则是加载延迟槽＋偏移。加载延迟槽就是紧跟在 PC 加载指令后的指令位置。对于 MIPS 的 32 位指令，加载延迟槽＝PC＋4。对于 64 位指令，加载延迟槽＝PC＋8。

x86 寻址相较于 MIPS 的寻址方式会更复杂，特别是存储器寻址有多种多样的形式；而

MIPS 的设计理念就是越简单越好，因此寻址方式较为简洁，MIPS 硬件只支持一种寻址方式，即寄存器相对寻址。但是 MIPS 汇编器可以利用合成指令来支持多种寻址方式。

例如：图 5-10 中，寄存器 $t1 和 $t2 分别放了一个数据，我们需要把这两个数据存到 arrayA 数组中。

```
sw $t1,arrayA(0),sw $t2,arrayA(4)
```

即为 arrayA 的地址和偏移量的关系。将 $t1 的值存到 arrayA+0 开始的位置，$t1 的数据是 0288FA22，把它存到 arrayA 到 arrayA+3 的地址里。$t2 的数据是 0029AD66，把它存到 arrayA+4 开始的位置。

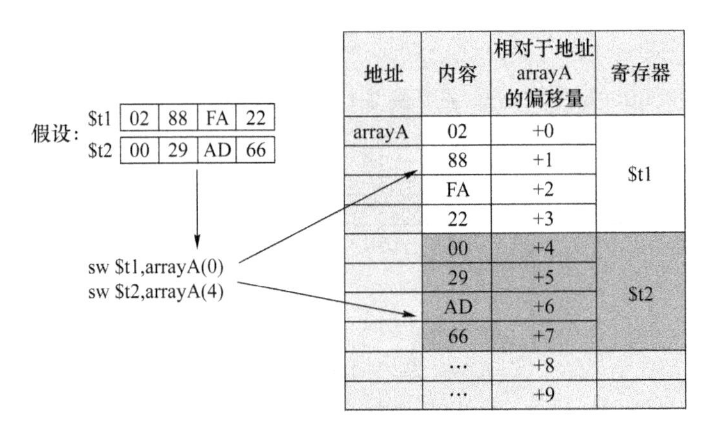

图 5-10　寄存器相对寻址地址示例

x86 寻址方式和 MIPS 寻址方式的对比如表 5-8 所示。

表 5-8　x86 寻址方式和 MIPS 寻址方式的对比

数据位置	x86 寻址方式	MIPS 寻址方式
指令	立即数寻址	立即数寻址
寄存器	寄存器寻址	寄存器寻址
存储器	直接寻址 寄存器间接寻址 寄存器相对寻址 基址变址寻址 相对基址变址寻址	基址寻址 PC 相对寻址 伪直接寻址

MIPS 寻址模式如下所述。

① 立即数寻址（immediate addressing），操作数是位于指令中的常数，如图 5-11 所示。

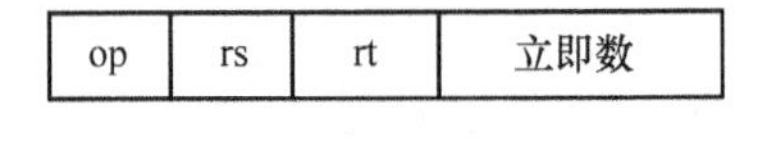

图 5-11　立即数寻址

例如：

```
addi $s4, $t5, -73
ori $t3, $t7, 0xFF
```

② 寄存器寻址(register addressing),操作数是寄存器,如图 5-12 所示。

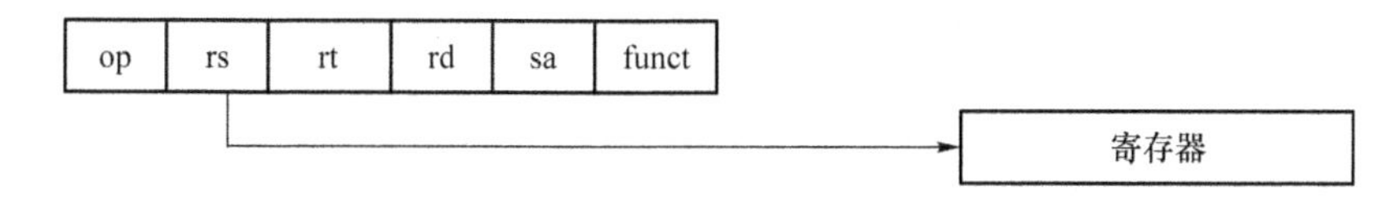

图 5-12　寄存器寻址

例如:

```
add $s0, $t2, $t3
sub $t8, $s1, $0
```

③ 基址寻址(base addressing)或偏移寻址(displacement addressing),如 lw 和 sw,是将 16 位地址字段做符号扩展成 32 位与 PC 相加,操作数在内存中,其地址是指令中基址寄存器和常数的和,如图 5-13 所示。注意,这里以 32 位 MIPS 机器为例,其中字为 32 位,半字为 16 位。

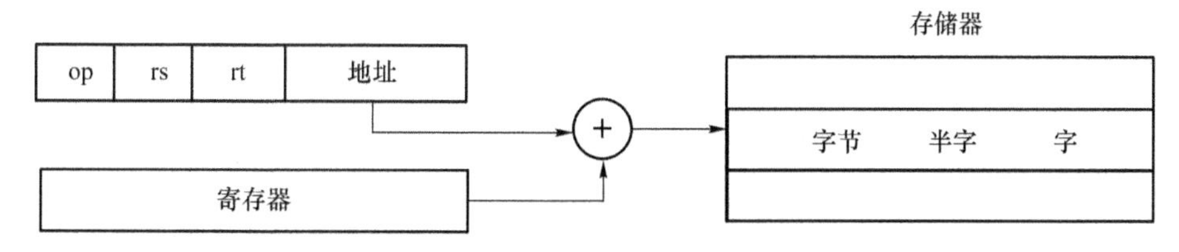

图 5-13　基址偏移量寻址

例如:

```
lw $s4, 72($0)
;地址 = $0 + 72
sw $t2, -25($t1)
;地址 = $t1-25
```

④ PC 相对寻址(PC-relative addressing),条件分支指令在进行分支跳转时(见图 5-14),使用 PC 相对寻址方式来确定 PC 的新值,将 16 位地址左移 2 位与 PC(已更新为 PC+4)相加。为什么要左移 2 位? 16 位偏移量左移 2 位以指示以字为单位的偏移量,将偏移量能表示的有效范围扩大了 4 倍。其次,将 16 位地址看作有符号数,一般在流水线设计中,先将 16 位地址符号扩展成 32 位,然后左移 2 位,再与 PC 相加,地址是 PC 和指令中常数的和,如图 5-15 所示。

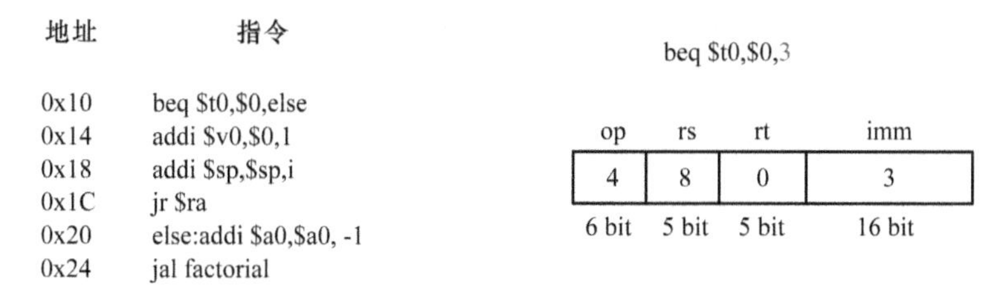

图 5-14　PC 相对寻址示例

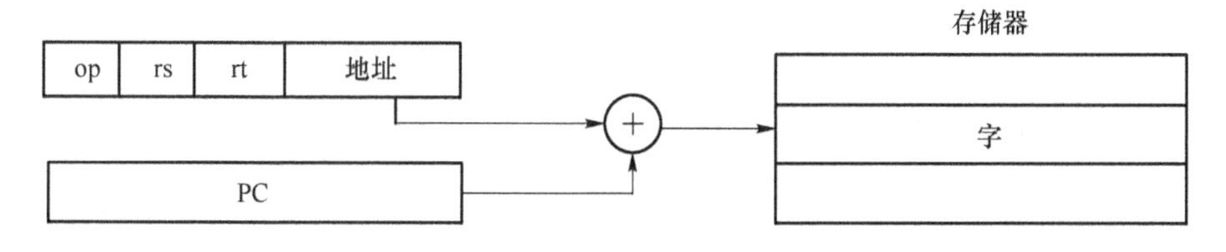

图 5-15　PC 相对寻址

⑤ 伪直接寻址(pseudodirect addressing),直接寻址的地址应该是指令中直接给出,但指令中没有足够的位数来存放跳转的目标地址(目标地址应是 32 位)。目标地址最低两位永远是 00,再往高位的 26 位由指令中的 addr 字段指明,最高 4 位由 PC+4 的最高 4 位获得,这种寻址方式称为伪直接寻址,如图 5-16 和图 5-17 所示。

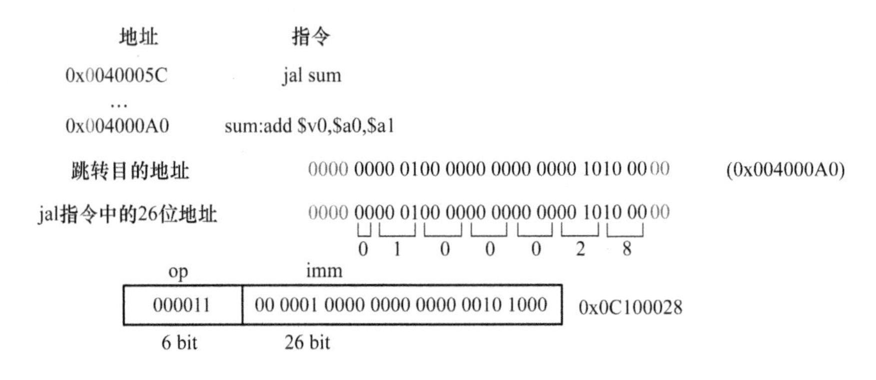

图 5-16　伪直接寻址示例

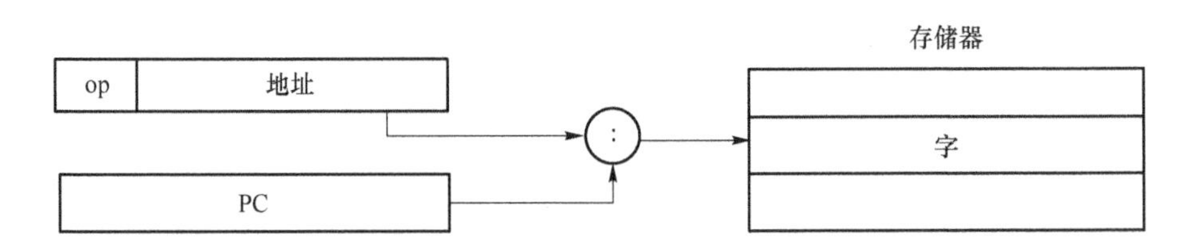

图 5-17　伪直接寻址

5.2.6　练习题

1. op re rt rd shamt funct(0 8 9 10 0 34)表示哪条 MIPS 指令?(　　)

A. sub $t0,$t1,$t2　　B. add $t0,$t0,$t1

C. sub $t2,$t1,$t0　　D. sub $t2,$t0,$t1

2. 下列哪些寄存器在过程调用中必须被保存?(　　)

A. $s0　　B. $t0　　C. $ra　　D. $a0

E. $v0

3. 若将 t0 存至 s0,应使用以下哪种指令?(　　)

A. add s0,t0,$zero　　B. add s0,t0,$s0

C. t0=s0　　D. s0=t0

4. 在 R 型指令、存取指令、跳转指令 3 种基本 MIPS 指令类型中,写寄存器的目标寄存器号不会来自 rs 字段。(　　)

A. 对　　B. 错

5. MIPS 架构的寻址方式有哪些?请简要介绍。

6. MIPS 的指令类型有哪几种?

5.3 MIPS 汇编程序框架

5.3.1 MIPS 源程序框架

与 x86 汇编程序类似,MIPS 汇编程序也是分段表示,MIPS 汇编程序分为数据段(. data)和代码段(. text)。

MIPS 源程序框架可参见图 5-18。

```
# 说明程序的目的和作用
    .data               # 定义数据段
    ……                  # 数据变量声明
    .text               # 定义代码段
    .global main
main:                   # 程序执行起始位置
    ……                  # 主程序(指令待填)
    li $v0, 10          # 程序正常执行终止
    syscall             # 汇编结束
```

图 5-18 MIPS 源程序框架

段的声明通过段定义伪指令实现。MIPS 的段定义伪指令主要可分为 3 种:. data 伪指令、. text 伪指令、. global 伪指令(可省略)。

(1) . data 伪指令

用来定义程序的数据段,程序的变量需要在该伪指令下定义。汇编程序会分配和初始化变量的存储空间。

(2) . text 伪指令

用来定义程序的代码段。

(3) . global 伪指令

声明某一个符号为全局变量,全局符号可被其他的符号引用。用该伪指令声明一个程序的 main 过程。

下面将详细介绍 MIPS 汇编的各个段。

5.3.2 数据段

定义程序的数据段,程序的变量需要在伪指令. data 下定义,汇编程序会分配和初始化变量的存储空间。

数据声明的格式为:

```
变量名: 数据类型  变量值
```

MIPS 数据类型如表 5-9 所示,表中以 MIPS 32 位机器为例。

表 5-9　MIPS 数据类型

数据类型	含义
. byte	以 8 位字节存储数值表
. half	以 16 位(半字长)存储数值表
. word	以 32 位(一个字长)存储数值表
. float	以单精度浮点数存储数值表
. double	以双精度浮点数存储数值表
. ascii	为一个 ASCII 字符串分配字节序列
. asciiz	与. ascii 伪指令类似,但是在字符串末尾增加 NULL 字符,类似于 C 语言
. space n	为数据段中 n 个未初始化的字节分配空间

下面看几个数据声明的例子：

```
var1：.word 3 #声明一个 word 类型的变量 var1，同时赋值 3
array1：.byte 'a','b' #声明一个存储 2 个字符的数组 array1,并赋值 'a','b'
array2：.space 40 #为变量 array2 分配 40 字节(byte)未使用的连续空间
str1：.ascii "Hello world\n" #声明一段字符串,内容为"Hello world\n"
```

5.3.3　代码段

代码段以. text 为开始标志,代码段其实就是各项指令操作,在前面的章节中我们了解了 MIPS 指令的类型,分别是 R 型、I 型、J 型。

MIPS 指令的基本格式如下：

```
[标号:]   操作符    [操作数]     [#注释]
```

标号部分可选,用于标记内存地址,若定义标号则后面必须添加冒号。

操作符用于定义操作(如 add、sub 等)。

操作数用于指明操作需要的数据,可以是寄存器、内存变量或常数,大多数指令有 3 个操作数。

5.3.4　系统调用 syscall

例 5-1　我们看一段 MIPS 源程序,程序的功能是打印一段字符串。

```
     .data     #数据段
str：.asciiz   " Hello MIPS Assembly! \n "      #定义字符串 str
     .text     #代码段
     la        $ a0, str                        #将 str 的地址赋给寄存器 $ a0
     li        $ v0, 4                          #将寄存器 $ v0 赋值为 4
     syscall                                    #调用 syscall,打印字符串 str
     li        $ v0, 10                         #将寄存器 $ v0 赋值为 10
     syscall                                    #调用 syscall,退出程序
```

第 1 行. data 用于声明数据段,第 2 行声明了一段字符串,变量名为 str。

第 3 行. text 用于声明代码段,第 4 行将要打印的字符串变量 str 的地址赋给寄存器 \$ a0,即 \$ a0 = address(str)。

第 5 行赋值对应的操作代码,通过对寄存器 \$ v0 赋值再调用 syscall 可以实现不同的功能。

第 6 行调用 syscall，打印字符串 str。

第 7 行赋值对应的操作代码，通过对寄存器 $ v0 赋值再调用 syscall 可以实现不同的功能。

第 8 行调用 syscall，退出程序。

由上面的程序我们得知，通过改变寄存器 $ v0 的值再调用 syscall 可以实现不同的功能。寄存器 $ v0 的值与 syscall 对应的功能如表 5-10 所示。

表 5-10　syscall 功能

服务	功能调用码	所需参数	返回值
打印整型	$ v0 = 1	将要打印的整型赋值给 $ a0	
打印浮点	$ v0 = 2	将要打印的浮点赋值给 $ f12	
打印双精度	$ v0 = 3	将要打印的双精度赋值给 $ f12	
打印字符串	$ v0 = 4	将要打印的字符串的地址赋值给 $ a0	
读取整型	$ v0 = 5		将读取的整型赋值给 $ v0
读取浮点	$ v0 = 6		将读取的浮点赋值给 $ v0
读取双精度	$ v0 = 7		将读取的双精度赋值给 $ v0
读取字符串	$ v0 = 8	将读取的字符串地址赋值给 $ a0，将读取的字符串长度赋值给 $ a1	
同 C 中的 sbrk()函数，动态分配内存	$ v0 = 9	$ a0 = amount(需要分配的空间大小，单位是字节)	将分配好的空间首地址赋值给 $ v0
退出	$ v0 = 10		

例 5-2　看一段 MIPS 汇编源程序，程序的功能是从键盘中读一个字符并显示。

```
.data# 数据段
msg_read:   .asciiz   "Give number:"       # 定义字符串 msg_read
msg_print:  .asciiz   "\nNumber = "        # 定义字符串 msg_print
.text# 代码段
la   $ a0, msg_read                        # 将 msg_read 地址赋给寄存器 $ a0
li   $ v0, 4                               # 将寄存器 $ v0 赋值为 4
syscall                                    # 调用 syscall，输出字符串 msg_read
li   $ v0,5                                # 将寄存器 $ v0 赋值为 5
syscall                                    # 调用 syscall，读取一个整型
move   $ t1, $ v0                          # 将寄存器 $ v0 的值赋给寄存器 $ t1
li   $ v0,4                                # 将寄存器 $ v0 赋值为 4
la   $ a0,msg_print                        # 将 msg_print 地址赋给寄存器 $ a0
syscall                                    # 调用 syscall，输出字符串 msg_print
li   $ v0,1                                # 将寄存器 $ v0 赋值为 1
move   $ a0, $ t1                          # 将寄存器 $ t1 的值赋给寄存器 $ a0
syscall                                    # 调用 syscall，打印一个整型
li   $ v0,10                               # 将寄存器 $ v0 赋值为 10
syscall                                    # 调用 syscall，退出程序
```

本程序多次调用 syscall 指令,第 1 行声明数据段,第 2、3 行声明了两个字符串作为提示信息。

第 4 行声明代码段,第 5 行将要打印的字符串的地址赋值给 $ a0。

第 6 行赋值寄存器 $ v0 对应的操作代码,第 7 行调用 syscall 指令完成打印字符串功能。

第 8 行赋值寄存器 $ v0 对应的操作代码,第 9 行调用 syscall 指令读取一个整型数字并赋值给寄存器 $ v0。

第 10 行将寄存器 $ v0 的内容赋值给寄存器 $ t1。

第 11 行赋值寄存器 $ v0 对应的操作代码,第 12 行将要打印的字符串的地址赋值给 $ a0,第 13 行调用 syscall 指令完成打印字符串功能。

同理,接下来的代码完成了输出接收到的整型数字和退出程序的功能。

上述代码的运行我们可以使用 MARS 调试工具完成,该工具的具体使用方法请见 5.4 节。

5.3.5 练习题

1. 伪指令 array . space 40 的作用是预留 40 个字的存储空间。(　　)

A. 对　　　　　　B. 错

2. 用 MIPS 汇编语言实现斐波那契数列,具体要求如下。

(1) 输入:斐波那契数列第 n 项。

(2) 输出:斐波那契数列第 n 项数值。

3. MIPS 的段定义伪指令有哪几种?请简要介绍。

4. 用 MIPS 汇编语言实现选择排序算法。

5. 用 MIPS 汇编语言编写一个求 n 的阶乘的汇编程序,具体要求如下。

(1) 第一行读取 n;

(2) 计算并输出 n 的阶乘,输出字符串长度小于等于 1 000;

(3) 步数限制为 200 000;

(4) 使用 syscall 结束程序。

5.4 MARS 调试工具介绍和演示

5.4.1 MARS 简介

MARS(MIPS Assembler and Runtime Simulator,MIPS 汇编器和运行时模拟器)是一款 MIPS 开发和调试工具,能够运行和调试 MIPS 程序。

由于 MARS 采用 Java 开发,因此运行时需要 Java 运行库。MARS 是一款轻量级交互式 IDE,其大小只有 4 MB。

5.4.2 MARS 界面

我们首先来简单认识 MARS 界面。如图 5-19 所示,本界面分为代码编辑区、结果显示区和寄存器区。

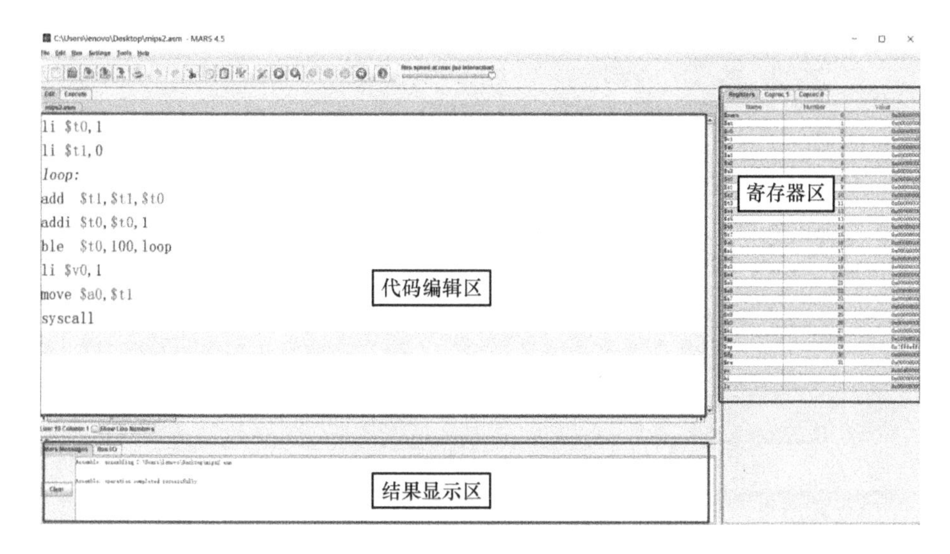

图 5-19　MARS 界面(一)

代码编辑区用于编辑 MIPS 程序源代码,结果显示区用于显示代码的运行状况和运行结果,寄存器区用于显示寄存器的内容。

我们可以通过菜单栏的“File”→“New”新建一个汇编源程序,或者通过“File”→“Open”打开已经存在的汇编源程序。

编辑好代码后,单击菜单栏的“Run”→“Assemble”会进入图 5-20 所示界面。

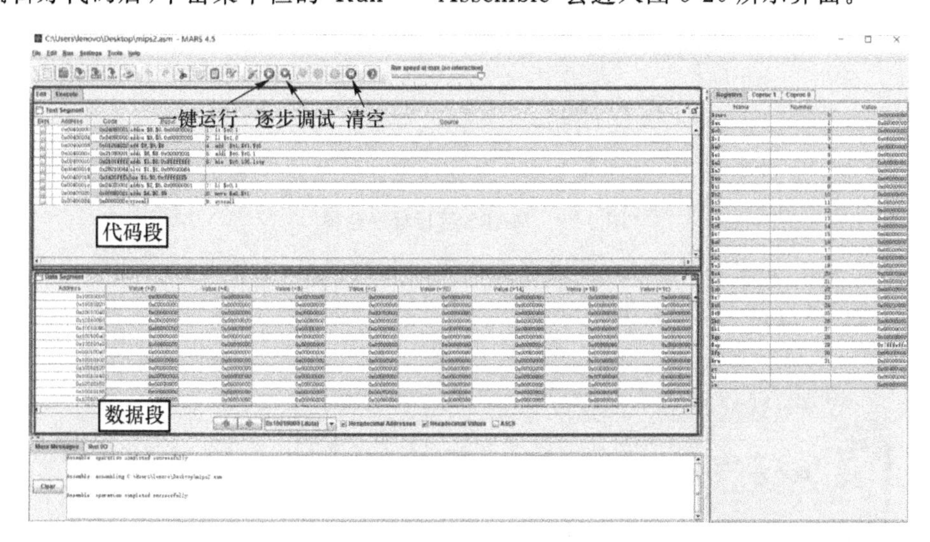

图 5-20　MARS 界面(二)

之前的代码编辑区变成了两个新的区域,分别是代码段区域和数据段区域。代码段区域用于显示代码的地址、指令,数据段区域用于显示数据的存放情况。

5.4.3　MARS 运行

打开 MARS 之后,单击菜单栏的“File”→“Open”,选择已经写好的 MIPS 汇编源程序并打开,如图 5-21 所示。

MIPS 源程序的后缀名为.asm 或.s。

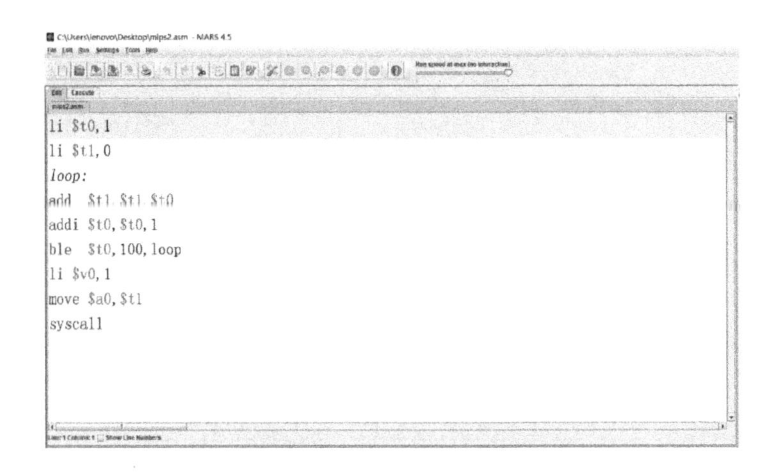

图 5-21　MARS示例程序

接下来我们运行源程序，首先单击“Run”→“Assemble”汇编源程序，如图 5-22 所示。

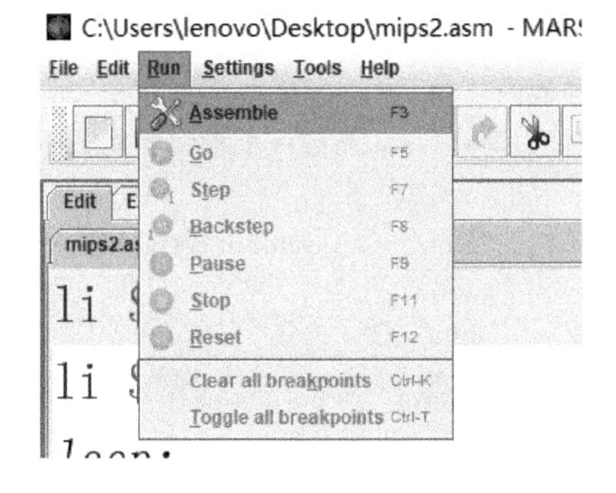

图 5-22　MARS运行程序选项

进入调试窗口，如图 5-23 所示，可以看到代码段和数据段，方便调试。观察代码段，不难发现每条指令的长度都是 32 bit，即 4 字节。

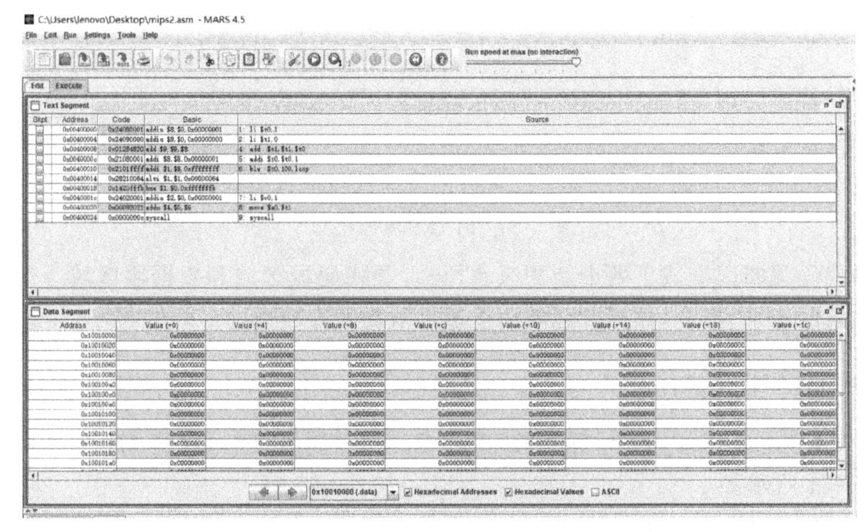

图 5-23　MARS调试窗口

单击菜单栏的“Run the current program”(见图 5-24)可以直接运行至程序结束,若遇到 syscall 的输入功能,则会中途停止,等待用户键入数据。

图 5-24　MARS 直接运行

单击菜单栏的“Run one step at a time”(见图 5-25)可以让程序单步运行,方便调试程序。

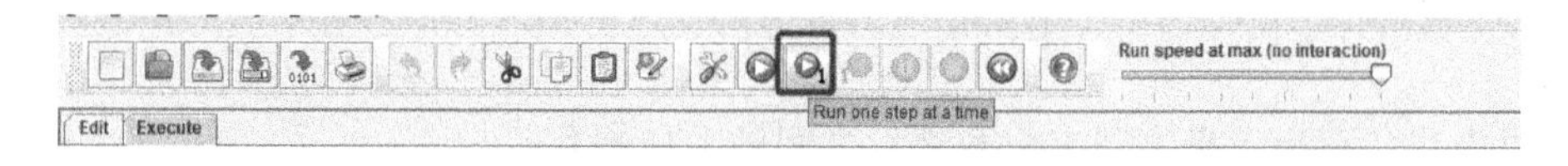

图 5-25　MARS 单步调试

由于本程序的功能是计算 1～100 的和,使用单步调试则单击次数过多,因此直接单击“Run the current program”按钮,运行至程序结束,运行结果如图 5-26 所示。

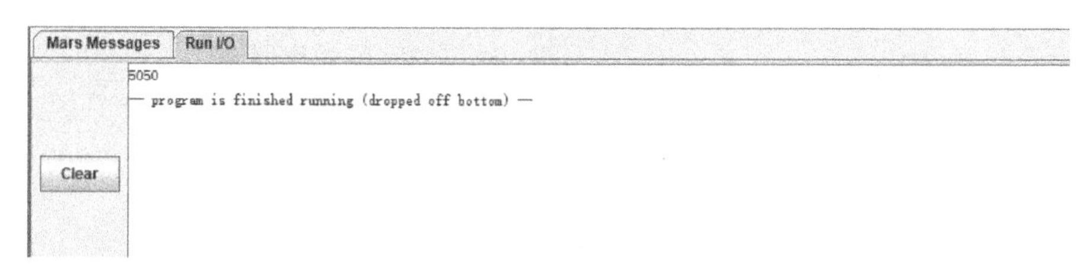

图 5-26　MARS 输出结果窗口

本 章 习 题

1. MIPS32 微处理器的寄存器是(　　)位的。

A. 8　　B. 16　　C. 32　　D. 64

2. MIPS32 微处理器的寄存器有(　　)个。

A. 8　　B. 16　　C. 32　　D. 64

3. MIPS32 微处理器的每条指令长度是(　　)位。

A. 64　　B. 32

C. 16　　D. 不确定,不同的指令长度不同

4. 单周期 MIPS 在一个时钟周期内不能完成(　　)。

A. 更新 PC 内容和向数据存储器写数据

B. 从寄存器堆读数据、ALU 运算和向数据存储器写数据

C. ALU 运算和向寄存器堆写数据

D. 从数据存储器读数据和向数据存储器写数据

5. 某采用相对寻址的 MIPS I 型指令,其立即数字段的值为 1110000011100011,则计算操作数有效地址时,与 PC 内容相加的偏移量是(　　)。

A. 1111111111111111 1000001110001100

B. 1111111111111111 1110000011100011

C. 0000000000000000 1110000011100011

D. 0000000000000000 1000001110001100

6. 下列 MIPS32 指令系统中，与基址寻址相关的指令是(　　)。

A. addi $rt, $rs, imm　　　　B. lw $rt, $rs, imm

C. beq $rs, $rt, imm　　　　D. add $rd, $rs, $rt

7. 下列关于指令的功能和类型表述错误的是(　　)。

A. 常见的指令有单操作数指令、双操作数指令、传送指令、访存指令、I/O 指令和运算指令等

B. 可以用访存指令来实现主机和外设之间的 I/O 操作

C. MIPS32 指令集中，可以用来访问存储器的指令很少，只有 lw 和 sw 指令

D. 如果外设与内存统一编制，那么需要设计专用的 I/O 指令，也就是显示 I/O 指令

8. (多选)MIPS 指令分为 R、I、J 3 种类型，下列关于 MIPS 指令格式的描述中正确的是(　　)。

A. 指令长度固定　　　　B. 操作码字段长度固定

C. 指令中寄存器字段长度固定　　　　D. 立即数字段长度固定

9. (多选)下列关于 MIPS R 型指令的描述中正确的是(　　)。

A. 不同功能的 R 型指令使用的寄存器数量不一定相同

B. 所有 R 型指令的操作码 OP 字段的值均为 000000

C. R 型指令既有算术运算指令，也有逻辑运算指令

D. R 型指令不支持访问内存的指令

10. (多选)下列关于 MIPS I 型指令的描述中正确的是(　　)。

A. I 型指令包括访问内存的指令

B. I 型指令包括条件转移指令

C. I 型指令包括立即数运算指令

D. I 型指令支持给寄存器赋立即数的操作

11. (多选)下列关于 MIPS J 型指令的描述中正确的是(　　)。

A. J 型指令支持无条件跳转指令

B. J 型指令只使用伪直接寻址方式

C. J 型指令执行后，PC 寄存器的值最后两位一定为 00

D. 所有 J 型指令均不使用 MIPS 的任何通用寄存器

12. 简述 MIPS 汇编与 x86 下的汇编有什么区别。

13. MIPS 架构处理器的通用寄存器有哪些？请简述它们的约定命名和用处。

14. MIPS 的特殊寄存器有哪几种？请简述它们的约定命名和用处。

15. MARS 是编写 MIPS 程序时使用的常见工具，请区分 MARS 的窗口与各个功能模块。

16. 请用 MIPS 汇编语言编写输出“Hello World!”。

第 6 章 MIPS 汇编程序设计

6.1 MIPS 顺序程序设计

6.1.1 顺序程序的特点

顺序程序的特点如下。

① 顺序程序通常作为程序的一部分,用以构造程序中的一些基本功能。

② 顺序结构程序是最简单、最基本的程序。

③ 程序按编写的顺序依次往下执行每一条指令,直到最后一条。

④ 顺序程序能够解决某些实际问题,或成为复杂程序的子程序。

总而言之,顺序程序设计,顾名思义就是按照指令的先后顺序执行每条指令,这是最基本的程序片段。本章中,我们以算术运算类指令和逻辑运算类指令为例介绍 MIPS 的顺序程序设计。

常见的算术运算类指令和逻辑运算类指令如下。

加法指令:add、addi、dadd、daddi、addu、addiu、daddu、daddiu。

减法指令:dsub、sub、subu。

绝对值:abs、dabs。

取相反数:dneg、neg、negu。

逐位逻辑操作指令:and、andi、or、ori、xor、nor。

循环移位指令:drol、rol、ror。

移位指令:sll、srl、sra。

6.1.2 算术运算类指令

① 算术运算类指令的操作数可以使用寄存器和立即数,不能直接使用 RAM 地址或者间接寻址。

② 需要注意的是没有 8086 指令:add eax,[ebx]。

③ 操作数的大小都是字 Word(4 Byte)。

算术运算类指令如表 6-1 所示。

表 6-1　算术运算类指令

指令	格式	指令功能	其他
add	add rd,rs,rt	rd←rs+rt	执行 32 位带符号整数加法，如果补码运算溢出则产生异常
addi	addi rd,rs,immediate	rd←rs+immediate	16 位带符号立即数符号扩展至 32 位后执行加法，如果补码运算溢出则产生异常
addu	addu rd,rs,rt	rd←rs+rt	不产生异常
sub	sub rd,rs,rt	rd←rs−rt	执行 32 位带符号整数减法，如果补码运算溢出则产生异常
subi	subi rd,rs,immediate	rd←rs−immediate	16 位带符号立即数符号扩展至 32 位后执行减法，如果补码运算溢出则产生异常
subu	subu rd,rs,rt	rd←rs−rt	不产生异常
mul	mul rd,rs,rt	rd←rs * rt	32 位整数相乘，结果只保留低 32 位，HI/LO 寄存器无意义
mult	mult rs,rt	(HI,LO)←rs * rt	32 位带符号整数相乘，结果存于 HI/LO 寄存器
multu	multu rs,rt	(HI,LO)←rs * rt	32 位无符号整数相乘，结果存于 HI/LO 寄存器
div	div rs,rt	(HI,LO)←rs/rt	32 位带符号整数相除，不会产生算术异常(即使除以 0)
divu	divu rs,rt	(HI,LO)←rs/rt	32 位无符号整数相除，不会产生算术异常(即使除以 0)

(1) add 指令

add 指令为 32 位带符号整数加法指令。它执行的是 32 位带符号整数加法，若数字过大，导致补码运算溢出则产生异常。

指令用法：

```
add rd,rs,rt
```

指令作用：rd←rs+rt，将地址为 rs 的通用寄存器的值与地址为 rt 的通用寄存器的值进行加法运算，运算结果保存到地址为 rd 的通用寄存器中。

例如，指令：

```
add $1,$2,$3
```

这就是加法指令的使用格式。该指令的意思是寄存器里的带符号数相加，$1=$2+$3，将寄存器 2 和寄存器 3 中的数取出来并相加，再放到寄存器 1 中。

(2) addi 指令

addi 指令和 add 指令的区别在于 addi 指令是与立即数相加。addi 指令以常数作为操作数，无须访问存储器就可以使用常数。因为常数操作数频繁出现，所以在算术指令中加入常数字段，比从存储器中读取常数快得多。

指令用法：

```
addi rd,rs,immediate
```

指令作用：rd←rs+immediate，将地址为 rs 的通用寄存器的值与立即数 immediate 进行加法运算，运算结果保存到地址为 rd 的通用寄存器中。

例如，指令：

```
addi $1,$2,10
```

其中 10 是十进制数。该指令的意思是寄存器里的带符号数和立即数相加，$1=$2+10，将寄存器 2 和立即数 10 相加，再放到寄存器 1 中。

在这里我们提出一个小问题，怎样将一个 32 位的常数装入寄存器 $s0 呢？

解决方法是分两次装入，先装入高 16 位，再装入低 16 位。如待装入常数为 1111010000100100000000，则我们可以把该常数化为 32 位二进制数并分为两部分。图 6-1 所示是待装入数据。

0000 0000 0011 1101（高16位）　　0000 1001 0000 0000（低16位）

61　　2304

图 6-1　待装入数据

程序如下：

```
lui $s0,61              # $s0 = 0000 0000 0011 1101 0000 0000 0000 0000
addi $s0,$s0,2340       # $s0 = 0000 0000 0011 1101 0000 1001 0000 0000
```

(3) sub 指令

sub 指令执行 32 位带符号整数减法，如果补码运算溢出则产生异常。

指令用法：

```
sub rd,rs,rt
```

指令作用：rd←rs－rt，将地址为 rs 的通用寄存器的值与地址为 rt 的通用寄存器的值进行减法运算，运算结果保存到地址为 rd 的通用寄存器中。

例如，指令：

```
sub $s3, $s0, $s4
```

这是减法指令的使用格式，它与加法指令的使用方法类似，是带符号整数相减。用寄存器 $s0 的值减去寄存器 $s4 的值，将它们的差值存储在寄存器 $s3 中。

(4) mul 指令

mul 指令要求参与运算的值都是 32 位带符号数。

指令用法：

```
mul rd,rs,rt
```

指令作用：rd←rs * rt，将地址为 rs 的通用寄存器的值与地址为 rt 的通用寄存器的值进行乘法运算，运算结果保存到地址为 rd 的通用寄存器中。

例如，指令：

```
mul $1,$2,$3
```

这是乘法指令的使用格式，是带符号数相乘。意思是 $1＝$2 * $3，将寄存器 2 和寄存器 3 中的数取出来并相乘，再放到寄存器 1 中。

(5) div 指令

div 指令是除法指令，使用 div 做除法有以下几个需要注意的地方。

除数和被除数：MIPS 除法运算使用 32 位有符号的除数和被除数。做有符号数运算时，输入的被除数和除数都是补码，做除法时需要先将补码转成原码。正数的补码就是原码，那么只需要将负数转成原码即可。

结果：除数和被除数的结果会放入高低寄存器(HI,LO)中，即使除以零也不会抛出异常。

指令用法：

```
div rs,rt
```

指令作用：(HI,LO)←rs/rt，将地址为 rs 的通用寄存器的值与地址为 rt 的通用寄存器的值进行除法运算，运算结果保存到高低寄存器(HI,LO)中。

例如，指令：

```
div $t5,$t6
```

div 指令的结果存储在高低寄存器(HI,LO)中，其中 \$LO= \$t5/\$t6，\$LO 为商的整数部分；\$HI= \$t5 mod \$t6，\$HI 为余数。

接下来通过两个例子来简单介绍 C 语言和 MIPS 汇编语言的差别，同时加深读者对算术运算类指令的理解。

例 6-1 我们假定变量 a,b,c,d,e 分别被分配到寄存器 \$s0，\$s1，\$s2，\$s3，\$s4 中。C 语言和 MIPS 汇编语言代码如下。

C 语言中：

```
a=b+c,d=a-e
```

MIPS 汇编语言中：

```
add $s0, $s1, $s2     #将变量 b($s1)和 c($s2)相加,把它们之和存储在 a($s0)中
sub $s3, $s0, $s4     #用变量 a($s0)减去 e($s4),将它们之差存储在 d($s3)中
```

针对以上代码，我们能提出以下几个问题。

① 为什么要把变量对应至寄存器？

因为 MIPS 中的算术运算操作只作用于寄存器(换而言之，CPU 中的算术逻辑单元只能对寄存器中的数据进行直接运算)，因此变量必须要对应到寄存器，才能进行运算。

② 为什么使用的是 \$s0，\$s1，\$s2，\$s3，\$s4 这几个寄存器？可以使用其他的寄存器吗？

MIPS 中有 32 个寄存器，编号为 0～31。寄存器 \$s0～\$s7 对应的寄存器号为 16～23，这些寄存器主要就是用来进行算术运算操作的。按照规定，寄存器 \$s0～\$s7 都可以使用。

例 6-2 我们假定 f,g,h,i,j 分别被分配到寄存器 \$s0，\$s1，\$s2，\$s3，\$s4 中，同时我们还要引入两个临时变量 t0(用来存储 g－h 的结果)和 t1(用来存储 i－j 的结果)，这两个临时变量分别被分配到寄存器 \$t0 和 \$t1 中。代码如下。

C 语言中：

```
f = (g - h) + (i - j)
```

MIPS 汇编语言中：

```
sub $t0, $s1, $s2     #用变量 g($s1)减去 h($s2),把它们的差存储在 t0($t0)中
sub $t1, $s3, $s4     #用变量 i($s3)减去 j($s4),把它们的差存储在 t1($t1)中
add $s0, $t0, $t1     #将变量 t0($t0)和 t1($t1)相加,将它们之和存储在 f($s0)中
```

针对以上代码，我们能提出以下问题。

例 6-2 中的寄存器 \$t0 和 \$t1 从哪里来？为什么要引入这两个寄存器？

由第 5 章我们可以知道，一条 MIPS 指令只能执行一个运算，所以编译器会将这条稍复杂的 C 语言代码编译成多条汇编语言指令，可以认为是多了一个中间环节，如图 6-2 所示。

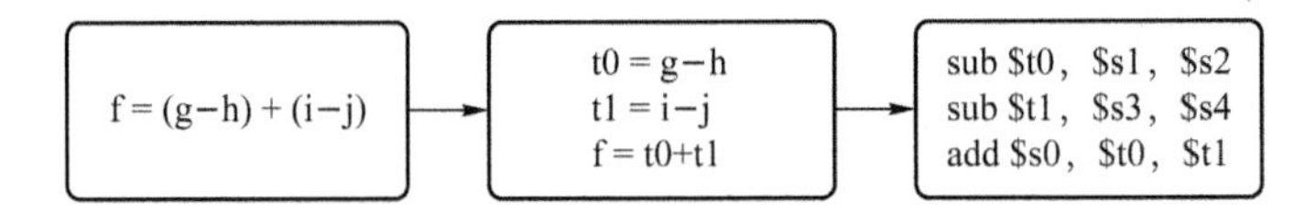

图 6-2 C 语言到 MIPS 汇编语言的中间环节

\$t0 和 \$t1 是 MIPS 中专门用来存储临时数据的寄存器。这样的寄存器有 8 个，分别是

$ t0～$ t7,对应 MIPS 32 个寄存器中的 8～15 号。

例 6-3 将 C 语言赋值语句编译成 MIPS 汇编语言,约定 x,y,z 分别存放在 $ t1,$ t2,$ t3 中。

C 语言表示为:

```
A=x+y-(z/2);B=5*x+(y*z)
```

用 MIPS 汇编语言编写的程序如下:

```
.data                    #数据段,输出字符串,需要提前定义
a: .ascii "\nA="
b: .ascii "\nB="
.text
                         #读第一个数
li $v0,5                 #赋值功能号$v0=5
syscall                  #系统调用
move $t1,$v0             #将x赋值给$t1
                         #读第二个数
li $v0,5
syscall
move $t2,$v0             #将y赋值给$t2
                         #读第三个数
li $v0,5
syscall
move $t3,$v0             #将z赋值给$t3
                         #计算A=x+y-(z/2)
add $t0,$t1,$t2          #$t0=$t1+$t2,(x+y)
div $t4,$t1,2            #$t4=$t3/2,(z/2)
sub $t0,$t0,$t4          #$t0=$t0-$t4,(x+y)-(z/2)
                         #显示字符串的值,提示信息"\nA="
li $v0,4
la $a0,a
syscall
                         #显示结果A
li $v0,1                 #调用1号功能
move $a0,$t0             #将结果t0传给a0,因为1号功能调用a0
syscall
                         #计算B=(5*x)+(y*z)
mul $t0,$t1,5            #$t0=$t1*5,(5*x)
mul $t1,$t2,$t3          #$t1=$t2*$t3,(y*z)
add $t0,$t0,$t1          #$t0=$t0+$t1,(x*5)+(y*z)
                         #显示字符串的值,提示信息"\nB="
li $v0,4
la $a0,b
syscall
                         #显示结果B
li $v0,1                 #调用1号功能
move $a0,$t0             #将结果t0传给a0,因为1号功能调用a0
```

```
syscall

            #调用 10 号功能,程序结束
li $v0,10
syscall
```

6.1.3 逻辑运算类指令

逻辑运算类指令是另一组重要的指令,它包括逻辑与(and)、逻辑或(or)、逻辑非(not)和异或指令(xor),逻辑运算类指令也是经常使用的指令,如表 6-2 所示。

表 6-2 逻辑运算类指令

指令	格式	指令功能	其他
and	and rd,rs,rt	rd←rs&rt	执行与操作
andi	andi rt,rs,immediate	rt←rs&immediate	执行立即数与操作
or	or rd,rs,rt	rd←rs|rt	执行或操作
ori	ori rt,rs,immediate	rt←rs|immediate	执行立即数或操作
not	not rd,rs	rd←~rs	执行非操作
xor	xor rd,rs,rt	rd←rs^rt	执行异或操作
xori	xori rt,rs,immediate	rt←rs^immediate	执行立即数异或操作
nor	nor rd,rs,rt	rd←~(rs|rt)	执行或非操作

(1) and、or 指令

- and 指令

and 指令是逻辑与运算,它对两个操作数做逻辑与运算并将结果存在寄存器中。

指令用法:

```
and rd,rs,rt
```

指令作用:rd←rs&rt,将地址为 rs 的通用寄存器的值与地址为 rt 的通用寄存器的值进行逻辑与运算,运算结果保存到地址为 rd 的通用寄存器中。

例如,指令:

```
and $1,$2,$3
```

该指令的意思是将 2 号寄存器与 3 号寄存器的值进行与运算,并将结果存入 1 号寄存器。假设 2 号寄存器的值为 0x00000001,3 号寄存器的值为 0x00000001,那么运算之后得到的 1 号寄存器值为 0x00000001。

- or 指令

or 指令执行逻辑或运算,它对两个操作数做逻辑或运算并将结果存在寄存器中。

指令用法:

```
or rd,rs,rt
```

指令作用:rd←rs|rt,将地址为 rs 的通用寄存器的值与地址为 rt 的通用寄存器的值进行逻辑或运算,运算结果保存到地址为 rd 的通用寄存器中。

例如,指令:

```
or $1,$2,$3
```

该指令的意思是将2号寄存器与3号寄存器的值进行或运算，并将结果存入1号寄存器。

(2) andi、ori、xori指令

这3条指令的格式如图6-3所示。从图6-3中可以发现这3条指令都是I型指令，可以依据指令中31～26位指令码的值判断是哪一种指令。

31　　26	25　　21	20　　16	15　　0
andi 001100	rs	rt	immediate
ori 001101	rs	rt	immediate
xori 001110	rs	rt	immediate

图6-3　andi、ori、xori指令

- andi指令

指令用法：

```
andi rt, rs, immediate
```

指令作用：将地址为rs的通用寄存器的值与指令中的立即数进行零扩展后的值进行逻辑与运算，运算结果保存到地址为rt的通用寄存器中。

- ori指令

指令用法：

```
ori rt, rs, immediate
```

指令作用：将16位立即数immediate进行无符号扩展至32位，与rs寄存器里的值进行逻辑或运算，结果放入rt寄存器中。

- xori指令

指令用法：

```
xori rt, rs, immediate
```

指令作用：将地址为rs的通用寄存器的值与指令中的立即数进行零扩展后的值进行逻辑异或运算，运算结果保存到地址为rt的通用寄存器中。

6.1.4　移位指令

移位指令可以分为两种情况：sllv、srav、srlv这3条指令的助记符最后有“v”，表示移位位数是通过寄存器的值确定的；sll、sra、srl这3条指令的助记符最后没有“v”，表示移位位数就是指令中10～6位的sa的值。移位指令如表6-3所示。

表6-3　移位指令

指令	格式	指令功能	其他
sll	sll rd,rt,shamt	rd←rt<<sa	shamt存放移位的位数，左移操作，右边补0
sllv	sllv rd,rt,rs	rd←rt<<rs	不同的是最后一个操作数是一个寄存器
srl	srl rd,rt,shamt	rd←rt>>sa	shamt存放移位的位数，右移操作，左边补0
srlv	srlv rd,rt,rs	rd←rt>>rs	不同的是最后一个操作数是一个寄存器
sra	sra rd,rt,shamt	rd←rt>>sa	shamt存放移位的位数，算术右移操作，注意保留符号位
srav	srav rd,rt,rs	rd←rt>>rs	注意保留符号位

• sll 指令，逻辑左移

指令用法：

```
sll rd,rt,shamt
```

指令作用：rd←rt<<sa，将地址为 rt 的通用寄存器的值向左移 sa 位，空出来的位置使用 0 填充，结果保存到地址为 rd 的通用寄存器中。

• sllv 指令，逻辑左移

指令用法：

```
sllv rd, rt, rs
```

指令作用：rd←rt<<rs[4:0](logic)，将地址为 rt 的通用寄存器的值向左移位，空出来的位置使用 0 填充，结果保存到地址为 rd 的通用寄存器中，移位位数由地址为 rs 的寄存器值的 4～0 位确定。

• srl 指令，逻辑右移

指令用法：

```
srl rd,rt,shamt
```

指令作用：rd←rt>>sa，将地址为 rt 的通用寄存器的值向右移 sa 位，空出来的位置使用 0 填充，结果保存到地址为 rd 的通用寄存器中。

• srlv 指令，逻辑右移

指令用法：

```
srlv rd, rt, rs
```

指令作用：rd←rt>>rs[4:0](logic)，将地址为 rt 的通用寄存器的值向右移位，空出来的位置使用 0 填充，结果保存到地址为 rd 的通用寄存器中，移位位数由地址为 rs 的寄存器值的 4～0 位确定。

• sra 指令，算术右移

指令用法：

```
sra rd,rt,shamt
```

指令作用：rd←rt>>sa，将地址为 rt 的通用寄存器的值向右移 sa 位，空出来的位置使用 rt[31]的值填充，结果保存到地址为 rd 的通用寄存器中。

• srav 指令，算术右移

指令用法：

```
srav rd, rt, rs
```

指令作用：rd←rt>>rs[4:0](arithmetic)，将地址为 rt 的通用寄存器的值向右移位，空出来的位置使用 rt[31]填充，结果保存到地址为 rd 的通用寄存器中，移位位数由地址为 rs 的寄存器值的 4～0 位确定。

接下来通过一个例子来加深读者对逻辑运算类指令的理解。

例 6-4 要求利用移位指令实现乘法指令 10 * X，将 X 存放在 $t1 中。

求解思路：我们固然可以使用乘法指令来实现，但使用移位指令可以使代码更加简洁。我们可以将 10 * X 视作 10 * X=2 * X+8 * X，同时 8 是 2 的 3 次方。

```
                    #从键盘读一个数
li $v0,5            #调用 5 号功能
syscall
move $t1,$v0
                    #计算 10 * X
```

```
sll $t2,$t1,1                # $t2=2*X
sll $t3,$t1,3                # $t3=8*X
add $t4,$t2,$t3              # $t4= $t2+$t3
                             #显示结果
li $v0,1                     #调用 1 号功能
move $a0,$t4
syscall
```

6.1.5　练习题

1. 下列哪个操作可以将字中的一部分分离出来？(　　)

A. and　　B. 左移再右移　　C. or　　D. nor

2. 与 x86 不同，MIPS 汇编语言的加减运算指令区分无符号数和有符号数。(　　)

A. 对　　B. 错

3. MIPS 汇编语言的逻辑运算类指令都是 3 个操作数。(　　)

A. 对　　B. 错

4. 假设程序计数器(PC)被设置为 0x2000 0000，是否可以使用 MIPS 的跳转(j)指令将 PC 设置为地址 0x4000 0000？

5. 用 MIPS 指令把以下 32 位常数装入 $s0 寄存器中。

0010 0000 0011 1101 0000 1001 0000 0000

6.2　MIPS 分支设计

程序几乎不可能总按照顺序来执行，每个程序中往往都存在分支判断，根据判断条件来决定程序的走向。分支程序有两种基本结构，分别对应 C 语言中的 if 语句和 if-else 语句。在汇编中，往往通过无条件转移指令和条件转移指令实现分支。

MIPS 体系架构中，跳转、分支和子程序调用的命名规则如下。

和 PC 相关的相对寻址指令(地址计算依赖于 PC 值)称为“分支”(branch)，助记符以 b 开头。绝对地址指令(地址计算不依赖于 PC 值)称为“跳转”(jump)，助记符以 j 开头。子程序调用为“跳转并链接”或“分支并链接”，助记符以 al 结尾。

6.2.1　置位指令

置位指令如表 6-4 所示。

表 6-4　置位指令

指令	格式	指令功能	其他
slt	slt rd,rs,rt	小于置 1:rd←(rs<rt)	将数据看作有符号数进行比较
slti	slti rt,rs,immediate	小于置 1:rt←(rs<imm)	属于 I 型指令，将立即数看作有符号数
sltiu	sltiu rt,rs,immediate	小于置 1:rt←(rs<imm)	属于 I 型指令，将立即数看作有符号数，也会进行符号扩展，但是不同的是，一旦完成符号位扩展之后，会将这个数据看作无符号数
sltu	sltu rd,rs,rt	小于置 1:rd←(rs<rt)	与 slt 大致相同，不同的是该指令将数据当作无符号数看待，从而进行比较

6.2.2 无条件转移指令

无条件转移指令如表 6-5 所示。

表 6-5 无条件转移指令

<table>
<tr><th>指令</th><th>格式</th><th>指令功能</th><th>其他</th></tr>
<tr><td>j</td><td>j label</td><td>跳转至 label 处</td><td>PC=PC(31:28)|imm<<2,可实现某个 256 MB 区域内的自由跳转</td></tr>
</table>

j 指令无条件跳转到一个绝对地址 label 处。j 指令的前 6 位是操作码,后 26 位是地址,如图 6-4 所示。跳转以后的地址采用伪直接寻址方式,PC 等于:取 PC 的 31～28 高 4 位,再加上立即数 26 位的地址。

	6 bit	26 bit
j	opcode	address

图 6-4 无条件转移指令

j 指令无条件跳转到一个绝对地址。实际上,j 指令跳转到的地址并不是直接指定的 32 位地址(所有 MIPS 指令都是 32 位长,不可能全部用于编址数据域,那样的指令是无效的,也许只有 nop):由于目的地址的最高 4 位无法在指令的编码中给出,32 位地址的最高 4 位取当前 PC 的最高 4 位。对于一般的程序而言,28 位地址所支持的 256 MB 跳转空间已经足够大了。跳转指令的地址都是 4 位一组,所以将该 26 位地址左移 2 位表示 28 位的地址,它没有正负之分,因此相对简单。0x6 位指令码+(11)多的 2 位二进制码+FFFFFF(24 位),左移之后变成保留 6 位指令码中的最高 4 位,之后的目标地址等于原来的 26 位加上补上的 2 位,得到 0x0FFFFFFC(最大移动地址)。

指令的使用格式是:

```
j label
……
label:
……
```

当程序顺序执行并遇到该指令时,无条件跳转至 label 处。此外,无条件的分支指令可以很容易地由其他指令合成。

例 6-5 用 MIPS 汇编语言表示 C 语言程序:f=g+h。

```
# $ s3 = i, $ s4 = j
# $ s0 = f, $ s1 = g, $ s2 = h
add $ s0, $ s1, $ s2          # f = g + h
j Exit                        #i == j 段运行结束
Exit:                         #程序结束
```

6.2.3 分支转移指令

分支转移指令如表 6-6 所示。

表 6-6　分支转移指令

指令	格式	指令功能	其他
和存储器或立即数比较时			
beq	beq rs,rt,label	if rs = rt,跳转到 label	
bge	bge rs,rt,label	if rs >= rt,跳转到 label	slt $at,rs,rt beq $at,$0,label
bgt	bgt rs,rt,label	if rs > rt,跳转到 label	slt $at,rt,rs bne $at,$0,label
ble	ble rs,rt,label	if rs <= rt,跳转到 label	slt $at,rt,rs beq $at,$0,label
blt	blt rs,rt,label	if rs < rt,跳转到 label	slt $at,rt,rs bne $at,$0,label
bne	bne rs,rt,label	if rs < > rt,跳转到 label	
和零比较时			
beqz	beqz rs,label	if rs = 0,跳转到 label	beq rs,$0,label
bgez	bgez rs,label	if rs >= 0,跳转到 label	beq rs,$0,label
bgtz	bgtz rs,label	if rs > 0,跳转到 label	beq rs,$0,label
blez	blez rs,label	if rs <= 0,跳转到 label	beq rs,$0,label
bltz	bltz rs,label	if rs < 0,跳转到 label	beq rs,$0,label
bnez	bnez rs,label	if rs < > 0,跳转到 label	beq rs,$0,label

本章中的指令功能都是带条件的分支跳转,即当操作数寄存器 rs 满足一定条件时,才会跳转到 label。

(1) beq 指令

beq 指令和 bne 指令都属于 PC 相对寻址指令,它们的特点是与存储器或者立即数进行比较。beq 指令包含该指令和两个操作数,以及跳转的分支地址,该地址是相对于下一条指令的相对地址。beq 指令发生跳转的条件是:当待比较的两个数相等时跳转。

那么我们会提出一个问题,为什么要选择 PC 寄存器呢?

因为几乎所有的条件分支指令都是跳转到附近的地址,选择 PC 寄存器的好处是速度快、开销小。

例如,指令:

```
beq  $s0,$s1,EXIT
……
EXIT:
……
```

执行 beq 分支指令,比较 $s0 和 $s1 两个操作数中的数据,如果相等则跳转到 EXIT 指定的地址。那么,如何到达 EXIT 的地址?

这就要利用分支指令的 16 位二进制数了。16 位二进制数可以表示的范围为 $-2^{15}\sim2^{15}-1$,也就是 −32 768～32 767,通过下一条指令的地址加上该分支指令值就能得到目标地址。

此外,如果进行地址的加减就要用到二进制的补码来进行运算。

16位中负数最小值的补码演变：0x0000FFFF（原码）是负数，所以在FFFF前加一得到0x0001FFFF，再进行按位取反得到0xFFFE0000（补码），加上下一条指令的地址就是目标地址。16位中正数的补码就是原码，最大值为0x00007FFF。

此外，对于所有的分支转移指令而言，只要条件合适，指令之间是可以互相替换的。

（2）bne指令

bne指令发生跳转的条件是：当待比较的两个数不相等时跳转。

例如，指令：

```
bne   $ s0, $ s1,EXIT
……
EXIT:
……
```

执行bne分支指令，比较$ s0和$ s1两个操作数中的数据，如果不相等则跳转到EXIT指定的地址。

根据上文我们知道这一类跳转指令常用的是PC寄存器，那么如何处理16位无法表达的远距离分支跳转？

常用的解决方法是插入一个无条件跳转到分支目标地址的指令，把分支指令中的条件变反以决定是否跳过该指令，如图6-5所示。

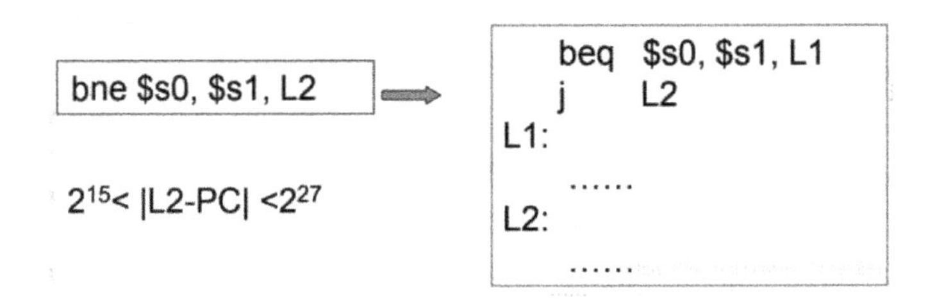

图6-5　远距离分支跳转处理方法

（3）beqz指令

beqz指令的使用和上文提到的beq指令的使用唯一的区别在于，该指令是与零比较。这样做的好处是执行速度更快。beqz指令包含该指令和一个操作数，以及跳转的分支地址。beqz指令发生跳转的条件是：当操作数和零相等时跳转。

例如，指令：

```
beqz $ s0, EXIT
……
EXIT:
……
```

当寄存器$ s0内的数据为零时跳转至EXIT。

6.2.4　常见的分支结构

（1）双分支结构

例6-6　假定程序检测$ t1的值：如果$ t1=10，则$ t2=4，否则$ t2=3。如图6-6所示。用C语言描述为：

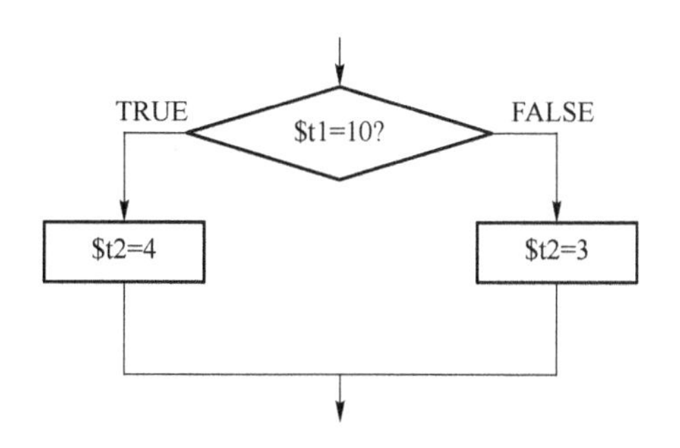

图6-6　双分支结构

```
if( $ t1 = 10)
      { $ t2 = 4}
else:
      { $ t2 = 3}
```

用MIPS汇编语言描述为：

```
beq $ t1,10,jump          #判断t1是否等于10
li $ t2,3                 #不相等则继续往下执行
j L2
jump:                     #相等则跳转至jump处
    li $ t2,4
L2:
```

(2) 双重条件判断结构

例6-7　假定程序检测$ t1=0且$ t2>=5:如果条件为真,则$ t0=1,否则跳转到L2处。如图6-7所示。

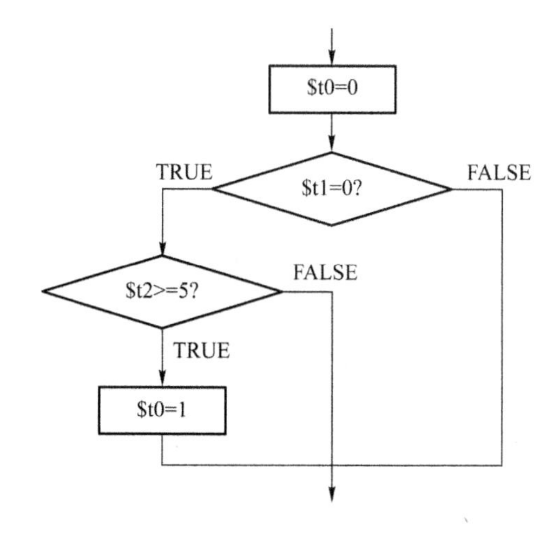

图6-7　双重条件判断结构

用C语言描述为：

```
if( $ t1 = 0)
    if{ $ t2 >= 5}
        { $ t0 = 1}
    else
```

```
        goto L2
else
    goto L2
L2:
```

用 MIPS 汇编语言描述为：

```
li $t0,0
beq $t1,0,syn1        #判断t1是否等于0,满足则跳转至syn1,不满足则顺序执行
j L2
syn1:
    bge $t2,5,syn2  #判断t2是否大于等于5,满足则跳转至syn2,不满足则顺序执行
j L2
syn2:
    li $t0,1
L2:
```

(3) 三分支结构

例 6-8 输入一个有符号数,判断是正数、负数还是零,如图 6-8 所示。

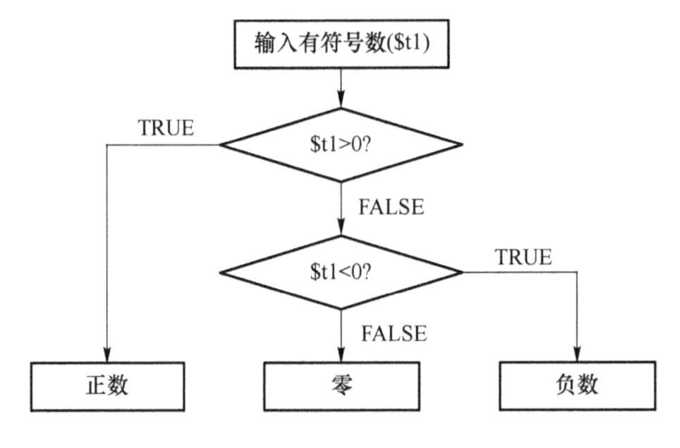

图 6-8 三分支结构

MIPS 汇编代码如下：

```
.data                       #数据段
meg_msg: .asciiz "\nNumber>0"
mik_msg: .asciiz "\nNumber<0"
miden_msg: .asciiz "\nNumber=0"
arith: .asciiz "\nNumber="

.text
start:                      #从键盘中读一个数
    li $v0,5                #调用5号功能
    syscall
    move $t1,$v0            #数保存在$t1中
                            #显示提示信息"\nNumber="
    li $v0,4                #调用4号功能
    la $a0,arith
```

```
    syscall
                            #显示$t1
    li $v0,1                #调用 1 号功能
    move $a0,$t1
    syscall
                            #判断
    bgtz $t1,mega           #如果$t1>0,则跳转到 mega
                            #$t1=0 #显示提示信息"\nNumber=0"
    li $v0,4                #调用 4 号功能
    la $a0,miden_msg
    syscall
    j exit                  #无条件跳转到程序结束处
mega:                       #$t1>0 情况
                            #显示提示信息"\nNumber>0"
    li $v0,4                #调用 4 号功能
    la $a0,meg_msg
    syscall
    j exit                  #无条件跳转到程序结束处
mikr:                       #$t1<0 情况
                            #显示提示信息"\nNumber<0"
    li $v0,4                #调用 4 号功能
    la $a0,mik_msg
    syscall
exit:                       #程序结束
    li $v0,10
    syscall
```

6.2.5　练习题

1. 常见的分支结构有哪几种？请简要介绍。

2. 无条件转移指令 j label 的转移范围是 256 MB。(　　)

A. 对　　　　B. 错

3. 编译有一个操作数在内存中的 C 语言赋值语句：

```
G=h+A[8];设数组 A[100]
```

4. 比较变量 a(对应于寄存器 \$s0)是否小于变量 b(对应于寄存器 \$s1),如果小于则跳转到标号 Less 处,写出 MIPS 汇编代码。

5. 对于指令 bne \$t0, \$s5, Exit,当前指令的地址为 80008,当前指令的 MIPS 机器码为 5 8 21 2,那么该条指令发生跳转时,会跳转到下列哪个地址？(　　)

A. 80010　　　　B. 80020　　　　C. 80016　　　　D. 80024

6.3 MIPS 循环程序设计

循环程序对应两个基本结构，分别是 do-while 结构和 while 结构。do-while 结构的典型特征就是先执行后判断，while 结构则是先判断再执行。

6.3.1 do-while 结构

do-while 结构如图 6-9 所示。

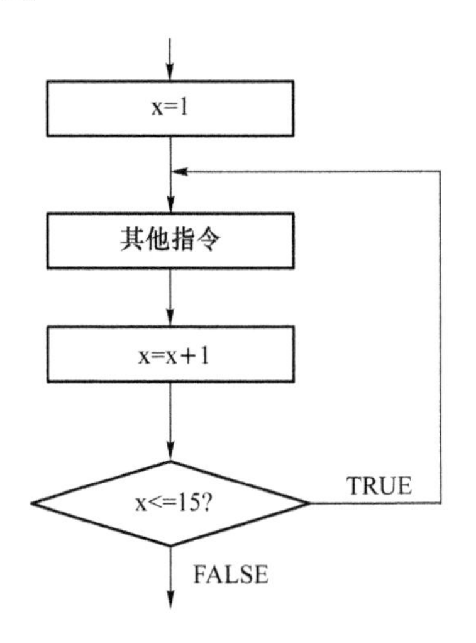

图 6-9 do-while 结构

用 C 语言描述为：

```
x = 1;
do
{
    # Instructions
    x++;
}
while (x <= 15)
```

用 MIPS 汇编语言描述为：

```
li $t0,1                  # 将 t0 赋值为 1
start:
    # Instructions
    add $t0,$t0,1         # 等同于 x++
    ble $t0,15,start      # 如果 t0 小于等于 15 就跳转至 start
```

6.3.2 while 结构

while 结构如图 6-10 所示。

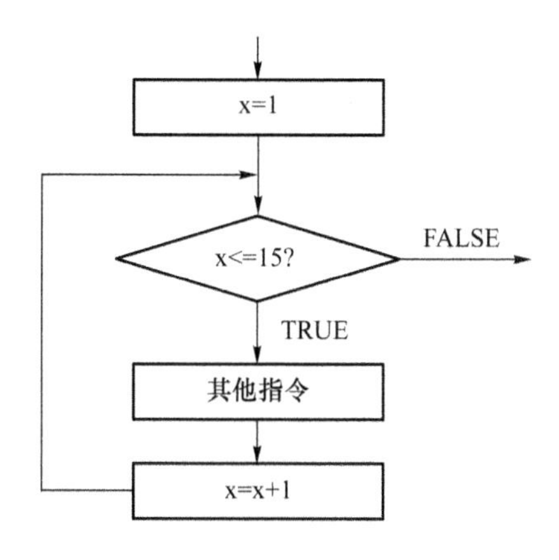

图 6-10　while 结构

用 C 语言描述为：

```
x = 1;
while (x <= 15)
{
    # Instructions
    x++ ;
}
```

用 MIPS 汇编语言描述为：

```
li $t0,1                # 将 t0 赋值为 1
start:
    ble $t0,15,next     #t0 与 15 进行比较,小于等于则跳转至 next
    j cont              # 大于则顺序执行,跳转至 cont
next:
    # Instructions
    add $t0,$t0,1
    j start
cont: # Program continue
```

6.3.3　循环程序设计示例

例 6-9　用 MIPS 汇编语言描述下列 C 语言代码。

```
#include <stdio.h>
int main()
{
    int i = 1;
    int sum = 0;
    do
    {
        sum = sum + i;
        i = i + 1;
    } while (i <= 100);
    printf("%d\n", sum);
```

```
    return 0;
}
```

MIPS 汇编语言描述如下：

```
li $t0,1                # $t0: i
li $t1,0                # $t1: sum
loop:
    add $t1,$t1,$t0
    add $t0,$t0,1
ble $t0,100,loop        # 如果 i<= 100,则跳转到 loop 继续循环
move $a0,$t1
li $v0,1
syscall
```

例 6-10 要求显示以下图形：N 是行数，B 是每行的星数。

```
*
* *
* * *
* * * *
* * * * *
* * * * * *
* * * * * * *
```

求解思路：显然本程序用双循环实现更合理，其中外循环控制行数，内循环控制每行显示的星数。

```
.data                   #数据段
dose: .asciiz "N="
asteri: .asciiz "*"
line: .asciiz "\n"
.text 0x00400000        #代码段
                        #显示信息 "N="
li $v0,4                #调用 4 号功能
la $a0,dose
syscall
                        #读数字(行数)
li $v0,5                #调用 5 号功能
syscall
move $t1,$v0            #保存数据到 $t1
li $t3,1                #初始化行数

again:
li $t2,1                #初始化*数
again2:                 #显示一个*
li $v0,4                #调用 4 号功能
la $a0,asteri
syscall
```

```
    add $t2,$t2,1                  #*数加1
    ble $t2,$t3,again2             #*数$t2<=行数$t3
                                   #跳转到again2
                                   #新的一行"\n"
    li $v0,4                       #调用4号功能
    la $a0,line
    syscall
    add $t3,$t3,1                  #行数加1
    ble $t3,$t1,again              #所有的行数没有显示完
                                   #跳转到again
                                   #程序结束
    li $v0,10
    syscall
```

6.4　MIPS 逆向技术

6.4.1　MIPS 逆向工程

与 x86 相比,MIPS 在逆向分析时有以下 5 个特点。

(1) global pointer

全局指针寄存器(gp,global pointer)是 MIPS 的通用寄存器 $28。这个寄存器的用途主要有以下两种。

在 PIC 中,gp 用来指向 GOT(Global Offset Table)。注意,这里的 PIC 是指 Linux 共享库中的 PIC,而在 vxWorks 的 BSP 中的 PIC 只是简单的代码,和地址无关,并不涉及共享库,所以 BSP 中 gp 的用法并不属于此类。

在嵌入式开发中,gp 用来指向链接时决定的静态数据的地址。这样,对在 gp 所指地址正负各 32K 范围内数据的 load 和 store(其实就是 lw 和 sw 指令),就可使用 gp 作为基址寄存器。有关数据的 load 和 store,请看这里。在 romInit()函数向 romStart()函数跳转、usrStart()函数最开始两处都有 gp 的初始化。代码如下所示:

```
la  gp, _gp
```

那么,_gp 是什么呢? 通过了解编译链接的过程,查看 bootrom 的符号表,可以看到,_gp 就是链接器在链接时确定的一个静态数据的存放地址。在我们的代码中,大概是 0x801656A0。

(2) load 和 store

对内存单元的操作使用的是 load 和 store,对应的指令为 lw 和 sw。注意,lw 和 sw 只用唯一一种寻址模式,那就是 base+offset 方式。基址 base 为寄存器,offset 在 lw 和 sw 的机器码中是 16 位,转化为有符号数就是正负 32K。

(3) stack pointer

堆栈指针寄存器(sp,stack pointer)。MIPS 使用的是直接的指令(如 addiu) 来升降堆栈,请注意区别在 x86 中使用指令 POP 和 PUSH 来升降堆栈的做法。在 x86 平台下,使用 esp 寄存器作为堆栈指针。

在子程序的入口处,sp 会被升到该子程序需要用到的最大堆栈的位置。在子程序中,堆栈升降的汇编代码一般都大同小异,下面将 romStart()函数开头和结尾的堆栈升降提取出

来，代码如下所示：

```
addiu   $ sp, $ sp, - 32
sw   $ ra,28( $ sp)
sw   $ s8,24( $ sp)
move   $ s8, $ sp
……
move   $ sp, $ s8
lw   $ ra,28( $ sp)
lw   $ s8,24( $ sp)
jr   $ ra
addiu   $ sp, $ sp,32
```

第一句代码中的－32就说明 romStart()函数最多用到的堆栈空间为 32 B。然后就是将返回地址 ra 和调用函数的堆栈位置(存放在＄s8 中)放入堆栈中，然后将堆栈位置放入＄s8 中：move ＄s8，＄sp。再函数返回就是一个逆操作，恢复调用函数的堆栈现场。

(4) ＄s8/frame pointer

第 9 个通用寄存器＄s8 又叫作帧指针(fp，frame pointer)。在 x86 中，使用 ebp 寄存器作为帧指针。有关 fp/sp、ebp/esp 的相关内容，请参考 C 语言 Stack 的相关内容，涉及堆栈帧(stack frame)、活动记录(active record)、调用惯例(call convention)等相关概念。

(5) 分支延迟槽和加载延迟槽

在早期的 MIPS CPU 上，对于从内存加载数据的操作，CPU 没有提供互锁功能，这导致加载延迟槽对于程序员是可见的，也就是说，汇编程序员必须仔细处理加载延迟槽，否则得到的结果有可能是错误的。

所谓互锁(interlock)，是指 CPU 硬件提供的这样一种功能：如果指令的某个操作数尚未就绪，则推迟指令的执行，直到操作数就绪为止。在提供了互锁功能的 CPU 上，加载延迟槽对于程序员是不可见的，也就是说，即便在加载延迟槽中使用了加载指令操作的寄存器，得到的结果也是正确的(不过，这样做会牺牲一点性能)。早期的 MIPS CPU 没有提供互锁功能，但后来的 MIPS CPU 中都是加入了互锁功能的。那么，所谓的早期 MIPS CPU，到底是指哪些 MIPS CPU 呢？一般来讲，这是指 MIPS I 系列，MIPS I 系列的典型代表就是 MIPS R3000，这也正是最早的 SGI Indigo、索尼游戏机上使用的 MIPS CPU 所采用的处理器核。

作为 MIPS I 系列的代表，MIPS R3000 与后续的 MIPS CPU 在体系结构上存在着诸多差异，对加载延迟槽的不同处理只是诸多差异中的一个，在移植、调试软件时，需要多注意这些差异之处。

6.4.2 常用软件分析工具

(1) 静态分析工具

静态分析工具目前只有 Ghidra 可以使用，并且支持反编译。

Ghidra 是一个软件逆向工程(SRE)框架，包括一套功能齐全的高端软件分析工具，使用户能够在各种平台上分析编译后的代码，包括 Windows、Mac OS 和 Linux。功能包括反汇编、汇编、反编译、绘图和脚本，以及数百个其他功能。Ghidra 支持各种处理器指令集和可执行格式，可以在用户交互模式和自动模式下运行。用户还可以使用公开的 API 开发自己的 Ghidra 插件和脚本。

① Ghidra 的安装如下。

Ghidra 通过解压缩工具解压下载的压缩包(7-Zip、WinZip、WinRAR)即可使用。但需要配置好 JDK 环境，在第一次启动软件时需要输入 JDK 目录。有时 Ghidra 会提示 Java 版本不符,可以通过 support/launch. properties 中的 JAVA_HOME_OVERRIDE 来进行配置。如果该版本不符合 Ghidra 的需求,Ghidra 是不会运行的。

② 常用快捷键如下。

双击:和 IDA 一致,直接双击可以进入之后的地址函数。

搜索(Ctrl+Shift+E):用于进行搜索,类似于 IDA 中的 Alt+T。

书签(Ctrl+D):用于启用书签功能。

反编译(Ctrl+E):用于展示反编译后的代码。

③ 具体使用过程如下。

正常启动软件后,会进入图 6-11 所示界面。

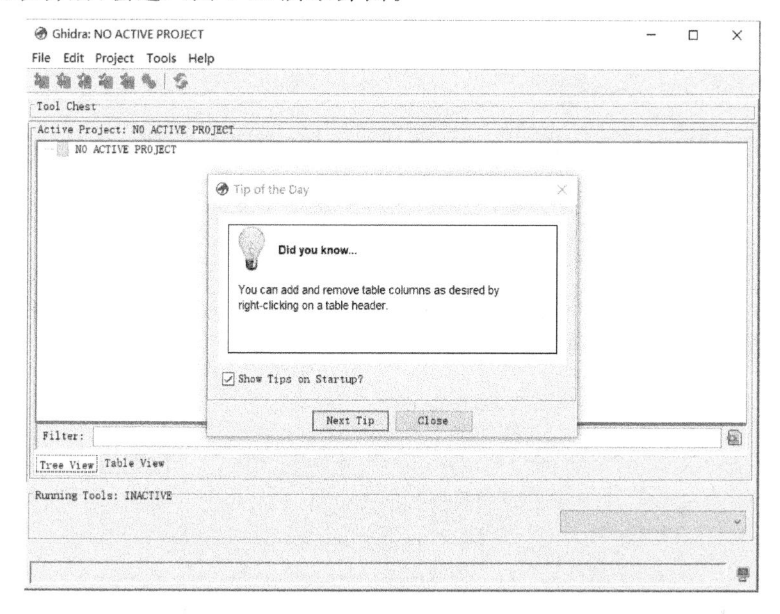

图 6-11　Ghidra 的使用(一)

Ghidra 是按项目进行管理的,使用者需要先创建一个项目。我们可以在默认目录下新建一个 test 项目,如图 6-12 所示。

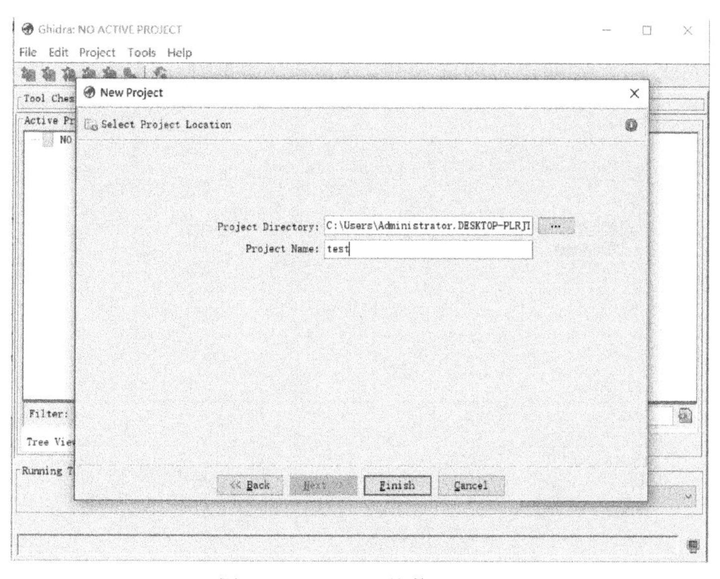

图 6-12　Ghidra 的使用(二)

项目创建完毕之后生成一个具体的目录，如图 6-13 所示，注意项目文件在删除的时候似乎不能直接通过 GUI 删除，需要手动删除。

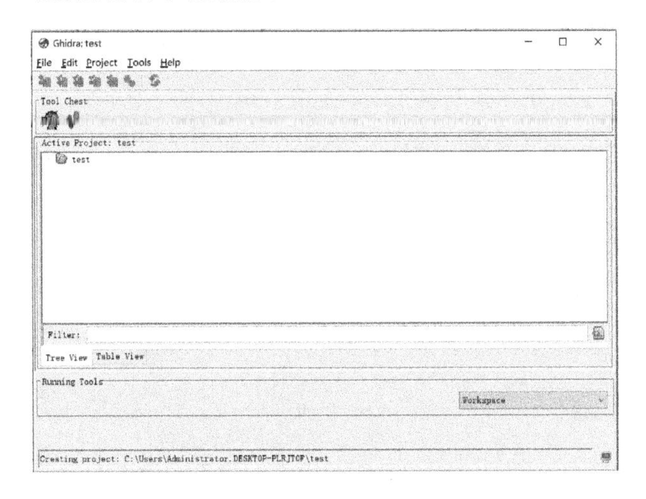

图 6-13　Ghidra 的使用(三)

创建好项目之后就可以导入需要反编译的文件了，如图 6-14 所示。Ghidra 的反编译速度相比于 IDA 会慢不少，但是准确度会高很多。此外，IDA 无法反编译 MIPS64 的代码。

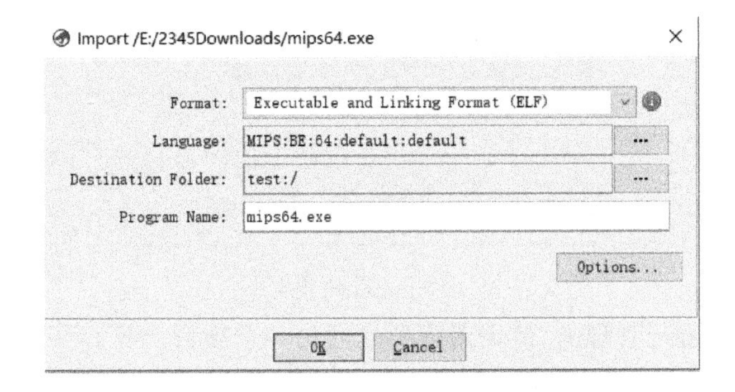

图 6-14　Ghidra 导入反编译文件目录

完成之后，项目文件下会创建对应的项目，双击进入，如图 6-15 所示。

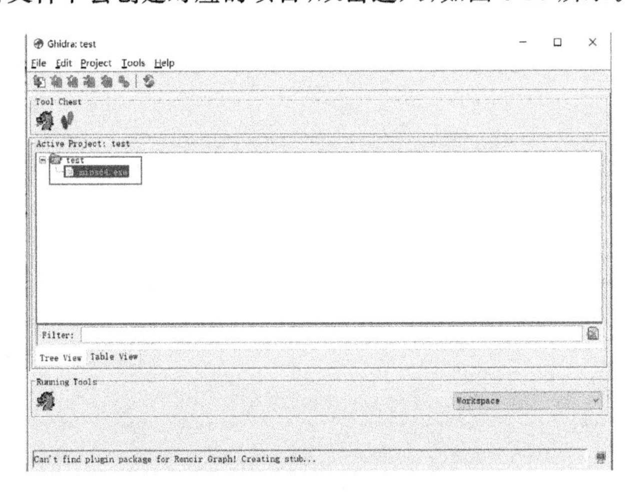

图 6-15　Ghidra 反编译文件对应项目

进入之后会提示是否进行分析，单击“确认”后，可以控制相应的分析选项。选中分析之后，右下角会有一个相关的进度条。完成分析之后的整体界面如图 6-16 所示。

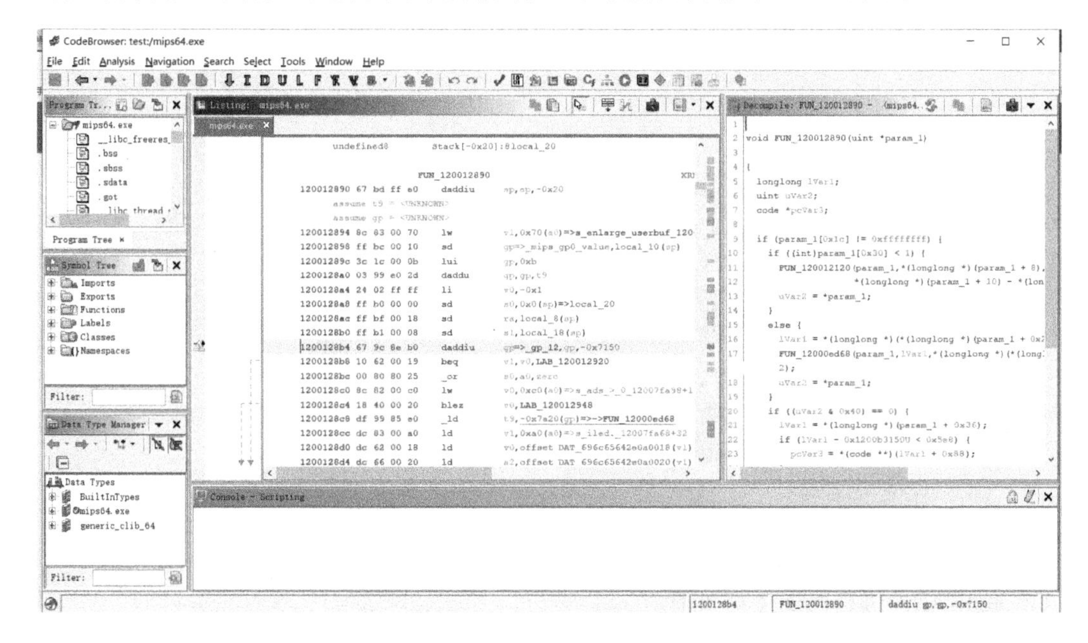

图 6-16　Ghidra 的分析界面

左边是 MIPS 汇编代码，如图 6-17 所示。

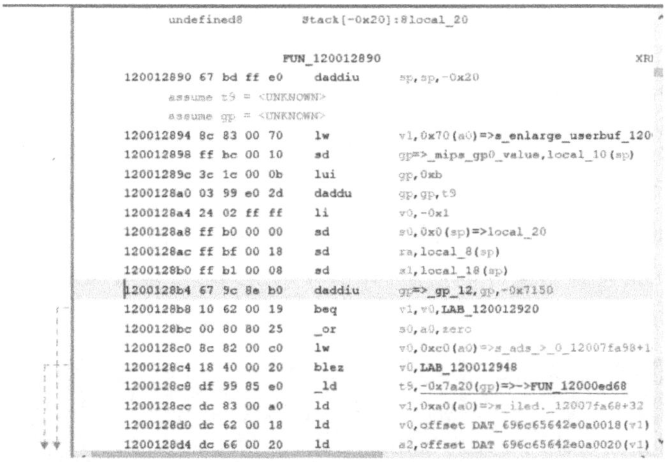

```
                    undefined8        Stack[-0x20]:8local_20

                              FUN_120012890                              XRI
120012890 67 bd ff e0    daddiu     sp,sp,-0x20
          assume t9 = <UNKNOWN>
          assume gp = <UNKNOWN>
120012894 8c 83 00 70    lw         v1,0x70(a0)=>s_enlarge_userbuf_120
120012898 ff bc 00 10    sd         gp=>_mips_gp0_value,local_10(sp)
12001289c 3c 1c 00 0b    lui        gp,0xb
1200128a0 03 99 e0 2d    daddu      gp,gp,t9
1200128a4 24 02 ff ff    li         v0,-0x1
1200128a8 ff b0 00 00    sd         s0,0x0(sp)=>local_20
1200128ac ff bf 00 18    sd         ra,local_8(sp)
1200128b0 ff b1 00 08    sd         s1,local_18(sp)
1200128b4 67 9c 8e b0    daddiu     gp=>_gp_12,gp,-0x7150
1200128b8 10 62 00 19    beq        v1,v0,LAB_120012920
1200128bc 00 80 80 25    _or        s0,a0,zero
1200128c0 8c 82 00 c0    lw         v0,0xc0(a0)=>s_ads_>_0_12007fa98+1
1200128c4 18 40 00 20    blez       v0,LAB_120012948
1200128c8 df 99 85 e0    _ld        t9,-0x7a20(gp)=>->FUN_12000ed68
1200128cc dc 83 00 a0    ld         v1,0xa0(a0)=>s_iled._12007fa68+32
1200128d0 dc 62 00 18    ld         v0,offset DAT_696c65642e0a0018(v1)
1200128d4 dc 66 00 20    ld         a2,offset DAT_696c65642e0a0020(v1)
```

图 6-17　Ghidra 的汇编代码界面

右边是与之对应的高级代码，如图 6-18 所示。

（2）动态分析工具

动态分析使用 QEMU+GDB 或者 QEMU+IDA 进行调试。

① 使用 GDB 进行调试过程如下。

使用命令 qemu-mipsel -g 1234 -L /home/buildroot-2020.02.7/output/target/ hello 将程序运行起来，-g 1234 表示监听端口 1234，用于远程调试。

使用命令 gdb-multiarch ./hello 来开启 GDB。

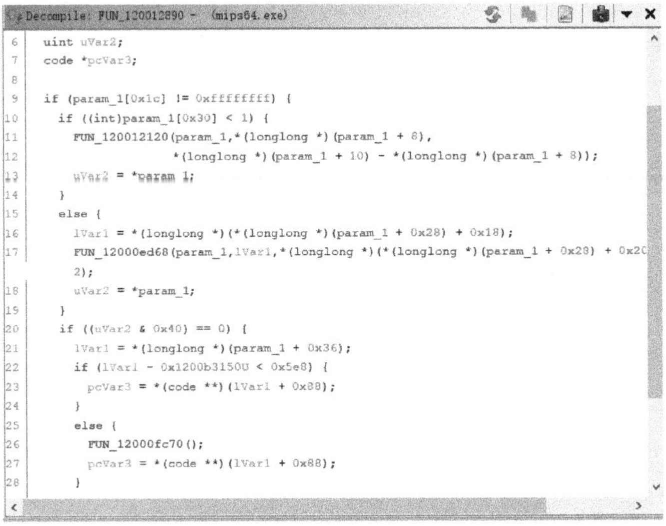

```
Decompile: FUN_120012890 -  (mips64.exe)
6    uint uVar2;
7    code *pcVar3;
8
9    if (param_1[0x1c] != 0xffffffff) {
10     if ((int)param_1[0x30] < 1) {
11       FUN_120012120(param_1,*(longlong *)(param_1 + 8),
12                     *(longlong *)(param_1 + 10) - *(longlong *)(param_1 + 8));
13       uVar2 = *param_1;
14     }
15     else {
16       lVar1 = *(longlong *)(*(longlong *)(param_1 + 0x28) + 0x18);
17       FUN_12000ed68(param_1,lVar1,*(longlong *)(*(longlong *)(param_1 + 0x28) + 0x20
         2);
18       uVar2 = *param_1;
19     }
20     if ((uVar2 & 0x40) == 0) {
21       lVar1 = *(longlong *)(param_1 + 0x36);
22       if (lVar1 - 0x1200b3150U < 0x5e8) {
23         pcVar3 = *(code **)(lVar1 + 0x88);
24       }
25       else {
26         FUN_12000fc70();
27         pcVar3 = *(code **)(lVar1 + 0x88);
28       }
```

图 6-18　Ghidra 的高级语言界面

进入 GDB 后，使用命令 target remote 127.0.0.1:1234 开始调试程序。

② 使用 IDA 进行调试过程如下。

同样在虚拟机中使用命令 qemu-mipsel -g 1234 -L /home/buildroot-2020.02.7/output/target/ hello 将程序运行起来。

在 IDA 中选择“attach”中的“remote gdb debugger”进行连接，要修改“debug options”→“set specific optionsz”→“Processer”中的架构为 MIPS。

6.4.3　Ghidra 使用示例

在 x86 下 IDA 的反编译非常高效，但是在 MIPS 下，IDA 即使有 Retdec 插件的帮助，局限也比较大(无法反编译 MIPS64)，所以对于静态分析推荐使用 Ghidra。

下面展示 Ghidra 反编译一个加密程序，分析程序的加密算法。

首先用 readelf 指令查看文件的信息，如图 6-19 所示，可以看出是 MIPS64 大端，起始位置为 0x120000C00。

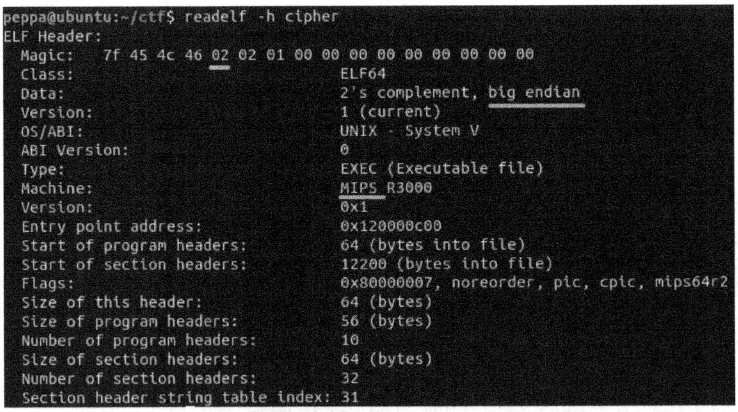

```
peppa@ubuntu:~/ctf$ readelf -h cipher
ELF Header:
  Magic:   7f 45 4c 46 02 02 01 00 00 00 00 00 00 00 00 00
  Class:                             ELF64
  Data:                              2's complement, big endian
  Version:                           1 (current)
  OS/ABI:                            UNIX - System V
  ABI Version:                       0
  Type:                              EXEC (Executable file)
  Machine:                           MIPS R3000
  Version:                           0x1
  Entry point address:               0x120000c00
  Start of program headers:          64 (bytes into file)
  Start of section headers:          12200 (bytes into file)
  Flags:                             0x80000007, noreorder, pic, cpic, mips64r2
  Size of this header:               64 (bytes)
  Size of program headers:           56 (bytes)
  Number of program headers:         10
  Size of section headers:           64 (bytes)
  Number of section headers:         32
  Section header string table index: 31
```

图 6-19　文件信息

用Ghidra打开，可以找到main函数，如图6-20所示。

```
uint __seed;
undefined auStack120 [16];
char acStack104 [64];
longlong lStack40;
undefined *local_18;

local_18 = &_gp;
lStack40 = __stack_chk_guard;
__seed = time((time_t *)0x0);
srand(__seed);
memset(auStack120,0,0x10);
memset(acStack104,0,0x40);
setvbuf(stdin,(char *)0x0,2,0);
setvbuf(stdout,(char *)0x0,2,0);
fp = fopen("flag","r");
fread(acStack104,1,0x40,fp);
cipher(acStack104,auStack120);
fclose(fp);
if (lStack40 != __stack_chk_guard) {
                    /* WARNING: Subroutine does not return */
  __stack_chk_fail();
}
return 0;
```

图6-20 程序main函数

与在x86下申请内存的函数相似。

memset()函数原型是extern void *memset(void *buffer, int c, int count)。buffer为指针或数组，c是赋给buffer的值，count是buffer的长度。这个函数在socket中多用于清空数组，如memset(buffer, 0, sizeof(buffer))。

setvbuf()函数用来设定文件流的缓冲区，其原型为int setvbuf(FILE *stream, char *buf, int type, unsigned size)。stream为文件流指针，buf为缓冲区首地址，type为缓冲区类型，size为缓冲区内字节的数量。参数类型type说明如下。_IOFBF（满缓冲）：当缓冲区为空时，从流中读出数据，或当缓冲区满时，向流中写入数据。_IOLBF（行缓冲）：每次从流中读出一行数据或向流中写入一行数据。_IONBF（无缓冲）：直接从流中读出数据或直接向流中写入数据，而没有缓冲区。该函数成功返回0，失败返回非0。在打开文件流后，读取内容之前，调用setvbuf()可以设置文件流的缓冲区（而且必须是这样）。

“&_gp”是gp寄存器的重定位，main函数大致的意思是读入一个文件。然后继续进入cipher()函数，如图6-21所示。

首先，第一个奇怪的地方就是CONCAT44，可以查看一下帮助文档，如图6-22所示。

CONCATxy(x,y的值可以改变)系列的函数其实就是拼接函数，例如，CONCAT31(0xaabbcc,0xdd)=0xaabbccdd。

至于为什么会出现这种函数，是因为反编译器可能会使用几个内部反编译器函数中的一个，这些函数不会被转换成更像“C”的表达式。使用这些参数可以指示pcode不正确，或者需要“调优”以使反编译器的输出更好。这也可能意味着反编译器需要一个额外的简化规则来处理特定的情况。这就是我们静态分析时要注意的第一个问题：内部反编译器函数。

所以程序中对应代码的意思是：16个字节为一组（两个ulonglong）进行分组，“iVar2=”

```
undefined4 extraout_v0_hi;
size_t sVar1;
int iVar2;
int iVar3;
int iStack112;
char acStack104 [64];
longlong lStack40;
undefined *local_18;

local_18 = &_gp;
lStack40 = __stack_chk_guard;
sVar1 = strlen(ciphertxt);
iVar2 = (int)(CONCAT44(extraout_v0_hi,sVar1) - 1U >> 4) + 1;
iVar3 = rand();
*param_2 = (char)iVar3;
iVar3 = rand();
param_2[1] = (char)iVar3;
iStack112 = 0;
while (iStack112 < iVar2) {
  encrypt(acStack104 + (iStack112 << 4),(int)ciphertxt + iStack112 * 0x10);
  iStack112 = iStack112 + 1;
}
iStack112 = 0;
while (iStack112 < iVar2 * 0x10) {
  putchar((int)acStack104[iStack112]);
  iStack112 = iStack112 + 1;
}
putchar(10);
```

图 6-21　cipher()函数

- CONCAT31(x,y) - concatenates two operands together into a larger size object
  - The "3" is the size of x in bytes.
  - The "1" is the size of y in bytes.
  - The result is the 4-byte concatenation of the bits in "x" with the bits in "y". The "x" forms the most signifigant part of the result, "y" the least.

图 6-22　CONCAT 函数

的作用就是求一共有几组。右移 4 其实就是除以 16。先减一再移位最后再加一的作用是让不足一组的算作一组，代入实际的数算一算就容易理解了。

然后得到两个随机数，分别取 char，并保存至 param_2[0]和 param_2[1]。注意，param 的定义是 undefined，也就是说，此处的定义在反编译时有问题，这是我们静态分析时要注意的第二个问题。

之后进入循环，调用 cipher，每次循环处理一组数据(16 个字节，2 个无符号长整型)。我们来看 cipher 传入的参数，第一个参数是 acStack104＋偏移，第二个参数就是刚刚分组的 ciphertxt。这时候有个奇怪的地方，就是刚刚的随机数好像没用过，其实这里就是 Ghidra 反编译的错误，参数不正确是静态分析时要注意的第三个问题。

带着问题，我们先进入 encrypt()函数，如图 6-23 所示。

是一些异或和循环移位，in_a2 这个指针被调用，但是代码中没有任何对这个指针的赋值地址的行为，这时就考虑看汇编或者动调，这里看一下汇编。单击伪代码 uStack32 中的 in_a2，中间的汇编自动跳转到相关的指令位置，如图 6-24 所示。

```
void encrypt(char *__block,int __edflag)

{
  ulonglong uVar1;
  ulonglong uVar2;
  undefined4 in_a1_hi;
  ulonglong *in_a2;
  int iStack52;
  ulonglong uStack48;
  ulonglong uStack40;
  ulonglong uStack32;
  ulonglong uStack24;

  uVar1 = *(ulonglong *)CONCAT44(in_a1_hi,__edflag);
  uVar2 = ((ulonglong *)CONCAT44(in_a1_hi,__edflag))[1];
  uStack32 = *in_a2;
  uStack24 = in_a2[1];
  uStack40 = (uVar2 >> 8) + (uVar2 << 0x38) + uVar1 ^ uStack32;
  uStack48 = (uVar1 >> 0x3d) + uVar1 * 8 ^ uStack40;
  iStack52 = 0;
  while (iStack52 < 0x1f) {
    uStack24 = (uStack24 >> 8) + (uStack24 << 0x38) + uStack32 ^ (longlong)iStack52;
    uStack32 = (uStack32 >> 0x3d) + uStack32 * 8 ^ uStack24;
    uStack40 = (uStack40 >> 8) + (uStack40 << 0x38) + uStack48 ^ uStack32;
    uStack48 = (uStack48 >> 0x3d) + uStack48 * 8 ^ uStack40;
    iStack52 = iStack52 + 1;
  }
  *(ulonglong *)__block = uStack48;
  *(ulonglong *)(__block + 8) = uStack40;
  return;
```

图 6-23　encrypt()函数

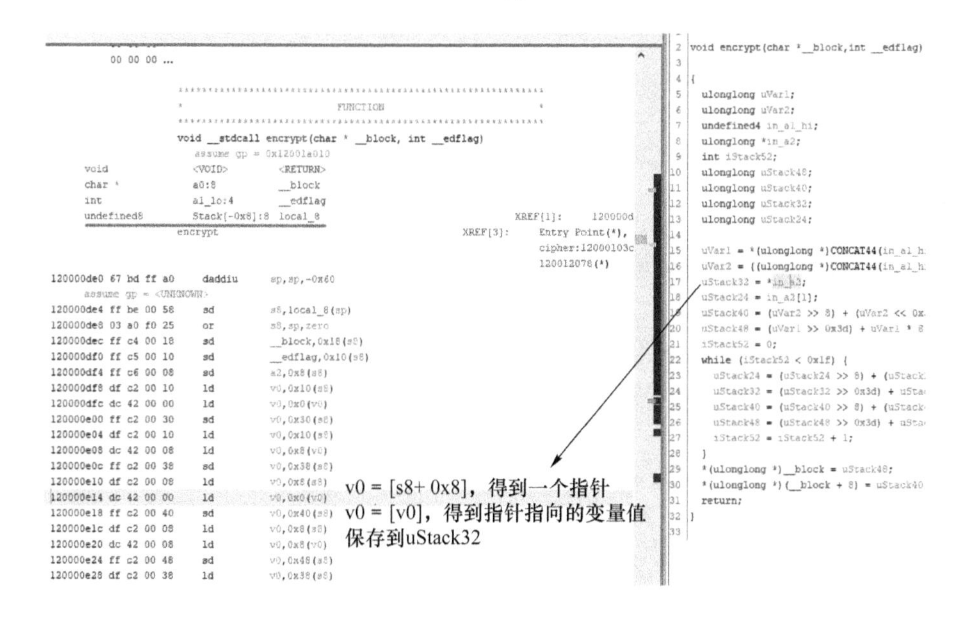

图 6-24　汇编指令

我们得知：in_a2 在栈中 0x08 的位置，即 stack[－0x8]，结合图 6-24 中划线处，我们可以判断 encrypt()有 3 个参数，第 3 个参数就是 in_a2，是一个指针。根据指令 ld(load double word)判断，应该是一个 longlong＊或者 ulonglong＊类型的指针。

Ghidra 有个很有用的功能，如果用户对伪代码不满意，可以进行一定程度的修改。在图 6-25 所示处右击，选择第一项，进行函数签名的修改。

```
1
2 void encrypt(char *__block,int __edflag)
3
4 {
5   ulonglong uVar1;
6   ulonglong uVar2;
7   undefined4 in_a1_hi;
8   ulonglong *in_a2;
```

Edit Function Signature

Rename Variable

Retype Variable

Auto Create Structure

图 6-25　修改函数签名

手动添加第 3 个参数，如图 6-26 所示，修改后如图 6-27 所示。

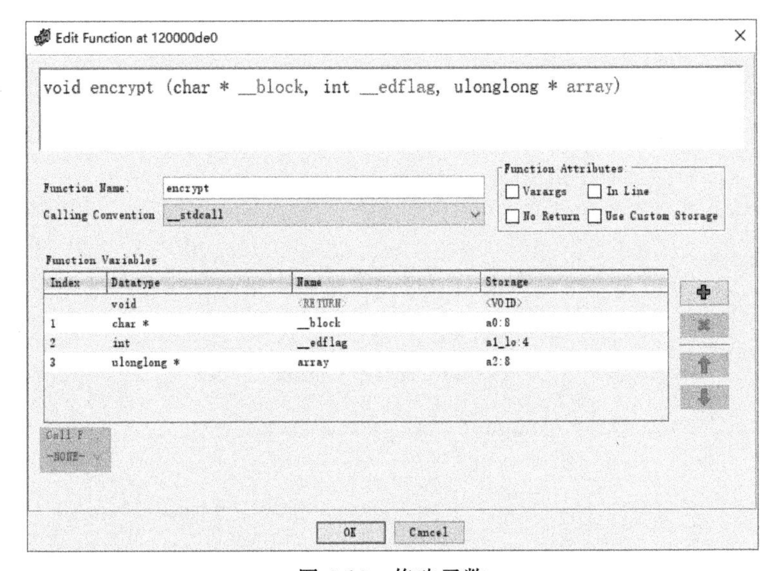

图 6-26　修改函数

```
1
2  void encrypt(char *__block,int __edflag,ulonglong *array)
3
4  {
5    ulonglong uVar1;
6    ulonglong uVar2;
7    undefined4 in_a1_hi;
8    int i;
9    ulonglong uStack48;
10   ulonglong uStack40;
11   ulonglong uStack32;
12   ulonglong uStack24;
13
14   uVar1 = *(ulonglong *)CONCAT44(in_a1_hi,__edflag);
15   uVar2 = ((ulonglong *)CONCAT44(in_a1_hi,__edflag))[1];
16   uStack32 = *array;
17   uStack24 = array[1];
```

图 6-27　函数修改后

至此，代码中唯一有问题的就是 CONCAT44()这个函数，其他部分都是正常的 C 语言代码。我们用 ror64 表示 64 位的循环右移，可以将加密逻辑整理为：

```
def enc(a, b, c, d):
    v32, v24 = c, d
    v40 = (ror64(b, 8) + a) ^ v32
    v48 = ror64(a, 0x3d) ^ v40
    for i in range(0x1f):
        v24 = (ror64(v24, 8) + v32) ^ i
        v32 = ror64(v32, 0x3d) ^ v24
        v40 = (ror64(v40, 8) + v48) ^ v32
        v48 = ror64(v48, 0x3d) ^ v40
    print(hex(v48), hex(v40))
```

a，b 分别是送入的两个 ulonglong 数据。c，d 和我们之前分析的 encrypt()函数添加的第 3 个参数 array 有关，分别是 array[0]和 array[1]。一共进行 0x1f 轮加密处理。v32 和 v24 是一组 key(密钥)，在每轮的加密中都会进行变换，其值与 c，d，i 有关。v48 和 v40 是密文，其值与 plaintext(a，b)，key(c，d)有关。

本章习题

1. 判断以下说法是否正确。

(1) MIPS 指令对存储器访问有多种寻址方式。

(2) load 和 store 指令只能一次取、存一个字。

(3) MIPS 汇编的右移指令分为逻辑右移和算术右移指令。

(4) la 指令是取存储器地址指令，是一条宏指令。

2. 如果 $ t0=0，则跳转到 next 标号处，正确的指令是(　　)。

A. beq $ t0，next　　B. bgez $ t0，next

C. beqz $ t0，next　　D. bltz $ t0，next

3. 如果 $ t1>= $ t2，则跳转到 next 标号处，正确的指令是(　　)。

A. ble $ t1， $ t2， next　　B. bne $ t1， $ t2， next

C. bge $ t1， $ t2， next　　D. beq $ t1， $ t2， next

4. 如果 $ t1>= $ t2，则跳转到 again 标号处，正确的指令是(　　)。

A. slt $ at， $ t1，$ t2
bne $ at， 0， again

B. slt $ at， $ t1，$ t2
beq $ at， 0， again

C. slt $ at， $ t2，$ t1
beq $ at， 0， again

D. slt $ at， $ t2，$ t1
bne $ at， 0， again

5. 如果 $ t1= $ t2，则跳转到 again 标号处，正确的指令是(　　)。

A. bne $ t1， $ t2， again　　B. bge $ t1， $ t2， again

C. ble $ t1， $ t2， again　　D. beq $ t1， $ t2， again

6. 下列关于 MIPS32 指令集的表述中错误的是(　　)。

A. J 型指令是跳转指令，它的低 26 位是一个立即数，且固定使用页面寻址方式形成跳转地址

B. I型指令中的最低16位是一个立即数,在使用该数之前必须要先把它扩展成32位

C. 所有的R型指令中,6位操作码都为0,也没有指令会涉及立即数

D. 可以使用的寄存器的数量最多只有32个

7. (多选)下列关于MIPS特点的描述中正确的是(　　)。

A. 寻址方式简单

B. 属于精简指令集计算机(RISC)

C. 只有load/store指令才访问存储器

D. 寄存器数量较多

8. (多选)下列关于MIPS寻址的描述中正确的是(　　)。

A. 相对寻址时,将32位地址左移两位的目的是实现按32位整数边界对齐存放

B. 伪直接寻址时,26位直接地址左移两位的目的是使32位地址的低两位为0,实现按32位的整数边界对齐存放

C. 立即数寻址时,指令中的立即数直接送给指令中指定的寄存器

D. MIPS指令中不单独设置寻址方式字段

9. 设计一个可以进行整数加减乘除的四则运算器。

10. 利用MIPS汇编语言实现冒泡排序,待排序数组为8,6,3,7,1,0,9,4,5,2。实现对该数组由小到大排序并输出。

11. 用MIPS汇编语言编写一段代码,将包含十进制正整数和负整数的ASCII码的数串转换成整数。在程序中使用寄存器$a0处理由数字0～9组成的非空串的地址。程序应该计算与这个数字串等值的整数,并将这个整数存放在寄存器$v0中。如果在字符串的任意位置出现非数字字符,程序停止并将－1存入$v0。例如,如果寄存器$a0指向3字节的序列5010,5210,010(非终结的字符串"24"),当程序停止的时候,寄存器$v0中的值应该是2410。

12. 请编写能产生32位常数0010 0000 0000 0001 0100 1001 0010 0100的MIPS代码,并将值存储到寄存器$t1中。

13. 把两个C语言赋值语句编译成MIPS汇编指令,下面这段C语言代码包含5个变量a,b,c,d,e。

```
a = b + c;
d = a - e;
```

14. 将if-else语句编译成条件转移指令。

```
if(i == j)
    f = g + h;
else
    f = g - h;
```

第7章 模块化程序设计

7.1 模块化程序设计概述

当使用汇编语言完成工作量较大的项目时，开发者往往采用逐步拆分细化工作任务的方法，将较大的任务量拆分为若干功能模块，模块的细化不仅带来了工作量的锐减，也大大提高了项目的开发效率。根据功能模块编写的汇编语言程序我们通常称为程序模块，程序模块通常以 END 作为其结束标识；一个完整汇编程序的运行需要将源程序模块编译成目标程序模块(.obj)；多个目标程序模块通过链接程序生成整个任务的一个可执行程序模块(.exe)后，方可执行。采用上述设计思路进行的程序设计我们称为模块化程序设计。模块化的目的是降低程序的复杂度，使程序在设计、调试以及维护的过程中，操作起来最为简单、快捷。

7.1.1 模块化程序设计的优点

① 程序的整体结构看起来一目了然，便于开发者进行实际开发，同时符合大规模生产的原则。

② 对于开发者而言，能够更好地理清思路，单个功能模块易于编写和后期进行程序调试，同时源代码的可管理性更强。

③ 可以利用已有的常用程序模块。常用模块由于被反复地使用和验证，可靠性得到认证，进而实现了避免编制程序的重复劳动。

④ 模块化程序设计的思想是自顶向下逐步分解，分而治之。所以一旦功能模块进行划分后，就可以具体到各个开发者，独立地编制所分配的功能模块，大大缩短了程序的编写周期，又利于明确个人职责。

⑤ 在出现新的功能需求或更改现有功能时，只需要更改部分功能模块即可，便于团队的整体开发。

7.1.2 模块化程序设计的一般原则

① 程序在进行功能模块划分的时候，以适宜性为分配原则，分配的大小要适度。模块分配过大时，通用性较差，不利于开发，同样地，划分的模块较小时会增加系统的开销。

② 模块保持较强的独立性，主要表现在其拥有独立的功能，同时与其他模块的联系尽可能简单，各个模块具有相对的独立性。各个模块在进行彼此的调度时尽可能使用子程序调用方式。数据交流采用入口参数、出口参数的传递方式。

③ 模块在分解时应该注意层次，抽象化设计问题，在分解初期，可以考虑分解为大模块，在中期时，再考虑把大模块细分为若干微小模块。

④ 程序模块应力求通用性，以便提高其利用率。

⑤ 程序模块在设计时应尽量设计成单入口、单出口模式，便于程序的阅读和调试。

7.1.3 模块化程序设计的步骤

① 分析问题，明确需要解决的问题。将大问题划分为不同层次的功能模块，画出程序的层次图，如图 7-1 所示。在划分模块层次时，应该清楚显示模块可能作为多个不同层次、不同位置的子模块。

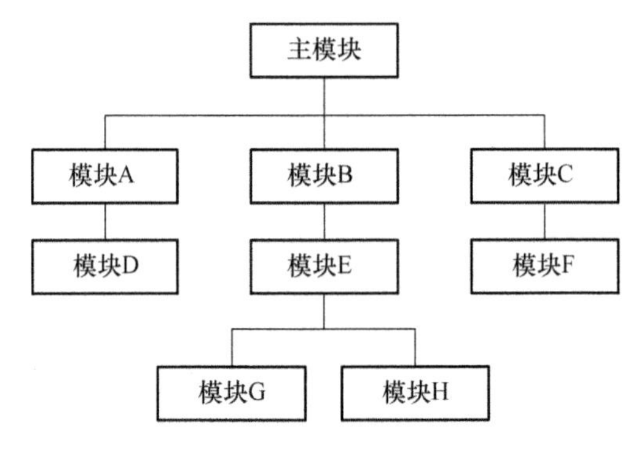

图 7-1 功能模块层次图

② 对任务进行逐步细化和分解，分成若干子任务，确定如何在功能模块中建立段，同时包括段之间的定位方式、组合方式和类别，以便于其他功能模块中的段适当组合。

③ 确定模块之间的调用关系，以及各个功能模块之间如何进行通信。

④ 编写各个程序模块，包括程序模块的说明。各个功能模块分别做汇编，生成各自的目标模块和可执行模块，调试中发现不足时，优化模块之间的彼此调用关系。

⑤ 将各个子模块进行汇接，形成一个可执行模块，并且在主函数中进行调用实现。

7.2 子程序结构及系统调用

7.2.1 子程序定义

(1) 子程序定义的格式

子程序按照过程来进行定义，可以分为以下两种格式：

```
标号  PROC  NEAR;可省略 NEAR
       ……
标号  ENDP

标号  PROC  FAR
       ……
标号  ENDP
```

上述第一种格式定义的子程序可供近调用，也就是我们常说的段内调用；第二种格式定义的子程序不仅可供近调用，还可供远调用，即段间调用。PROC 是定义程序的伪指令，它位于子程序的开始处，而 ENDP 标识子程序的结束，它们在程序中必须是成对出现的。NEAR 和 FAR 标识的是该子程序的属性，决定的是调用程序和该子程序是否处在一个代码段中。NEAR 属性表示调用程序和子程序在一个代码段中，只能被相同代码段的其他程序调用。FAR 属性表示调用程序和子程序不在同一代码段中，可以被相同或者不同的代码段调用。作为一对括号，PROC 和 ENDP 前面的标号必须保持一致，如下所示：

```
TAB1  PROC
      ……
TAB1  ENDP
```

(2) 子程序结构

子程序在遵循上述语法格式的基础上，整体的结构如下所示：

```
标号      PROC      NEAR/FAR
          保护现场
          根据入口参数进行处理
          产生出口参数
          恢复现场
          RET
标号      ENDP
```

7.2.2　子程序系统调用

为了更加清晰地体现出子程序的调用过程和结果返回，以下将使用具体的例子进行子程序调用过程的讲解。

例 7-1　计算 C(n,m)＝ m!/(n! * (m－n)!)的值(m,n 为自然数，且 m>n)。

分析：

① 一般在解决这类问题时，首先需要 3 次计算阶乘值 X!，过程中并不是连续重复这一计算工作，所以适合将计算阶乘值 X! 的工作用子程序来实现。在调用的过程中，当程序执行到确定位置时使用 CALL 指令来进行子程序的调用，通过在子程序中设置 RET 指令来返回调用的程序。

② 在调用子程序计算 m!、n!和(m－n)!时，要分别将 m、n 以及 m－n 的值送到 ECX，也就是为子程序提供入口参数。

③ 通过子程序的入口参数计算出对应的阶乘值，将计算出的阶乘值作为出口参数通过 EAX 提供给调用程序。

④ 该子程序使用 ECX 传递入口参数，用 EAX 传递出口参数，子程序的执行也影响状态标志，但与调用程序无关。除此以外没有用到其他寄存器和存储单元，所以也就没有必要进行现场保护和现场恢复的工作。

调用程序和子程序的程序流程图如图 7-2 所示。

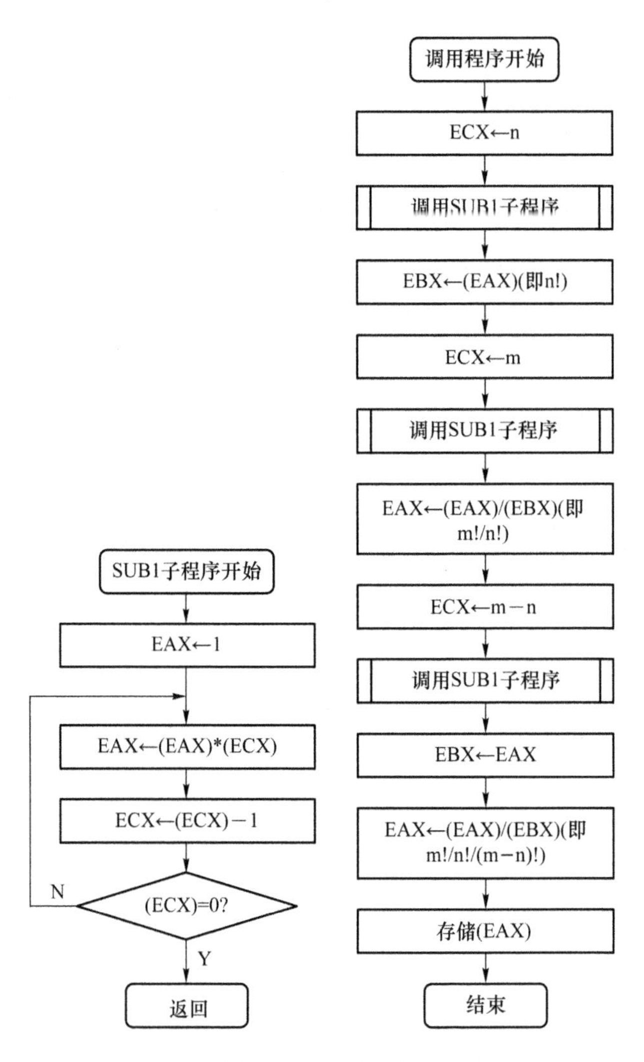

图 7-2　程序流程图

```
NAME  EXAMPLE7_1
.386;选择 80386 指令集
DSEG  SEGMENT
    M  EQU(一个自然数)
    N  EQU(一个自然数)
    ANS  DD  ?
DSEG  ENDS
;
SSEG  SEGMENT STACK
    DB  80H DUP(0)
SSEG  ENDS
;
CSEG  SEGMENT USE16;16 位段
    ASSUME  DS:DSEG,SS:SSEG,CS:CSEG
```

```
        START:  MOV AX,DSEG
                MOV  DS,AX
                MOV  ECX,N
                CALL  SUB1;调用子程序，计算 n!
                MOV  EBX,EAX;EBX←n!
                MOV  ECX,M
                CALL  SUB1;调用子程序，计算 m!
                DIV   EBX;EAX←m! /n!
                MOV  EBX,EAX
                MOV  ECX,M
                SUB  ECX,N
                CALL  SUB1;调用子程序，计算(m-n)!
                XCHG  EBX,EAX
                DIV  EBX;EAX←m! /n! /(m-n)!
                MOV  ANS,EAX
                MOV  AH,4CH
                INT  21H
        SUB1    PROC
                MOV  EAX,1
        NEXT:   MUL  EAX,ECX
                LOOP  NEXT
                RET
        SUB1    ENDP
CSEG  ENDS
        END     START
```

上述代码段中，调用程序和子程序处于同一个代码段，CALL 指令通过标号给出转入的目标位置 SUB1，采用的是近直接调用。例如：在执行第一条 CALL 指令时，将当前的 IP 内容，即下一条指令 MOV EBX, EAX 的偏移地址压入堆栈，然后将标号 SUB1 的偏移地址送 IP，从而使程序转向 SUB1 子程序。当子程序执行到 RET 指令时，将先前压入堆栈的 CALL 指令的下一指令的偏移地址弹至 IP，从而使程序返回到调用指令的下一指令。

例 7-2　下列程序功能与例 7-1 功能相同，有所区别的是调用子程序的方式，本例采用的是远直接调用。

```
CSEG     SEGMENT;CSEG 代码段开始
         ASSUME  DS:DSEG,SS:SSEG,CS:CSEG
           ……
         CALL    SUB1
         MOV     EBX,EAX
           ……
         CALL    SUB1
           ……
         CALL    SUB1
         XCHG    EBX,EAX
         DIV     EBX
         MOV     ANS,EAX
```

```
        MOV    AH,4CH
        INT    21H
CSEG  ENDS;CSEG 代码段结束
           ……
SUBC  SEGMENT  ;SUBC 代码段开始
        ASSUME  CS:SUBC
        SUB1    PROC  FAR
                RET
        SUB1    ENDP
SUBC  ENDS  ;SUBC 代码段结束
```

程序采用的是远程调用,所以在调用的时候除了要将当前的 IP 内容写入栈之外,还要将 CS 的内容写入栈,而当子程序返回时将入栈的内容弹回这两个寄存器。例如,在程序执行到第一条 CALL 指令时,将当前的 CS 内容,也就是 CSEG 段地址压入堆栈,将当前 IP 内容,即其下一条指令 MOV EBX,EAX 的偏移地址压入堆栈,然后将标号 SUB1 所在段的段值,即 SUBC 段的段地址送 CS,将标号 SUB1 的偏移地址送 IP,从而使程序转向 SUB1 子程序。当子程序执行到 RET 指令时,将栈顶内容分别弹至 IP 和 CS,从而使程序返回到调用指令的下一条指令。

例 7-3 近间接调用示例。

```
DSEG        SEGMENT
      TABW  DW  SUB0,SUB1,SUB2,…,SUB9
            ……
DSEG        ENDS;
CSEG        SEGMENT
            ASSUME  DS:DSEG,CS:CSEG
    MAIN: MOV  AX,DSEG
            MOV  DS,AX
            MOV  BX,OFFSET TABW;
            MOV  AH,1
            INT  21H;等待输入一数字字符('0'~'9')并送 AL
            XOR  AH,AH;
            AND  AL,0FH;将 AL 中的数字字符'i'转换成对应数字 i 并送 AX
            ADD  AX,AX;
            ADD  BX,AX;BX 指向第 i 个子程序入口
CALL  WORD  PTR[BX];
```

近间接调用不是直接给出指示子程序的标号,而是通过 WORD PTR[BX]间接给出转去的目标位置。这样就可以在使用同一条调用指令的情况下,根据 BX 的具体内容转向不同的子程序。

```
                ……
                MOV  AH,4CH
                INT  21H;
          SUB0  PROC
                ……
```

```
        SUB0  ENDP;
        SUB1  PROC
              ……
        SUB1  ENDP;
              ……
        SUB9  PROC
              ……
        SUB9  ENDP;
        CSEG  ENDS
              END  MAIN
```

程序根据输入的数字来确定调用 10 个子程序之一。

7.2.3　保护现场与恢复现场

(1) 保护现场和恢复现场的必要性

在实际的程序执行过程中，子程序调用前后，子程序占用的存储器或者存储单元可能会发生变化，这也就意味着子程序调用前的现场可能会被破坏。而当返回到调用程序时，调用程序将在被破坏的现场下执行后续的程序步骤，产生不可预计的后果，难以达到最初的期望。所以，进行子程序调用前后的现场保护和现场恢复就显得尤为重要。

(2) 保护现场和恢复现场的设置

通常使用入栈指令实现现场的保护，而使用出栈指令实现现场的恢复，保护现场和恢复现场的工作可以在调用程序中进行，也可以在子程序中进行。

在调用程序中保护现场和恢复现场，就是在 CALL 指令前保护现场，而在 CALL 指令后恢复现场。

例 7-4　设在所调用的子程序 SUB1 中有可能改变寄存器 BX、CX 及标志寄存器 FLAGS 的内容，而调用程序要求在子程序返回后，能够在 BX、CX 及 FLAGS 原有内容的基础上继续执行后续的步骤，可以使用以下方法。

```
PUSH  BX
PUSH  CX
PUSHF
CALL  SUB1
POPF
POP  CX
POP  BX
```

各个寄存器内容入栈的次序应与出栈的次序相反，这是堆栈的固有属性。

在子程序中保护现场和恢复现场，也就是在子程序起始处保护现场，而在其返回指令，即 RET 指令前恢复现场。

```
SUB1    PROC
        PUSH BX
        PUSH CX
        PUSHF
        ……
        POPF
```

```
        POP CX
        POP BX
        RET
SUB1    ENDP
```

7.2.4 参数的传递

调用程序在调用子程序之前，往往要将需要子程序处理的原始数据提供给子程序，即为子程序提供入口参数。子程序根据入口参数进行一系列处理后，往往要将处理结果，即出口参数提供给调用程序。这种调用程序为子程序提供入口参数，子程序将出口参数提供给调用程序的工作称为参数的传递。调用程序与子程序之间传递参数的方式必须事先约定。在设计子程序前，必须确定其入口参数从何处取，处理结果往何处送。一旦按照事先的约定设计子程序，则无论是哪个调用程序，无论在调用程序的哪个位置调用该子程序，均必须在 CALL 指令前将入口参数送到约定之处，在 CALL 指令后从约定之处取得出口参数。

常用的传参方法有 3 种：约定寄存器法、约定存储单元法和堆栈法。

(1) 约定寄存器法

约定寄存器法是指事先约定使用某些寄存器进行入口参数、出口参数的传递。

例 7-5 统计字节数组中零元素的个数。

分析：

① 为了对存放于不同位置、字节数各异的不同字节数组实现题目提出的功能，可以将统计字节数组中零元素个数的工作用子程序来实现。

② 对于一个首地址为 ARRAYB、字节数为 COUNT 的字节数组来说，应将 ARRAYB 及 COUNT 作为入口参数提供给子程序；而子程序应在统计出 ARRAYB 开始的 COUNT 个字节数中零元素的个数后，将零元素个数作为出口参数提供给调用程序。调用程序最后将出口参数送存储单元，如 ANS 单元。

③ 在编写程序和子程序前，约定使用寄存器来实现入口参数和出口参数的传递。考虑子程序需要判断 ARRAYB 开始的各个字节数是否为零元素，将 ARRAYB 作为 SI 的初值，且逐次使 SI 增 1，则可用[SI]表示各个字节数，于是可以约定，使用寄存器 SI 传递入口参数 ARRAYB。考虑子程序需要重复判断[SI]是否为零元素，重复次数为 COUNT，而可实现控制重复的 LOOP 指令使用寄存器 CX 实现重复计数，于是可以约定，使用寄存器 CX 传递入口参数 COUNT。

④ 可以在子程序中用一个寄存器(如 AX)统计数组中零元素的个数，并约定使用该寄存器将零元素的个数作为出口参数传递给调用程序。

调用程序和子程序之间的参数传递可表示为：

SI←ARRAYB(入口参数)
CX←COUNT (入口参数)
AX←零元素个数(出口参数)

程序如下：

```
NAME    EXAMPLE7_5
        DSEG      SEGMENT
        ARRAYB    DB(若干个字节数)
```

```
    COUNT       EQU   $ - ARRAYB
    ANS         DW  ?
    DSEG        ENDS;
    SSEG        SEGMENT   STACK
                DB  80H  DUP(0)
    SSEG        ENDS;
    CSEG        SEGMENT
                ASSUME  DS:DSEG,SS:SSEG,CS:CSEG
    START:      MOV  AX,DSEG
                MOV  DS,AX;
                LEA  SI,ARRAYB
                MOV  CX,COUNT;通过约定的寄存器 SI、CX 为子程序提供入口参数
                CALL ZNUM;
                MOV  ANS,AX;通过约定的寄存器 AX 接收子程序提供的出口参数
                MOV  AH,4CH
                INT  21H;
ZNUM     PROC
         XOR  AX,AX
NEXT:    CMP  BYTE  PTR[SI],0
         JNZ  NZ
         INC  AX
NZ:      INC  SI
         LOOP  NEXT
         RET
ZNUM  ENDP;
CSEG  ENDS
    END  START
```

程序流程图如图 7-3 所示。

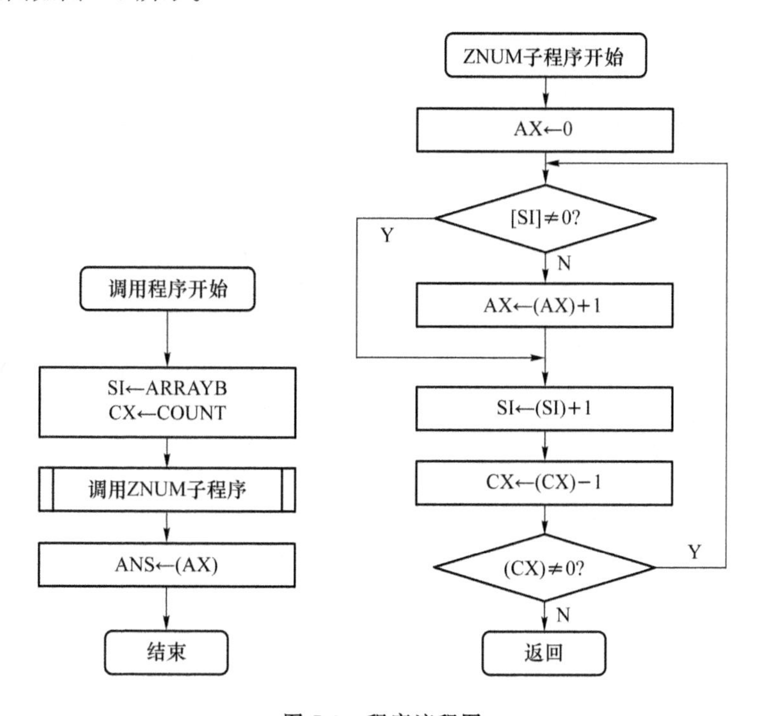

图 7-3　程序流程图

说明：

① 约定寄存器法的好处是参数在传递时效率高，对内存单元的占用较少。

② 寄存器的数量有限，调用程序和子程序中一般都会用到寄存器，但当传递的参数较多时，会出现寄存器调度困难的情况。所以，一般当传递参数较少时选用约定寄存器法。

(2) 约定存储单元法

约定存储单元法是指事先约定使用某些存储单元进行入口参数、出口参数的传递。

例 7-6 编写程序，功能与例 7-5 保持一致，使用约定存储单元法。

程序如下：

```
NAME    EXAMPLE7_6
        DSEG     SEGMENT
        ARRAYB   DB(若干个字节数)
        COUNT    EQU  $-ARRAYB
        ANS      DW  ?
        PARA1    DW  ?
        PARA2    DW  ?
        PARA3    DW  ?
        DSEG     ENDS;
        SSEG     SEGMENT STACK
                 DB  80H  DUP(0)
        SSEG     ENDS;
        CSEG     SEGMENT
                 ASSUME  DS:DSEG,SS:SSEG,CS:CSEG
        START:   MOV  AX,DSEG
                 MOV  DS,AX;
                 LEA  SI,ARRAYB
                 MOV  PARA1,SI
                 MOV  PARA2,COUNT;通过约定的存储单元 PARA1、PARA2 为子程序提供入口参数
                 CALL  ZNUM;
                 MOV  AX,PARA3;通过约定的存储单元 PARA3 接收子程序提供的出口参数
                 MOV  ANS,AX
                 MOV  AH,4CH
                 INT  21H;
        ZNUM     PROC;
                 MOV  SI,PARA1
                 MOV  CX,PARA2;从约定的存储单元 PARA1、PARA2 中取入口参数
                 XOR  AX,AX
        NEXT:    CMP  BYTE  PTR[SI],0
                 JNZ  NZ
                 INC  AX
        NZ:      INC  SI
                 LOOP  NEXT
                 MOV  PARA3,AX;通过约定的存储单元 PARA3 送出口参数
                 RET
        ZNUM     ENDP;
        CSEG     ENDS
                 END  START
```

说明：

① 约定存储单元法的优点是，每个子程序要处理的数据或者送出的处理结果都有独立的

存储单元,且传递的参数个数不受限制。

② 参数传递的效率低并且要占用一定数量的存储单元,约定存储单元法一般用于传递参数较多的情况。

(3) 堆栈法

堆栈法是指通过堆栈进行入口参数、出口参数的传递。

例 7-7　编写程序,功能与例 7-5 一样,但是使用堆栈法。

程序如下:

```
NAME      EXAMPLE7_7
          DSEG      SEGMENT
          ARRAYB    DB(若干个字节数)
          COUNT     EQU  $-ARRAYB
          ANS       DW  ?
          DSEG      ENDS;
          SSEG      SEGMENT  STACK
                    DB  80H  DUP(0)
          SSEG      ENDS;
          CSEG      SEGMENT
                    ASSUME  DS:DSEG,SS:SSEG,CS:CSEG
          START:    MOV  AX,DSEG
                    MOV  DS,AX;
                    LEA  SI,ARRAYB
                    MOV  CX,COUNT
                    PUSH  SI
                    PUSH  CX;通过堆栈为子程序提供入口参数
                    CALL  ZNUM
                    POP  AX;通过堆栈接收子程序提供的出口参数
                    MOV  ANS,AX
                    MOV  AH,4CH
                    INT  21H;
          ZNUM      PROC
                    MOV  BP,SP
                    MOV  CX,[BP+2]
                    MOV  SI,[BP+4];从堆栈取入口参数
                    XOR  AX,AX
          NEXT:     CMP  BYTE  PTR[SI],0
                    JNZ  NZ
                    INC  AX
          NZ:       INC  SI
                    LOOP  NEXT
                    MOV  [BP+4],AX;通过堆栈送出口参数
                    RET  2
          ZNUM      ENDP
          CSEG      ENDS
                    END  START
```

在子程序中，从堆栈取入口参数的工作并没有简单地使用指令 POP CX、POP SI 来实现；通过堆栈送出口参数的工作也没有简单地使用指令 PUSH AX 来实现。原因在于，执行 CALL 指令进入子程序后，栈顶内容为返回地址，简单地使用两条 POP 指令不仅不能使子程序得到入口参数，还会给子程序的返回带来问题；另外，若使用 PUSH 指令将出口参数入栈，则接着的 RET 指令会将刚入栈的内容作为返回地址弹出并送 IP，这样显然会出错。

子程序中的指令 RET 2 实现返回，同时使堆栈指针在返回后再加 2。这样就使得新的栈顶内容为子程序送出的出口参数，以便调用程序通过指令 POP AX 接收出口参数。程序执行过程中堆栈的变化情况如图 7-4 所示。

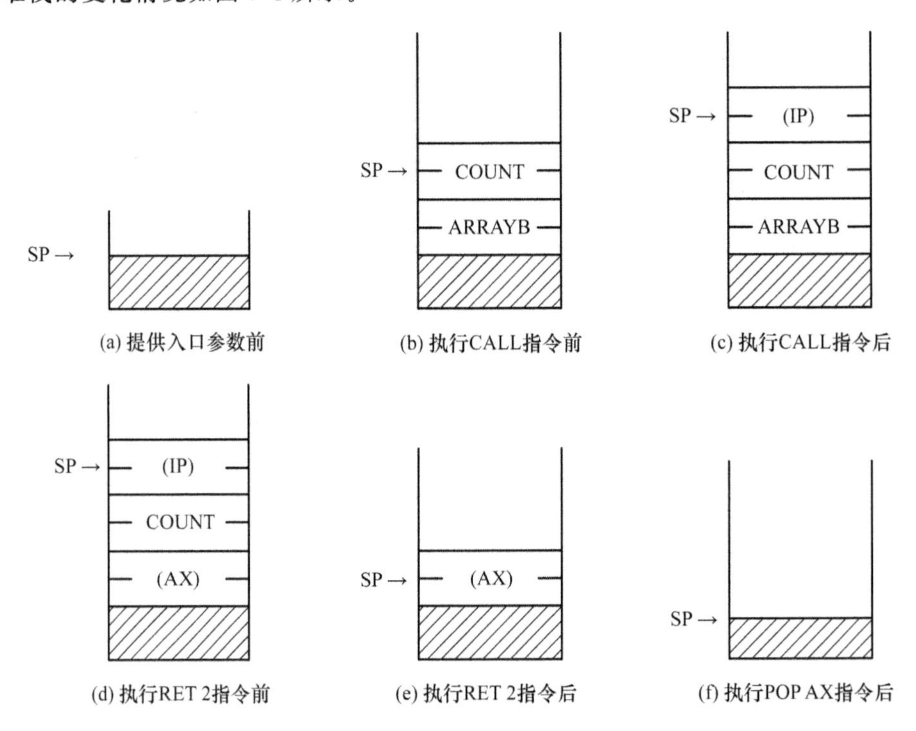

图 7-4　程序执行过程中堆栈的变化情况

说明：

① 堆栈法的优点是，参数不占用寄存器，也无须开辟专门的内存单元，而是使用公用的堆栈区。在实现入口参数及出口参数的传递后，堆栈恢复原状。

② 由于参数和子程序的返回地址混在一起，在计算参数在堆栈中的位置时容易失误。而一旦失误，在执行返回指令时就可能因栈顶内容不是返回地址而造成返回失败。

7.2.5　函数调用

哪怕是高级语言编写的程序，函数调用处理也是通过把程序计数器的值设定成函数的存储地址来实现的。

图 7-5 所示是变量 a 和 b 分别代入 123 和 456 后，将其赋值给参数(parameter)来调用 MyFunc 函数的 C 语言程序。图 7-5 中的地址是将 C 语言编译成机器语言后运行的地址。由于一行 C 语言程序在编译后通常会变成多行机器语言，所以图 7-5 中的地址是离散的。

此外，通过跳转指令把程序计数器的值设定成 0260 也可实现调用 MyFunc 函数。函数的

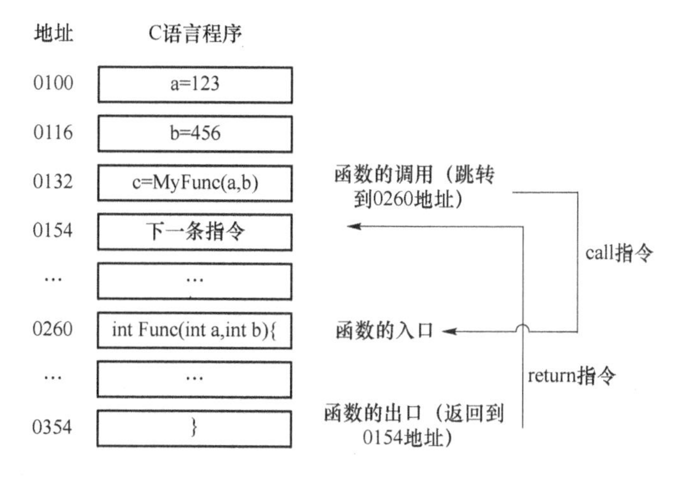

图7-5　机器语言运行时地址的变化

调用原点(0132地址)和被调用函数(0260地址)之间的数据传递可以通过内存或寄存器来实现。

机器语言的call指令和return指令能够解决这个问题。函数调用使用的是call指令，而不是跳转指令。在将函数的入口地址设定到程序计数器之前，call指令会把调用函数后要执行的指令地址存储在名为栈的内存中。函数处理完毕后，再通过函数的出口来执行return指令。return的功能是把保存在栈中的地址设定到程序计数器中。如图7-5所示，MyFunc函数被调用之前，0154地址保存在栈中，MyFunc函数的处理完成后，栈中的0154地址就会被读取出来，然后再被设定到程序计数器中。

7.3　程序的嵌套和递归

7.3.1　子程序的嵌套

子程序可以调用另一个子程序，这种调用结构称为子程序的嵌套。所以我们可以归纳出，调用程序、子程序的概念都是相对而言的。从图7-6中可以看出子程序嵌套的程序结构。

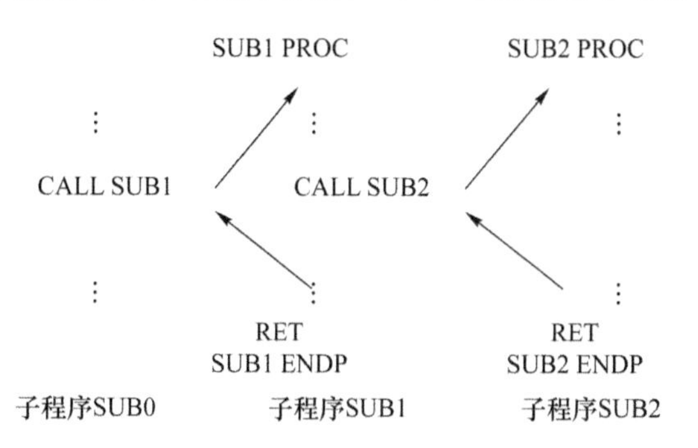

图7-6　子程序的嵌套结构

执行CALL指令和RET指令堆栈的变化如图7-7所示。

CALL指令、RET指令的功能以及堆栈“先进后出”的特点使得子程序嵌套实现“先调用

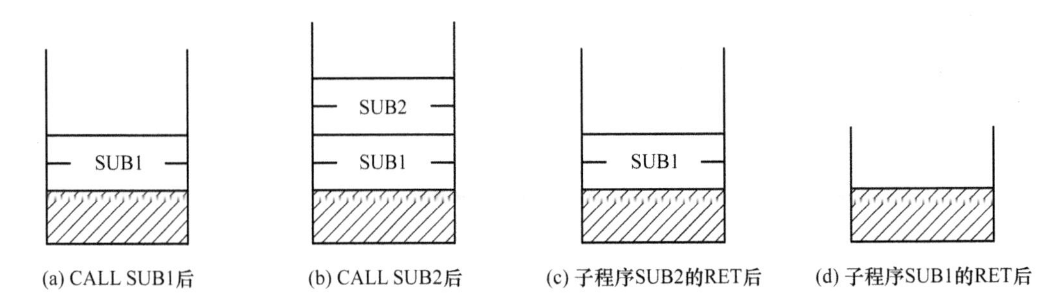

图 7-7　执行 CALL 指令和 RET 指令堆栈的变化

后返回”，从而使得每一个子程序均能够正常被调用以及正常返回到调用程序。

嵌套子程序在设计中要注意的是，在各层子程序中正确保护和恢复现场，避免各层子程序之间发生寄存器使用的冲突；若使用堆栈法在各层子程序之间进行参数传递，则堆栈中多个返回地址及多个参数混在一起，此时要注意正确计算所用参数的位置，以避免各层子程序返回时出错。

例 7-8　设 BUF 数据区有两个双字节无符号数，试求两者之和并将其存入 SUM 单元。然后将 SUM 单元的内容以十六进制形式在屏幕上显示出来。

分析：不妨使用图 7-6 所示的子程序嵌套的程序结构。子程序 SUB0 为子程序 SUB1 提供数据区首址并调用 SUB1；子程序 SUB1 实现两个双字节数的相加运算并存储结果，为子程序 SUB2 提供要显示的数据，并且调用 SUB2；子程序 SUB2 实现数据的显示。程序流程图如图 7-8 所示。

程序如下：

```
NAME    EXAMPLE7_8
        DSEG    SEGMENT
                BUF  DW(两个双字节数)
                SUM  DW  ?
        DSEG    ENDS;
        SSEG    SEGMENT   STACK
                DB  80H  DUP(0)
        SSEG    ENDS
        CALL    SUB1
        RET;返回 DOS
        SUB0    ENDP;
        SUB1    PROC
        MOV  AX,[SI]
        ADD  AX,[SI+2]
        MOV  SUM,AX;存储结果，同时通过约定的存储单元 SUM 为子程序 SUB2 提供入口参数
        CALL  SUB2
        RET;返回 SUB0
        SUB1    ENDP;
        SUB2    PROC
        PUSH  BX
        PUSH  CX
        PUSH  AX
```

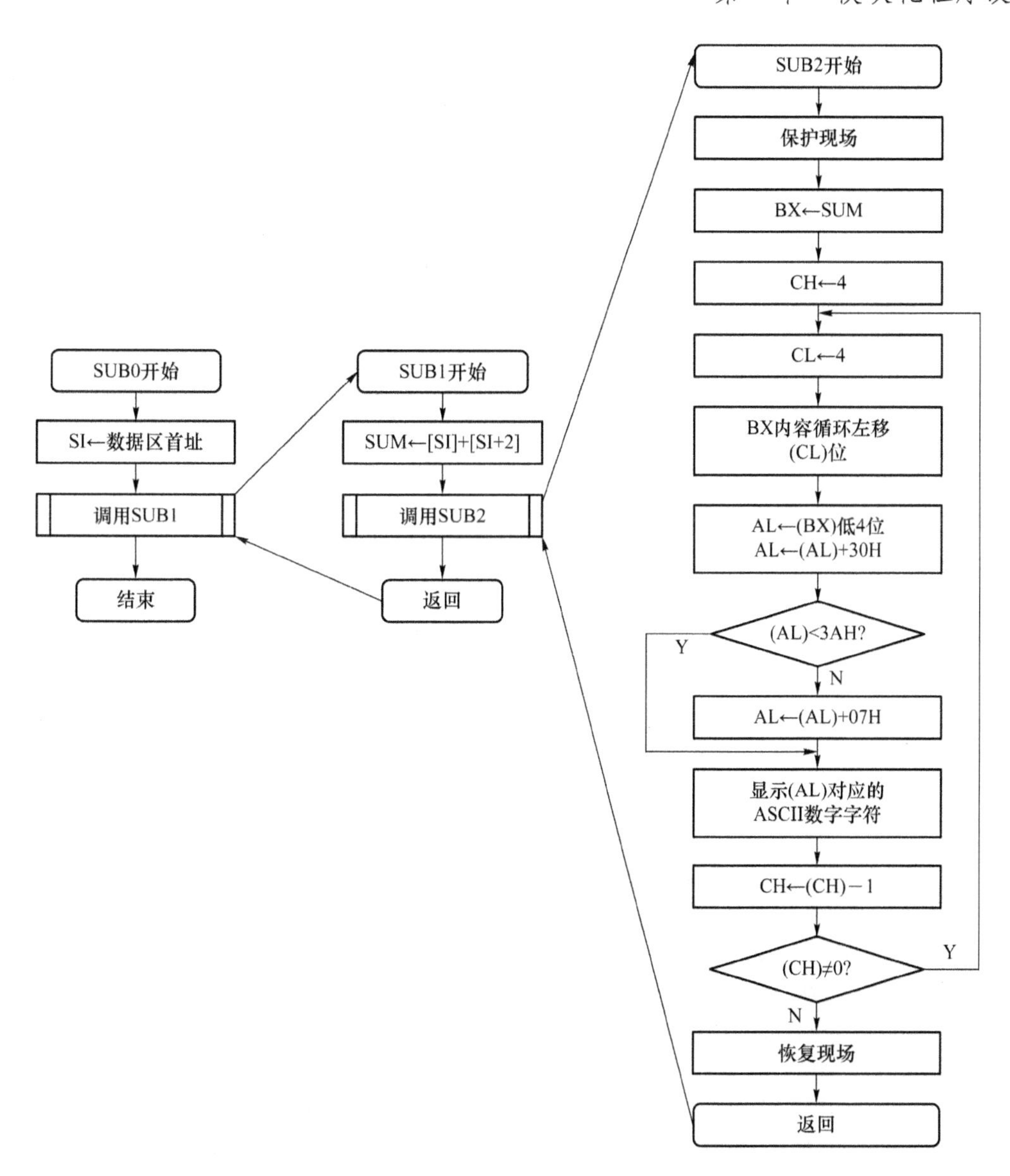

图 7-8　例 7-8 程序流程图

```
        PUSH  DX;
        MOV   BX,SUM
        MOV   CH,4
        MOV   CL,4
NEXT:   ROL   BX,CL
        MOV   AL,BL
        AND   AL,0FH
        ADD   AL,30H
        CMP   AL,3AH
        JB    BA
        ADD   AL,07H;
BA:     MOV   DL,AL
```

```
        MOV  AH,02H
        INT  21H;显示一位十六进制数
        DEC  CH
        JNZ  NEXT
        POP  DX
        POP  AX
        POP  CX
        POP  BX
        RET;返回 SUB1
SUB2    ENDP
        ;
CSEG    ENDS
        END SUB0
```

7.3.2 子程序的递归

子程序调用本身或通过调用另一个子程序调用本身的结构称为子程序的递归，前者称为直接递归，后者称为间接递归，这样的子程序称为递归子程序。以下子程序采用了直接递归。

```
SUB1        PROC
            ......
;
      CSEG      SEGMENT
                ASSUME  DS:DSEG,SS:SSEG,CS:CSEG
      SUB0      PROC  FAR
                PUSH  DS
                MOV  AX,0
                PUSH  AX;为返回 DOS 做准备
                MOV  AX,DSEG
                MOV  DS,AX
                LEA  SI,BUF;通过约定的寄存器 SI 为子程序 SUB1 提供入口参数
                CALL    SUB1
                ......
                RET
SUB1        ENDP
```

以下程序采用了间接递归。

```
SUB1        PROC
            ......
            CALL SUB2
            ......
SUB1        ENDP;
SUB2        PROC
            ......
            CALL SUB1
            ......
```

```
        RET
SUB2    ENDP;
```

递归这种特殊的嵌套会不会无限地嵌套下去？事实上，在设计递归子程序时必须设置递归结束条件，在每次递归调用中均要对该条件进行判断，递归结束条件不成立则继续递归调用，条件成立则结束递归调用。

例 7-9 编写计算 N!的程序。

分析：当 $N>0$ 时，要计算 N!就必须计算$(N-1)$!，要计算$(N-1)$!就要计算$(N-2)$!……要计算 1!就要计算 0!。

可以在递归子程序中通过自身调用将 $N,N-1,\cdots,1$ 依次压入堆栈。这里是否已将 1 压入堆栈就是递归结束条件。一旦递归结束条件满足，则依次将堆栈中的 $1,2,\cdots,N$ 出栈相乘，从而算出 N!。递归子程序如下：

```
      FACT   PROC
             PUSH   DX
             MOV    DX,AX
             CMP    AX,0;判断递归结束条件
             JZ     FR
             DEC    AX
CALL  FACT;计算(N-1)!
             MUL    DX;计算 N!
             POP    DX
             RET
      FR:    MOV    AX,1
             POP    DX
             RET
      FACT   ENDP
```

7.4 子程序调用和系统功能调用

7.4.1 子程序调用与系统功能调用之间的关系

子程序调用指令是指调用子程序的指令，包括调用指令(转子指令)和返回指令(返主指令)。在进行程序设计时，一般都把常用的程序段编写成独立的子程序或过程，在需要时随时调用，调用子程序时需要用到调用指令，子程序执行完毕，就需要用到返回指令来返回主程序。

系统功能调用是指系统将对计算机外部的输入输出设备的控制过程编写成程序，用户只需要在调用时按照规定的格式设置好参数，直接调用。BIOS 和 DOS 是微型计算机系统提供给用户的中断服务程序子集，用户可以通过指令直接调用。所以，可以看出系统功能调用是子程序调用的一种特殊形式。

BIOS 功能调用和 DOS 功能调用之间的层次关系如图 7-9 所示。

汇编语言编程时混合接口界面如图 7-10 所示。

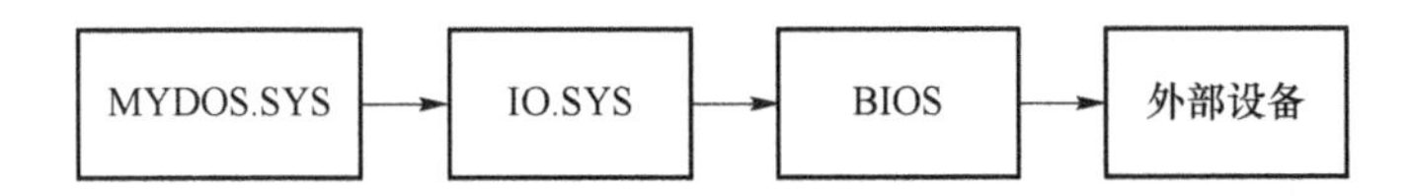

图 7-9　BIOS 和 DOS 之间的层次关系

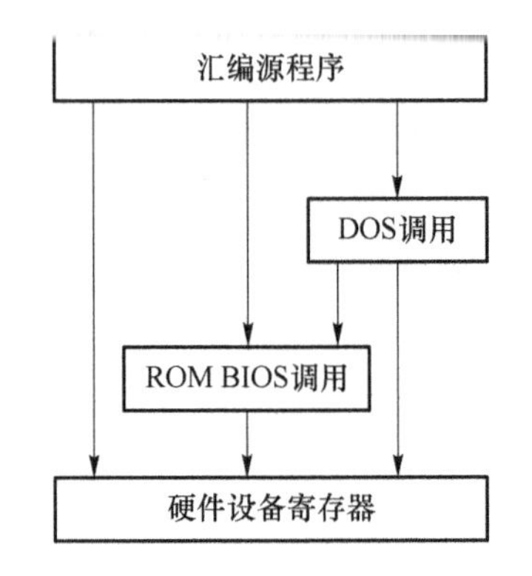

图 7-10　汇编语言编程时混合接口界面

7.4.2　系统功能调用的方法

系统功能调用的一般方法是：首先选择合适的系统功能，其次按照要求设置入口参数，最后按照需要操作出口参数。接下来用实例来进行系统功能调用的说明。

例 7-10　在蓝色背景下，显示 5 个白色的信号。

分析：

① 利用 INT 10H 中的 0H 号子功能设置显示模式为 80＊25 的彩色字符模式。

② 利用 INT 10H 中的 09H 号子功能设置显示字符及其属性。

程序如下：

```
C_SEG    SEGMENT PARA
          ASSUME CS:C_SEG
BEGIN:
         ……
         MOV      AH,4CH
         INT      21H

C_SEG     ENDS
          END      BEGIN
```

例 7-11　输入字符串到指定的缓冲区(输入以“Enter”键结束)。

程序如下：

```
DATA         SEGMENT
    BUF      DB     20        ;缓冲区可接收的最大字符数
             DB     ?         ;缓冲区实际接收的字符数
             DB     20 DUP(?);存放输入的字符
DATA         ENDS
CODE         SEGMENT
    ASSUME CS:CODE,DS:DATA
```

```
START:
        MOV     AX,DATA
        MOV     DS,AX
        ……
        MOV     AH,4CH
        INT     21H
CODE    ENDS
        END     START
```

7.5 子程序设计综合举例

例 7-12 在屏幕上显示 4 个随机数,每个随机数是 2 位,随机数自动加 1 递增,加至 99 后从 0 重新计数。

分析:该程序定义 6 个子程序,如图 7-11 所示。

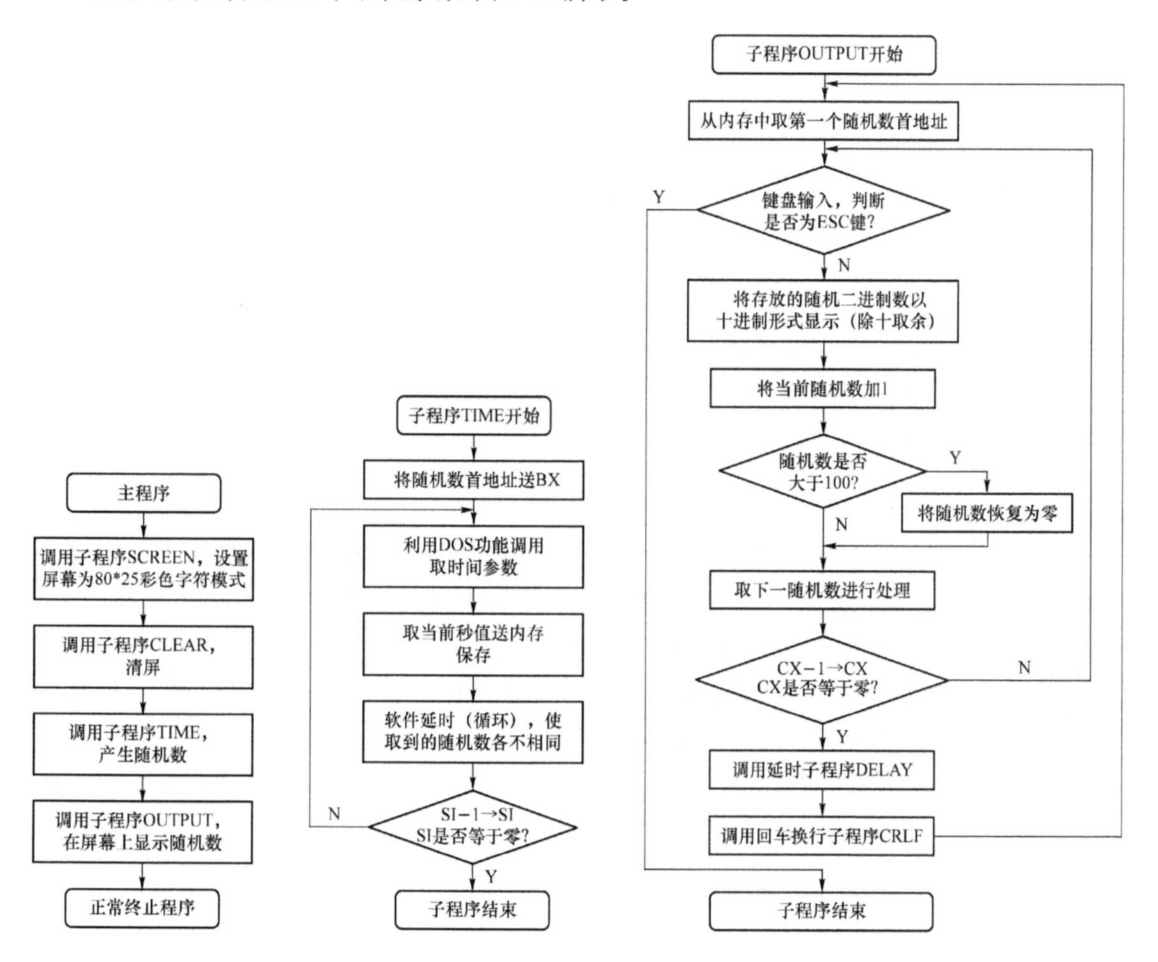

图 7-11 过程分析

子程序 SCREEN 功能:把屏幕设置成 80 * 25 的彩色字符模式。

子程序 CLEAR 功能：将显示屏幕清空。

子程序 TIME 功能：取得系统时间(取秒值)，作为随机数的来源。

子程序 OUTPUT 功能：4 个随机数输出显示在屏幕上。

子程序 DELAY 功能：延时过程。

子程序 CRLF 功能：显示回车，换行。入口参数：无。出口参数：无。

主程序采用简单结构，调用多个子程序结构，在子程序 OUTPUT 中使用循环结构。在子程序之间采用存储器传送参数。

子程序 DELAY 如下：

```
DELAY   PROC  NEAR        ;延时过程
        PUSH  BX          ;保护现场
        PUSH  CX
        PUSH  DX
        MOV   AH,2CH      ;调用系统时钟
        INT   21H
        MOV   BH,DH       ;取时间秒值
D1:     MOV   AH,2CH
        INT   21H
        SUB   DH,CH
        JNS   D2
        ADD   DH,60
D2:     CMP   DH,1
        JB    D1
        POP   DX          ;恢复现场
        POP   CX
        POP   BX
        RET
DELAY   ENDP
```

例 7-13 输入某班一门课程的考试成绩，并存放到 ASM 存储区，将最高分存放到变量 MAX 中，并在显示器上输出。设该班人数为 30，考试成绩不超过 99 分。

分析：根据题目要求，需要实现的功能包括以下几点。

① 输入 30 个两位数。每个两位数的输入可以分别通过键盘输入子程序实现，在键盘输入子程序中，可通过 7 号 DOS 系统功能调用实现。

② 将输入的两位数由 ASCII 码转换为压缩的 BCD 码。可通过 ASCII 到 BCD 转换子程序实现。

③ 产生最高分。可通过求最高得分子程序实现。

④ 显示最高分。首先需要将压缩的 BCD 码形式的最高分转换成两个 ASCII 码，这可以通过 BCD 到 ASCII 转换子程序实现。然后通过显示子程序实现，在显示子程序中，可以通过 2 号 DOS 系统功能调用实现。

程序流程图如图 7-12 所示。

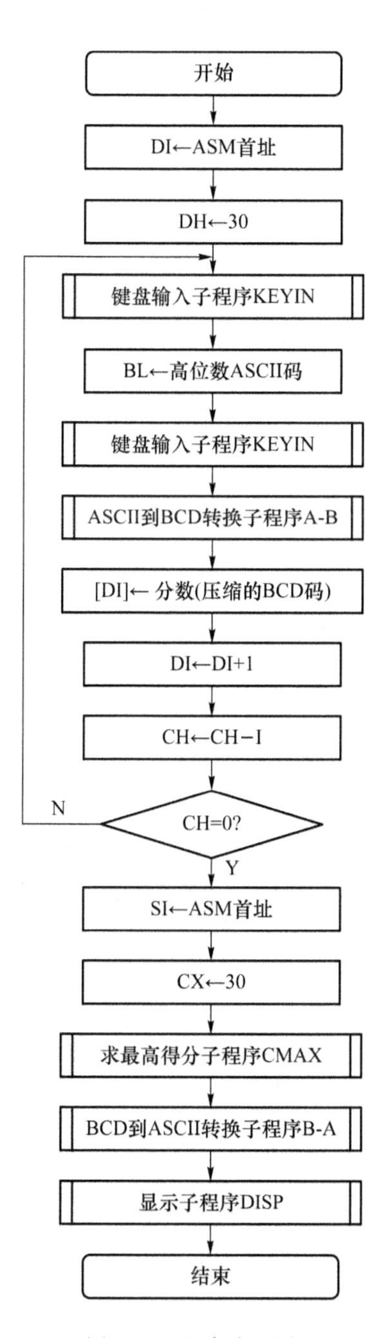

图 7-12　程序流程图

程序如下：

```
NAME     EXAMPLE7_13
DSEG SEGMENT
ASM DB 30 DUP(?)
MAX DB ?
DSEG ENDS

SSEG SEGMENT
```

```
STACK DB 100H DUP(?)
SSEG ENDS

CSEG SEGMENT
ASSUME CS:CSEG,DS: DSEG,SS:SSEG
;主程序
START:
        MOV AX,DSEG
        MOV DS,AX
        LEA DI,ASM
        MOV CH,30
AGAIN:
        CALL KEYIN        ;调用键盘输入子程序,以输入十位数
        MOV BL,AL
        CALL KEYIN        ;调用键盘输入子程序,以输入个位数
        CALL A_B          ;调用 ASCII→BCD 转换子程序生成压缩的 BCD 码
        MOV [DI],AL       ;压缩的 BCD 码存入 ASM 的存储区
        INC DI
        DEC CH
        JNZ AGAIN
        LEA DI,ASM
        MOV CX,30
        CALL CMAX         ;调用求最高得分的子程序
        CALL B_A          ;调用 BCD→ASCII 转换子程序
        CALL DISP;
        MOV AH,4CH
        INT 21H
KEYIN PROC                ;键盘输入子程序
        MOV AH,7
B_A PROC
        INT 21H
        MOV AL,MAX
        RET
        MOV BL,AL
KEYIN ENDP
        AND AL,0F0H
        MOV CL,4
        SHR AL,CL
A_B PROC                  ;ASCII→BCD 转换子程序
        ADD AL,30H
        MOV CL,4
        AND BL,0FH
        SHL BL,CL
        ADD BL,30H
```

```
        SUB AL,30H
        RET
        ADD AL,BL

B_A ENDP
        RET
A_B ENDP
DISP PROC               ;显示子程序
        MOV DL,AL
CMAX PROC               ;求最高得分子程序
        MOV AH ,2
        DEC CX
        INT 21H
        MOV AL,[SI]
        MOV DL,BL
L1:
        CMP AL,[SI+1]
        MOV AH,2
        JA NEXT
        INT 21H
        MOV AL,[SI+1]
        RET
NEXT:
        INC SI
DISP ENDP
        LOOP L1
        MOV MAX,AL
CSEG ENDS
        RET
        END STRAT
CMAX ENDP
```

7.6　多模块程序设计和宏

7.6.1　宏定义

(1) 宏定义的格式

宏定义即宏指令的定义,其格式一般为:

```
宏指令名  MACRO[形参表]
              宏体
          ENDM
```

说明:

① 宏指令名由编程人员自定，但必须符合标号的命名规则。

② MACRO 和 ENDM 是一对伪指令，分别表示宏定义的开始和结束。

③ 宏体可以是指令、微指令及宏指令构成的程序段。

④ 形参表可以根据需要做取舍。当需要设置多个形参时，各形参之间要用逗号分隔。

(2) 宏定义的功能

宏定义的功能在于，将宏体定义为一条宏指令，以便在其后的程序中通过对宏指令的调用来使用对应的宏体。

例 7-14 以下宏定义所定义的宏指令 AX10 可以实现寄存器 AX 内容乘以 10 的功能。

```
AX10  MACRO
PUSH  DX
SAL  AX,1
MOV  DX,AX
SAL  AX,1
SAL  AX,1
ADD  AX,DX
POP  DX
ENDM
```

例 7-15 以下宏定义所定义的宏指令 MUL10 可以实现 16 位通用寄存器(除了 DX)或 16 位存储单元内容乘以 10 的功能。该宏定义设置了一个形参 X，乘以 10 的操作从形式上来说是针对 X 进行的。

```
MUL10  MACRO  X
PUSH  DX
SAL  X,1
MOV  DX,X
SAL  X,1
SAL  X,1
ADD  X,DX
POP  DX
ENDM
```

7.6.2 宏调用和宏扩展

(1) 宏调用的格式

宏调用的格式为：

```
宏指令名[实参名]
```

说明：

① 宏指令名所指定的宏指令的定义必须放在该宏调用之前。

② 实参表通常与宏定义中的形参表相对应。当需要使用多个实参时，各实参之间要用逗号分隔。

(2) 宏扩展

汇编程序在对源程序作汇编时，若遇到宏调用，即遇到源程序中的宏指令，则将用对应的宏体取代该宏指令，宏体中的形参则使用宏调用提供的对应实参来代替，这一过程就称为宏扩展。用列表文件查看源程序时，将看到宏扩展所产生的各条指令前加有“+”标记。

例 7-16　宏调用及其宏扩展情况如下。

设有宏调用：

```
AX10
    ……
MUL10 BX
    ……
MUL10 BUF
```

则对应的宏扩展为：

```
+ PUSH  DX
+ SAL   AX,1
+ MOV   DX,AX
+ SAL   AX,1
+ SAL   AX,1
+ ADD   AX,DX
+ POP   DX;将寄存器 AX 的内容乘以 10
     ……
+ PUSH  DX
+ SAL   BX,1
+ MOV   DX,BX
+ SAL   BX,1
+ SAL   BX,1
+ ADD   BX,DX
+ POP   DX;将寄存器 BX 的内容乘以 10
     ……
+ PUSH  DX
+ SAL   BUF,1
+ MOV   DX,BUF
+ SAL   BUF,1
+ SAL   BUF,1
+ ADD   BUF,DX
+ POP   DX;将字变量 BUF 的内容乘以 10
```

7.6.3　宏定义和宏调用中参数的使用

宏定义和宏调用可以不使用参数，如例 7-14 中的宏定义及例 7-16 中的第一个宏调用所示。但是，在宏定义和宏调用中使用参数时，将显得更加灵活。例 7-15 中的宏定义使用了形参 X，例 7-16 中第二个宏调用和第三个宏调用分别使用实参 BX 和 BUF 取代形参 X，从而分别实现了将寄存器 BX 和字变量 BUF 内容乘以 10 的功能。可见，使用参数的宏指令 MUL10 要比不使用参数的宏指令 AX10 更灵活。

在使用参数时，有如下规定。

① 实参与形参的个数可以不一致。一般情况下，宏调用中实参的个数与宏定义中形参的个数一致，在宏扩展时，宏体中的形参用宏调用提供的对应实参来取代。但是，汇编程序并不

限定两者个数必须一致。若实参个数大于形参个数，则多余的实参被忽略；若形参个数大于实参个数，则多余的形参做"空"处理。

② 形参可以作为宏体中指令的助记符、操作数及标号，宏调用用实参取代形参时必须保证所产生的指令是有效的。

例 7-17 以下宏定义中的第一个形参用作指令助记符，其余形参用作操作数。

```
MM     MACRO    OP,X,Y
       PUSH     AX
       MOV      AX,X
       OP       AX,Y
       MOV      X,AX
       POP      AX
       ENDM
```

设有宏调用

```
MM ADD,[BX],[SI]
```

则其宏扩展为

```
+PUSH  AX
+MOV   AX,[BX]
+ADD   AX,[SI]
+MOV   [BX],AX
+POP   AX
```

设有宏调用

```
MM SUB,DATA1,DATA2
```

则其宏扩展为

```
+PUSH  AX
+MOV   AX,DATA1
+SUB   AX,DATA2
+MOV   DATA1,AX
+POP   AX
```

若变量 DATA1 或 DATA2 没有事先定义为字变量，则上述宏扩展就会产生无效的指令，该宏调用就会出错。

③ 宏运算符 &、<>、%及！的使用。

形参可以作为宏体中指令助记符、操作数或标号的某一部分，在宏体中必须使用"&"将形参与其余部分连接起来，以免宏调用时使得对应的实参与其余部分相分离。

例 7-18 源程序一般都要定义堆栈段，各个源程序所使用的定义格式基本相同，只是对堆栈段的大小等有不同要求。为此可以作以下宏定义，将其放入库中，以便各源程序调用。

```
STK  MACRO X
SSEG SEGMENT STACK
     DB X
SSEG ENDS
     ENDM
```

若某个源程序需要定义 200 个字节、初值为 0 的堆栈段，则可以使用宏调用：

```
STK<200 DUP(0)>
```

其宏扩展为

```
+ SSEG SEGMENT STACK
+      DB 200 DUP(0)
+ SSEG ENDS
```

由于宏调用时将可能有空格的实参用“<>”括起，因此汇编程序将“200 DUP(0)”作为一个实参来取代形参 X。

若不使用“<>”，使用宏调用：

```
STK 200 DUP(0)
```

则宏扩展为

```
+ SSEG SEGMENT STACK
+      DB 200
+ SSEG ENDS
```

在宏调用时，若要求用实参所代表的数值（而不是实参本身）代替形参，则必须在实参前使用“%”。

例 7-19 设有以下宏定义：

```
DISP MACRO X
    DB 'ANSWER:', '&X', '$'
    ENDM
```

则宏调用

```
DISP  %(2*11-8)
```

产生的宏扩展为

```
+ DB 'ANSWER:', '14', '$'
```

不使用符号“%”的宏调用

```
DISP  2*11-8
```

产生的宏扩展却是

```
+ DB 'ANSWER:','2*11-8','$'
```

当需要在实参中使用“&”“<”“>”“%”等符号，但不作为宏运算符时，就必须在其前使用“!”。

④ 宏定义中标号和变量的处理。

宏指令一经定义便可在源程序中调用，若宏体中使用了标号或变量，在多次宏调用时就会出现多个相同标号或出现变量的重复定义，使用 LOCAL 伪指令可以解决这一问题。

LOCAL 伪指令的使用方法及功能如下。

- LOCAL 伪指令的一般格式：

```
LOCAL  标号及变量表
```

各标号、变量之间用逗号分隔。

- 在宏定义中，LOCAL 伪指令必须紧接 MACRO 伪指令之后。
- 在处理各个宏调用时，汇编程序将自动以??0000，??0001，…，??FFFF替代 LOCAL 伪指令列出的各个标号或变量，从而避免多次宏调用时出现多个相同标号或出现变量重复定义的问题。

7.6.4 宏嵌套

宏嵌套包括两种情况：其一，宏定义的宏体中包括宏调用，即在宏体中调用宏指令。在这种情况下要注意，其中调用的宏指令必须先行定义。其二，宏体中包括宏定义。在这种情况下要注意,不能在源程序中直接调用内层定义的宏指令。换言之,在源程序中只有通过外层宏指令的调用才能调用内层宏指令。

① 宏指令名可以与指令助记符及伪指令名同名。在此情况下,宏指令的优先级较高,同名的指令或伪指令的原有功能失效。在利用这一方法改变了某个指令助记符或伪指令名的原有功能后,可以通过宏调用来使用新定义的功能,若要恢复其原有功能,则要使用清除宏定义的伪指令:

```
PURGE  宏指令名表
```

例 7-20 以下宏定义将指令 CBW 的功能改为:将寄存器 BL 中的有符号数的符号扩展到寄存器 BH 中。

```
CBW MACRO
    LOCAL P
    XOR BH, BH
    TEST BL, 80H
    JZ P
    MOV BH, 0FFH
P:  NOP
    ENDM
```

在设置了上述宏定义后,以下程序段中的两条 CBW 指令具有不同的功能:

```
CBW;宏调用,将(BL)的符号扩展到 BH
……
PURGE CBW;清除对 CBW 的宏定义
CBW;将(AL)的符号扩展到 AH
```

② 宏定义时也要注意现场的保护和恢复。例如,例 7-14 所示的宏定义中 PUSH DX 和 POP DX 指令实现现场的保护和恢复,以免调用宏指令 AX10 后寄存器 DX 的内容被破坏。

③ 宏汇编和子程序的比较如表 7-1 所示。

表 7-1 宏汇编和子程序的比较

	宏汇编	子程序
目标代码所占空间	有几次宏调用就有几次宏扩展,故并不简化目标代码	子程序目标代码只出现一次,故目标代码短
程序运行速度	无须转返,程序运行速度快	需要转返工作,程序运行速度慢
处理时机	在汇编时由汇编程序实现宏扩展,CPU 执行的是经过宏扩展的程序	在执行时,CPU 通过转子指令执行子程序中的指令
适用场合	程序运行速度是主要考虑因素	目标代码所占空间是主要考虑因素

7.7 MIPS 子程序设计

7.7.1 MIPS 中的子程序和函数

(1) 概念介绍

在所有编程语言中,函数可能是最基础的单元。函数给了我们最简单的程序抽象的形式,它提供了接口(如原型),并且允许我们在不知其实现方式的情况下使用函数。因此,汇编语言必须提供机制来实现函数就说得通了。为了区分编程语言和汇编语言中的函数,我们把汇编语言中的函数称为子程序。在任何情况下,C语言中的函数和汇编语言中的子程序都有着不同之处。

在一个子程序的背后有两种思想:

- 必须可以从任何地方调用子程序。
- 一旦子程序完成,其必须返回调用子程序的地方。

调用子程序包含两个参与者:调用者(caller)和被调用者(callee)。

调用者调用子程序。调用者的工作是为子程序设置参数,跳转到子程序,在这时,被调用者接手。

被调用者就是调用者调用的子程序。被调用者不了解是什么代码调用了它,它只"知道"它被调用了。这和C或C++中的一样,当一个函数被调用,它很难知道谁调用了它。在调试器中,用户可以查看调用栈,但是通常函数自身不知道。

被调用者使用调用者提供的参数,然后运行。当运行结束后,被调用者保存返回值,将控制(如跳回)还给调用者。

当被调用者的代码被执行时,被调用者可能会调用一个辅助子程序。因此,被调用者可能会变成调用者。调用者和被调用者的概念并不总是清晰划分的。

- 调用者调用子程序。
- 被调用者是子程序本身。

这种机制展现了提供参数的调用者和使用参数进行运算并返回值,最后回到使用返回值的调用者的被调用者之间的一种协定,也被称为协议(protocol)。

(2) 有限的资源

当使用C、C++或Java编程的时候,用户习惯于调用使用本地变量的函数。每次调用函数,就产生新的一系列本地变量。这也是为什么递归函数调用可以运行。每次递归调用使用其自身的本地变量和参数(除非参数以引用的形式传递)。在过程化的语言中,这将使编写函数变得更容易。当用户使用汇编语言编程时,在程序中只有一系列的寄存器可以使用,这些寄存器实际上相当于全局变量,很容易在调用子程序时认为,当子程序调用结束后,寄存器中的值保持不变。当用户调用子程序时,除非另有约定,必须认为子程序将使用所有的寄存器(除了栈指针)。因此,如果用户调用子程序,保存在寄存器里的值可能会被覆盖,毕竟,被调用的子程序也需要使用寄存器,但只有一套寄存器可以使用。

MIPS将8个寄存器$s0～$s7设计为被保留的寄存器。如果使用这些寄存器,将由被调用者来保持这些寄存器的值。这将不会被CPU自动执行,这仅仅是MIPS程序员遵守的惯例。

任何子程序都可以成为调用者和被调用者。事实上,你开始的时候要将自己想象成被调用者。毕竟,你提供了一个子程序给其他人(也可能是你自己)调用。很容易将你自己当作调用者,但是要将自己先当作被调用者。

因为你现在将自己当作被调用者,下面这些是你必须做的:

① 决定你要使用哪些被保留的寄存器。

② 将这些被保留的寄存器中的值保存到栈中。

③ 使用被保留的寄存器,运行子程序代码。

④ 在从子程序调用返回前,取出栈中被保留的寄存器的值。

⑤ 返回调用你的那个子程序。

假设你处在步骤③,你已将被保留的寄存器的值保存在栈中,然后运行代码,你觉得要调用一个子程序,你需要再保存一次被保留的寄存器吗? 这时,你可以将自己当作调用者,因此不必再次保存寄存器。事实上,你已经在步骤②中保存了它们。

要调用的子程序将保存其所要用到的寄存器到栈中,可能与你保存的寄存器不同。不需要担心,因为这由子程序来决定。因此,在编写子程序时正确的心态应该是认为“我是被调用者”。

如果寄存器是共享的,同时你不指望子程序保存寄存器的值,你该怎么做来为你的子程序保留一些其他程序不会覆盖的内存片段? 通常来说,每一个子程序使用一部分栈,并认为每一个子程序将只使用其自身的那一部分栈。

- 调用者将参数压入栈中(调用者栈框架)。
- 调用者将返回值的地址压入栈中(调用者栈框架)。
- 被调用者在调用者的栈框架中访问参数。
- 被调用者为本地变量开辟空间(被调用者栈框架)。
- 被调用者自身可能调用其他子程序。
- 当被调用者计算出返回值时,其将返回值保存在栈中调用者的那部分。记住,调用者在栈中为返回值保留空间。
- 被调用者将栈指针复原到其被调用前的指向。因此栈指针现在指向返回值。
- 调用者取得返回值,最终将返回值和参数弹出栈。

(3) 在 MIPS 中的情况

- 调用者将参数保存在寄存器 $ a0～$ a3 中,其总共能保存 4 个参数。如果有更多的参数,或者有传值的结构,其将被保存在栈中。
- 调用者不需要将返回值的位置压入栈中,寄存器 $ v0 和 $ v1 用于保存返回值。
- 被调用者从寄存器中访问参数和返回值。
- 如果需要保存寄存器(只有当其要调用子程序时),被调用者在栈中开辟空间。
- 被调用者自身可能调用子程序。
- 当被调用者计算出返回值时,将其保存在寄存器 $ v0 和 $ v1 中(如果需要)。
- 被调用者将栈指针复原到其被调用前的指向。因此栈指针现在指向返回值。
- 调用者从 $ v0 中取出返回值。如果需要调用其他子程序,则需要将返回值保存在栈中(否则,其将在下一个子程序调用中被覆盖)。

例 7-21 从键盘中输入一个整数 n,求该数的阶乘 $n!$。

```
.data
    prompt1: .asciiz "Enter the number\n"
    prompt2: .asciiz "The factorial of n is:\n"
.text
    #输出 prompt1
    li $ v0, 4
    la $ a0, prompt1
    syscall
    #读整
    li $ v0, 5
```

```
    syscall
    # call factorial
    move $a0, $v0
    jal factorial
    move $a1, $v0                              # a1 接收返回值
    #输出 prompt2
    li $v0, 4
    la $a0, prompt2
    syscall
    #输出结果
    li $v0, 1
    move $a0, $a1
    syscall
    #退出
    li $v0, 10
    syscall
    ## Function int factorial(int n)
factorial:
    ##代码
    addi $sp, $sp, -8                  #调整栈
    sw   $ra,4($sp)                    #保存返回地址
    sw   $a0,0($sp)                    #保存参数 n
    slti $t0, $a0,1                    #if n < 1,then set $t0 as 1
    beq  $t0, $zero,L1                 #if equal,then jump L1
                                       #above all,if n >= 1,then jump L
    addi $v0, $zero,1                  #r 返回 1
    addi $sp, $sp,8                    #pop 2 items off stack
    jr   $ra                           #返回到 caller
    L1:
        add $a0, $a0, -1               #参数:n - 1
        jal factorial                  #call factorial with (n-1)
        lw $a0,0($sp)                  #存储参数 n
        lw $ra,4($sp)                  #存储地址 address
        addi $sp, $sp,8                #调整栈指向
        mul $v0, $a0, $v0              #return n * factorial(n-1)
        jr $ra
    ##结束
#jr $ra
```

每一个子程序在运行的时候将保留一部分栈供自身使用，这被称为栈框架(stack frame)。通常，子程序只使用自身的栈，但当被调用者需要访问调用者传入的参数时例外，参数被认为是调用者栈的一部分(可以将其视为共享的)。对于一个子程序，可能有不止一个栈框架。例如，递归函数对每一个递归调用都有一个栈框架。子程序不必是递归的，因为有两个以上的与子程序相关的栈框架。

例如，设有一个函数 findMin()用于计算一个数组中的最小值。findMin()可能在 foo()中被调用，foo()之后调用 bar()，而 bar()自身也调用 findMin()，因此 findMin()在调用栈中有两个栈框架，即使其中没有一个函数是递归的。

(4) 子程序在执行时的调用过程

假设调用执行的子程序名为 QUICKSORT。我们需要做什么呢？如果是 C，则必须传两个参数给子程序，然后调用。

```
1000 | j QUICKSORT   # CALL QUICKSORT
 ... | ...
 ... | ...
2000 | QUICKSORT:   # 快速排序代码
```

在上面的代码中，将内存地址写在左侧，其显示了保存在内存中的指令。假设在地址1000处调用了 QUICKSORT，现在我们使用 j 指令调用它。快速排序的代码开始于地址2000，因此跳转到 QUICKSORT 意味着将程序计数器的值改为 2000。程序计数器是一个隐含的寄存器，保存了当前指令的地址。到目前为止，一切正常，我们成功地跳转到了正确的子程序，QUICKSORT 做了其需要做的，然后将跳转回来。

那么将要跳转到哪里？

程序计数器没有保存其跳转的历史。当在 QUICKSORT 中时，我们不知道是怎么到那里的。唯一知道这个信息的地方只有子程序被调用的地方。因此，当在地址 1000 处跳转时，我们知道需要返回到哪里。我们需要将信息进行保存，以便能返回到那里。

(5) 调用子程序

调用子程序最终的指令是 jal，意思是跳转并链接(jump-and-link)。jal 将标记(label)作为操作数，这个标记是子程序在内存中的地址，汇编器将标记翻译为地址，跳转到那个地址意味着更新程序计数器为子程序的地址。jal 将返回地址保存在寄存器 $ r31 中，这个寄存器也被称为 $ ra〔ra 表示返回地址(return address)〕，所以我们用 jal 代替 j。

```
1000 | jal QUICKSORT   # CALL QUICKSORT
 ... | ...
 ... | ...
2000 | QUICKSORT:   # 快速排序代码
```

怎么知道 31 号寄存器中保存了什么？我们要保存地址 1000。按照上面的方法，一旦 QUICKSORT 子程序结束，它能够返回调用它的那个指令，即保存在地址 1000 处的那个指令。然而，这样做就显得不是特别明智。地址 1000 处保存了 jal 指令，将会不停地调用相同的子程序。我们相应执行内存中下一条指令，因为每一个 MIPS 指令使用 4 字节，指令的地址即为 1000＋4＝1004，所以，1004 保存在 31 号寄存器中。

(6) 使用 jr 返回到调用者处

我们有了 jal 调用子程序，但是一旦在子程序中要返回，我们需要跳转回去。要跳转到哪里？到 31 号寄存器保存的地址处。要怎么跳转？有一个特殊的指令能够实现跳转到保存在寄存器里的地址处。这就是 jr，意思是跳转到寄存器(jump register)。在子程序 QUICKSORT 的末尾，我们要调用 jr $ ra。

```
2000 | QUICKSORT:   # 快速排序代码
 ... | ...
 ... | ...
20ff | jr $ra   # 返回值
```

通过以上内容介绍，相信大家对于调用子程序的过程有了更加清晰的认知，下面将通过实例来加深读者对于这部分知识的理解。

例 7-22　从键盘键入一个多位十进制数 X，按“Enter”键结束输入。按十进制位相加后显示十进制结果 Y。

设计思路：

① 主程序分别调用 3 个子程序。

② 子程序 SUBR1 为键盘输入多位十进制数且直接保存到 X 中，输入的位数在 BX 中。

③ 子程序 SUBR2 将保存的 X 去掉 ASCII 码，按位相加，相加的结果在 BX 中。

④ 子程序 SUBR3 将 BX 中的数用十进制显示。

⑤ 采用将结果除以 10 保存余数的方法将 BX 中的数转换为十进制数，并用十进制数的 ASCII 码显示结果。

⑥ 传参寄存器为 BX。

详细代码如下：

```
;a.asm:键入一个十进制数 x,按位相加后显示十进制结果 y
data segment
    infor1 db 0ah,0dh,'x = $'
    infor2 db 0ah,0dh,'y = $'
         x  db 20 dup(?)
data ends
code segment
    assume cs:code,ds:data
start:     mov ax,data
mov ds,ax
;主程序
main proc far                        ;主程序定义,远程的
mov x,0
mov dx,offset infor1                 ;显示提示 1
mov ah,9
int 21h
mov bx,0                             ;传参寄存器 bx 清 0
call subr1                           ;调用子程序 1
mov cx,bx                            ;保存 x 的位数
mov ax,0
mov bx,0
call subr2                           ;调用子程序 2
mov dx,offset infor2                 ;显示提示 2
mov ah,9
int 21h
call subr3                           ;调用子程序 3
jmp main
out1:     mov ah,4ch
int 21h
```

```
main endp
                                    ;子程序 1:键盘输入、保存
subr1 proc near                     ;定义子程序 1,近程的
mov ah,1                            ;键盘输入十进制数
int 21h
cmp al,0dh                          ;回车?
jz exit
cmp al,'0'                          ;其他非法字符?
jl out1                             ;是则转 out1,直接退出
cmp al,'9'
jg out1
mov x[bx],al                        ;保存键入的数码
inc bx                              ;bx = 数码个数
jmp subr1
exit:    cmp bx,0                   ;第一键就是回车
jz out1
ret                                 ;返回主程序
subr1 endp
                                    ;子程序 2:按位相加
subr2 proc near                     ;定义子程序 2,近程的
mov ah,x[bx]                        ;取出键入的数码
and ah,0fh                          ;去掉 ASCII 码
add al,ah                           ;按位相加
inc bx
loop subr2                          ;循环累加
mov ah,0
mov bx,ax                           ;相加结果→bx 传参寄存器
ret                                 ;返回主程序
subr2 endp
                                    ;子程序 3:将 bx 中的数显示为十进制数
subr3 proc near                     ;定义子程序 3,近程的
mov ax,bx                           ;bx 为传参寄存器
mov cx,0
mov bx,10
let1:                               ;将 ax 变为十进制数
mov dx,0                            ;字除法的高字清 0
inc cx                              ;统计余数个数
div bx                              ;除以 10,商在 ax 中,余数在 dx 中
push dx                             ;保存余数
cmp ax,0
jnz let1
let2:                               ;循环显示余数,循环次数在 cx 中
pop ax                              ;将余数弹入 ax
add ax,0030h                        ;调整为 ASCII 码
```

```
mov dl,al                    ;2号功能显示
mov ah,2
int 21h
loop let2
ret                          ;返回主程序
subr3 endp
code ends
end start
```

(7) 子程序调用辅助子程序时的问题

当我们使用jal调用QUICKSORT时,参数被传到$a0～$a3,返回地址保存在$ra中。要是QUICKSORT调用了一个辅助子程序HELPER,怎么办?我们先定义一个辅助子程序:辅助子程序是任何一个在子程序中jal调用的子程序。当QUICKSORT调用HELPER时,使用寄存器$a0～$a3将参数传递给HELPER,jal将覆盖返回地址。这是汇编语言的一个标准问题:寄存器对所有子程序共享。当调用一个辅助子程序时,其将使用一样的寄存器。

(8) 保存到栈中的内容

当用户编写一个子程序时,应该决定什么将被保存在栈中。

- 如果子程序是一个叶子过程,即其不会有jal指令,那么就简单了。用户不必在栈中保留任何寄存器,除了$s0～$s7。
- 如果子程序有jal指令,那么列出当前子程序正在使用的寄存器,至少要保存$ra,因为jal覆盖了它。
- 然后确定在调用子程序后是否需要使用这些寄存器。答案通常是"yes",所以它们要压入栈中。
- 如果有可能调用至少两个子程序,用户需要在每一个子程序调用结束后保存其返回值。
- 退出程序时,要复原返回地址,调整栈指针。

为什么需要在栈中保存返回值?下面看一个调用了两个辅助子程序的子程序示例:

```
FOO: ……
    ……
    jal BAR
    move $t0, $v0        # 保存返回值到t0
    ……
    jal CAT
    add $v0, $v0, $t0 # $t0可能会发生改变
```

假设你以一个程序员的身份阅读这段代码。在第一个注释中,$v0被保存到一个临时寄存器中。这个程序员知道jal CAT将覆盖$v0。但是,其不会真正被保存。原因在哪呢?因为CAT子程序可能会覆盖$t0。你必须假设一个行为良好的子程序可能会覆盖任何一个寄存器,除了被保留的寄存器和栈指针。一个差的子程序可能会更改被保留的寄存器和栈指针,但是我们假设这不会发生,否则,我们编程时将十分困难。一种解决方法是使用被保留的寄存器$s0,但是这意味着必须使用另一个规则。如果使用被保留的寄存器,你必须在使用前将其保存到栈中。另一种方法是使用栈,解决方法是:

```
FOO: ……
    ……
    jal BAR
    sw  $v0, 4($sp)       #保存返回值到栈中
    ……
    jal CAT
    lw  $t0, 4($sp)       #从栈中取出保存的返回值
    add  $v0, $v0, $t0    #解决的问题
```

以上将返回值保存在 4($sp) 中，4($sp) 只是一个随意的选择。

(9) 什么时候保存并恢复原栈？

程序开发者经常在子程序开始时将寄存器保存在栈中。这是一个好习惯，因此必须谨记。在调用 jr $ra 前，它们从栈中复原。当要返回到调用者处时，问问你自己什么值是真的需要从栈中复原的。有人会争论使用哪一种方法时参数寄存器需要复原。通常，可以假设参数允许被覆盖。当然，$ra 需要调整，栈指针也是如此。如果使用框架指针(见 7.7.2 节)，那么也必须复原框架指针。记录什么需要从栈中复原，能节省一些步骤。但是，通常复原多余的寄存器不会有什么损失(除了一些循环)。

(10) 返回值技巧

解决辅助子程序的返回值是最具技巧性的，特别是在调用两个(或更多)辅助子程序时(即之前的 BAR 和 CAT)。

不能在最初保存 BAR 的返回值，因为还没有调用 BAR，必须等到调用辅助子程序的时候再保存。在 jal 后，可以将返回值保存到栈中。然后，调用第二个辅助子程序(也就是 CAT)，一旦调用结束，就能从栈中取回 BAR 的返回值。如果没有第二个辅助子程序，那么没有必要保存第一个辅助子程序(即 BAR)的返回值到栈中。

7.7.2 MIPS 程序设计举例

例 7-23 从键盘输入 10 个无符号字数并从大到小进行排序，排序结果在屏幕上显示出来。

整个程序可以分为 3 个单元：读入单元、排序单元、输出单元。下面以读入单元为例展开叙述。

(1) C 语言的设计

```
//读入
int arr[10];
for (int i = 0; i < 10; i++) {
    scanf("%d", &arr[i]);
}
```

从以上代码中我们可以看出，读入单元相对而言比较简单，只需要一个 for 循环，然后读入数据到 arr[i]就行了。

(2) 变量映射和代码转写

变量映射把涉及的变量对应为寄存器。代码转写把其中的循环及分支判断用 goto 转写成顺序结构语句(虽然实际运行的时候是有循环的)。表 7-2 是变量映射表。

表 7-2　变量映射表

arr	i	bias	addr	tmp
$ t0	$ t1	$ t2	$ t3	$ t4

各个涉及的变量映射到对应寄存器，如表 7-2 所示，而对于 C 代码可以进行如下改写：申请空间，基准地址为 arr，长度为 10。

```
  int i = 0;
Loop:
  偏移量 bias = i * 4;
  实际地址 addr = arr + bias;
  读入数据到 tmp;
  arr[addr] = tmp;
  i = i + 1;
  if (i < 10) goto Loop;
```

(3) 单元伪代码设计

根据上一步骤的伪代码转写和变量映射，我们查询相关的 MIPS 指令集和系统调用后，可以写出以下 MIPS 指令：

```
    li $ v0, 9                          #9 号 syscall,请求内存空间
    li $ a0, 40                         # 申请 40 byte 的空间大小
    syscall                             # 系统调用
    add $ s1, $ v0, $ zero              # 加载基准内存地址
    add $ s0, $ zero, $ zero            # $ s0 就是 int i
read:
                                        # 读数开始
    li $ v0, 5                          # 从键盘读整数
    syscall                             # 系统调用,读到 $ v0 中
    sll $ t0, $ s0, 2                   # 偏移量 $ t0 = i * 4
    add $ t1, $ t0, $ s1                # $ t1 实际地址 = 偏移量 $ t0 + 基准地址
    sw $ v0, 0( $ t1)                   # 写入实际地址 $ t1
                                        # 读数结束
    addi $ s0, $ s0, 1                  # i = i + 1
    slti $ t0, $ s0, 10                 # 若 i < 10
    bne $ t0, $ zero, read              # 则继续循环
```

(4) 完成各个模块，完成最终的程序

```
.text                                   # 代码段
.globl main                             # 程序从此开始
main:                                   # 主程序
      li $ v0, 9                        #9 号 syscall,请求内存空间
      li $ a0, 40                       # 申请 40 byte 的空间大小
      syscall                           # 系统调用
      add $ s1, $ v0, $ zero            # 加载基准内存地址
      add $ s0, $ zero, $ zero          # $ s0 就是 int i
```

```
read:
                                        #读数开始
    li $v0, 5                           #从键盘读整数
    syscall                             #系统调用,读到$v0中
    sll $t0, $s0, 2                     #偏移量 $t0 = i*4
    add $t1, $t0, $s1                   #$t1实际地址 = 偏移量$t0 + 基准地址
    sw $v0, 0($t1)                      #写入实际地址 $t1
                                        #读数结束
    addi $s0, $s0, 1                    #i = i + 1
    slti $t0, $s0, 10                   #若i<10
    bne $t0, $zero, read                #则继续循环
sort:
    add $s0, $zero, $zero               # $s0就是 int i = 0
oLop:
                                        #外层循环开始
    addi $s2, $zero, 9                  # $s2就是 int j = 9
iLop:
                                        #内层循环开始
    sll $t0, $s2, 2                     #偏移量j*4
    add $t1, $s1, $t0                   #A[j]的实际内存地址
    addi $t2, $t1, -4                   #A[j-1]的实际内存地址
    lw $t3, 0($t1)                      # $t3=A[j]的值
    lw $t4, 0($t2)                      # $t4=A[j-1]的值
    slt $t5, $t4, $t3                   #若A[j-1]<A[j]
    beq $t5, $zero, afterSwap           #为真则交换,否则跳过
                                        #swap
    lw $t6, 0($t1)                      # tmp=A[j]
    sw $t4, 0($t1)                      # A[j] = A[j-1]
    sw $t6, 0($t2)                      # A[j-1]=tmp
afterSwap:
    addi $s2, $s2, -1                   # j = j - 1
    slt $t0, $s0, $s2                   #若i<j
    bne $t0, $zero, iLop                #继续内层循环
    addi $s0, $s0, 1                    # i = i + 1
    slti $t0, $s0, 9                    #若i<9
    bne $t0, $zero, oLop                #则继续外层循环
                                        #外层循环结束
                                        #输出
                                        #基准地址是$s1
    add $s0, $zero, $zero               # $s0就是 int i
print:                                  #输出开始
    li $v0, 1                           #置输出int函数ID
    sll $t0, $s0, 2                     #偏移量 $t0 = i*4
```

```
add $t1, $t0, $s1              #$t1 实际地址 = 偏移量$t0 + 基准地址
lw $a0, 0($t1)                 #写入输出参数到 $a0
syscall                        #系统调用,输出排序后整数
li $v0, 11                     #置输出 char 函数 ID
add $a0, $zero, 32             #置输出参数: 空格
syscall                        #输出空格
addi $s0, $s0, 1               #i = i + 1
slti $t0, $s0, 10              #若 i<10
bne $t0, $zero, print          #则继续循环
```

本章习题

1. 设计一个子程序,将一个全是字母的字符串转换为大写。

2. 主程序从键盘输入一个字符串到 BUFF,再输入一个字符到 AL,用子程序在字符串 BUFF 中查找是否存在该字符,如果找到,则显示发现的字符位置。用寄存器传递要查找的字符。

3. 主程序从键盘输入一个 8 位二进制数,对其作求补操作,用子程序将求补后的值以二进制形式显示。

4. 主程序从键盘输入两个 4 位十六进制数 A 和 B,用子程序作十六进制计算 A+B,并显示计算结果。

5. 某字数组为有符号数,第一个单元为元素个数 N,后面为 N 个元素,编写通用子程序,求数组元素中的最大值,并把它放入 MAX 单元。

6. 设有一个数组存放学生的成绩(0～100 分),编写一个子程序统计 0～59 分、60～69 分、70～79 分、80～89 分、90～100 分的人数,并分别存放到 scoreE、scoreD、scoreC、scoreB 及 scoreA 单元中。编写一个主程序与之配合使用。

7. 用多模块程序设计一个简单的计算器程序,实现整数的加减乘除运算,运算符可以为+、-、*、/、=。

8. 从键盘输入姓名和电话号码,建立通讯录,通讯录的最大容量为 9 条记录,程序结束时无须保留通讯录,但程序运行时要保留通讯录信息。程序的人机界面和顺序要求如下。

(1) 提示信息 INPUT NAME:(调用子程序 INNAME 录入姓名,序号自动产生)。

(2) 提示信息 INPUT TELEPHONE NUMBER:(调用子程序 INTELE 录入电话号码)。

(3) 提示信息 INPUT 序号:(调用子程序 PRINT 显示某人的姓名和电话号码,如果序号不存在,则提示信息 NO THIS NUMB)。

9. 已知有 3 个 8 位无符号数 x,y,z,分别存放于 NUMB,NUMB+1 和 NUMB+2 单元。要求编一程序实现 2x+3y+5z,并要求将运算结果送 RES 单元和 RES+1 单元。

10. 将两个 8 位无符号数乘法的程序编为一个子程序,被乘数、乘数和乘积存放于自 NUB 开始的 4 个存储单元中。

11. 对 CSTRN 起的 50 个字符的串统计相同字符的字符数,找出相同字符数最多的字符,存于 CMORE 单元中。

12. 宏定义体内不仅可以使用宏调用,也可以包含宏定义。设有宏定义:其中

MACNAM 是内层的宏定义名，但又是外层宏定义的哑元，当调用 DEFMAC 时，就形成一个宏定义。写出宏调用 DEFMAC ADDITION,ADD 的宏展开。

13. 用宏定义及重复伪操作把 TAB,TAB+1,TAB+2,…,TAB+16 的内容存入堆栈。

14. 要求建立一个 100 个字的数组，其中每个字的内容是下一个字的地址，而最后一个字的内容是第一个字的地址。

15. 试定义宏指令 MAX 把 3 个变元中的最大值放在 AX 中，并且使变元数不同时产生不同的程序段。

16. 编写一个程序模块完成轮流查询 3 个数据输入设备的功能。

参 考 文 献

[1] 袁春风.计算机系统基础[M].北京:机械工业出版社,2016.

[2] 王正智.8086/8088 宏汇编语言程序设计教程[M].2 版.北京:电子工业出版社,2002.

[3] 陆鑫,廖建明,张建,等.微机原理与接口技术[M].北京:机械工业出版社,2005.

[4] 严义,包健,周尉,等.Win32 汇编语言程序设计教程[M].北京:机械工业出版社,2005.

[5] 殷肖川.汇编语言程序设计[M].北京:清华大学出版社,2005.

[6] Britton R. MIPS assembly language programming [M]. New York:Pearson Education Inc.,2003.

[7] Papazoglou P M. The ultimate educational guide to MIPS assembly programming[M]. Charleston: CreateSpace Independent Publishing Platform,2018.